U0234702

Hydrodynamic Components
Three-Dimensional Flow
Design Optimization

液力元件三维流动
设计优化

项昌乐　闫清东　魏　巍　著

北京理工大学出版社
BEIJING INSTITUTE OF TECHNOLOGY PRESS

图书在版编目（CIP）数据

液力元件三维流动设计优化/项昌乐，闫清东，魏巍著 . —北京：北京理工大学出版社，2017.2

ISBN 978 – 7 – 5682 – 3744 – 4

Ⅰ. ①液…　Ⅱ. ①项…②闫…③魏…　Ⅲ. ①液压元件 – 设计　Ⅳ. ①TH137.5

中国版本图书馆 CIP 数据核字（2017）第 033849 号

出版发行／北京理工大学出版社有限责任公司

社　　　址／北京市海淀区中关村南大街 5 号

邮　　　编／100081

电　　　话／（010）68914775（总编室）

　　　　　　（010）82562903（教材售后服务热线）

　　　　　　（010）68948351（其他图书服务热线）

网　　　址／http：//www.bitpress.com.cn

经　　　销／全国各地新华书店

印　　　刷／北京地大天成印务有限公司

开　　　本／710 毫米×1000 毫米　1/16

印　　　张／18

字　　　数／294 千字

版　　　次／2017 年 2 月第 1 版　2017 年 2 月第 1 次印刷

定　　　价／59.00 元

责任编辑／李炳泉

　　　　　／孟雯雯

文案编辑／多海鹏

责任校对／周瑞红

责任印制／王美丽

前　　言

　　液力传动是一种以液体为工作介质，在两个或两个以上叶轮组成的工作腔内通过液体动量矩的变化来传递和转换能量的传动形式。液力传动作为一种主流传动形式，广泛应用于汽车、坦克、船舶、工程机械、石油钻机、化工机械、冶金机械、矿山机械等领域，其中最为典型的应用是车辆液力自动变速器（AT）中的关键部件液力变矩器，另外液力缓速器和液力偶合器以及一些新型液力元件，在各类载运和固定设备中也有着广泛的应用。作为一种将原动机的机械能转换成液体动能，而后又转换为机械能输出的两次能量转换传动技术，液力传动在提供优异的无级变速变矩性能的同时，也存在着传动效率相对较低的缺点。

　　为满足当前交通运输事业的迅速发展和节能减排法律法规的日趋严苛这一对矛盾的共同需求，提升液力传动效率、发掘功率密度潜力和提高传动元件可靠性已成为液力传动技术领域所要加以关注和亟待解决的核心问题。但我国液力传动技术长期处于对国外产品简单引进的应用状态，自行研制产品的性能指标与发达国家标杆产品相比差距较大。为解决这一问题，需要从基础的设计理论着手，传统的一维束流研究方法是将实际空间三维流动近似简化为叶轮流道中的一条设计流线上的流动，将空间的流动速度和压强分布场由设计流线上的一维参数进行表征，这种方法虽然具有一定的设计精度和工程应用的便利性，但对高功率密度液力传动元件工作腔内部复杂的时变瞬态湍流流动状态和部分充液状态两相流动机理的描述已经难以奏效，因此必须从考虑三维流动的多学科设计优化集成系统角度出发，将强适应性叶栅系统空间构型技术与高精度流体动力学性能仿真分析方法有机结合，研究传动介质客观流动现象与叶栅系统性能指标之间的相互制约机制，同时也为我国液力传动设计理论的跨越式发展提出一条新的途径。

　　本书是课题组近二十年在液力元件叶栅系统三维流动设计理论领域探索和实践的结果，是一部研究以液力变矩器为代表的叶轮机械设计理论的专著，汇集了课题组承担的教育部长江学者和创新团队发展计划（IRT0907）、国家国防科技工业局基础产品创新科研项目（VTDP2104）、总装备部预先研究项目（40402060201、40402060103、40402050202）、国家自然科学基金项目（50905016、51475041）、国防科技重点实验室基金项目（9140C35020905、9140C34050212C34126）等研究成果，主要包括叶栅参数构型与表征模型、循环圆扁平化设计、叶栅逆向重构方法、三维流动性能预测模型、两相流动计算求解、流固耦合分析方法、叶栅系统多学科设计优化及其算例和激光流场测试技术等方面的研究。

在本研究工作的开展和本书的撰写过程中，得到了车辆传动国家级重点实验室动液传动课题组各位教师和研究生的大力帮助，本书的主要内容由课题组近年作者及作者所指导团队中毕业和在读的王峰、邹波、刘城、李晋、刘树成、穆洪斌、刘博深、安媛媛、李慧渊、李春、韩雪永等多位博士及硕士研究生相关研究工作凝练而成，文稿整理工作主要由博士研究生刘博深和安媛媛完成。在此一并表示衷心感谢！

本书可作为各类车辆总体及传动专业工程技术人员参考用书，也可作为车辆工程、工程机械及武器系统运用工程专业研究生的教学参考书。

由于作者水平有限，加之时间仓促，书中难免有不当之处，在此恳请广大读者批评指正。

作　者

2016 年 12 月 2 日

于北京理工大学

目　　录

1 导　　论

1.1　液力元件设计理论演进

液力传动元件的设计理论经历了从一维束流理论到二维及拟三维的两类流面设计方法，再到三维流动集成设计的历程。

1. 一维束流理论

自德国人赫曼·费丁格尔（Hermann Föttinger）于 1905 年[1]提出液力元件的基本形式以来，目前广泛用于变矩器等液力元件设计的理论仍然是一维束流理论，其概念清晰，易于编程，设计用时短，与实验结果在一定程度上相当接近，并且其对计算能力的需求易于满足，具有工程实用性，所以一维分析仍用于预测变矩器特性和一些设计参数对变矩器性能的影响。

在液力元件设计和应用的研究中，Jandasek[2]，By 和 Mahoney[3]的文献经常作为主要的研究参考依据。液力元件性能一维分析的基础是角动量定理（或称动量矩定理），其基本假设为：叶轮内液流由流束组成，其流动关于旋转轴对称；叶片无限多、无限薄；中间流线可代表整个过流截面状态；前一叶轮出口状态等同后一叶轮入口状态；入口流动状态不影响出口状态。

这样，各元件内流动均通过入、出口速度幅值和角度以及转矩来描述（图 1.1），在设计流线上的角动量变化非保守，其损失由试验确定的经验损失系数来描述，并认为这种经验损失系数在其他工况下保持不变或按一定规律变化。

采用一维束流的假设进行设计时，对于液力元件这种具有三维空间几何形状和各种不同工况的复杂涡轮机械，其具有的由于黏性、Corilis 力（哥氏力）、离心力等引起的边界层、流动分离、二次流、尾迹和元件间不稳定交互

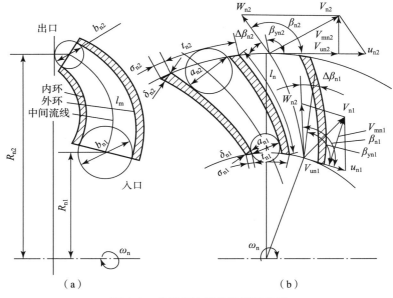

图 1.1 束流理论流线投影示意图

流动等客观存在的物理现象，只能通过对实物样机的试验进行标定或经过流动相似准则及量纲分析等得到适当的工程修正方法来近似处理，以获取简便的描述复杂流动的基本方程式，为设计和制造工艺带来便利。但这些系数对具体物理环境和操作人员经验的依赖过大，对新产品设计研制时未必通用。正如 By 和 Mahoney 所说，一维分析对预测复杂的变矩器内流并不可行，不能确切地描述叶轮内流动的真实情况。由于这种处于试错法（trial‑error method）阶段的设计手段一次设计成功率较低，因此不宜作为精确分析和改进叶栅机械性能的有效理论基础。

2. 二维及拟三维设计

二维设计理论是一维与三维设计理论的过渡，实质上就是将束流从一维扩展到入口—出口、内环面—外环面的二维或者入口—出口、工作面—非工作面的二维，同时假定流动参数在剩余的一维上的各点有相同的二维分布，我国陈大瀛教授[4]和刘文同教授[5]开展过相关研究工作。与三维流动相比，二维流动的研究更便于对二次流和附面层等复杂流动现象建立数学模型，从而进行定量的理论分析。这一过渡性理论对离心式和轴流式叶轮内的流动描述与实际较为接近，而对向心式和混流式叶轮内部流动预测效果不佳，因此在实际工程设计中采用不多。

由我国吴仲华教授提出的拟三维设计方法"吴氏通用理论"[6]（图 1.2），将空间流面分解成相互交叉的 S1、S2 流面，把一个实际空间三维流动问题分解为两个在 S1、S2 流面上彼此相关的二维流动问题，在这两组相对流面上交替求解，相互迭代，逐次逼近三维流动的精确解，在推导的过程中忽略了 Navier–Stokes（简称 N–S）方程中的黏性力项和质量力项。这种设计方法由于受计算能力限制相对较小，且假设相对合理，因此在各类涡轮机械的设计中也得以广泛应用。

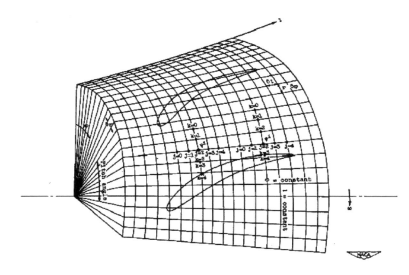

图 1.2　两类流面叶栅计算模型

拟三维的具体应用方法有以下几种：流线迭代法（流线曲率法）、流函数法、流面迭代法和有限元法。过学迅[7,8]、马文星[9]、张斌[10]等使用流线迭代法，进行了准三维势流、黏性和势流–边界层迭代流场计算，并且通过激光流场测速试验进行了验证。就解法而言，流线迭代法简单，编程工作量小，计算时间短，在工程实际中应用较多但精度较差；流函数法精度相对较好，但所需计算成本高；而有限元法适应性强，精度高，但缺点是编程和计算量都很大。

3. 三维流动集成设计

近年来三维流动计算已由两类流面方法发展到直接对三维 N–S 方程求解。对叶栅系统叶轮三维流道设计，大多是在给定叶轮的几何形状和尺寸的条件下进行流动分析的无黏或有黏流动计算，得出叶轮通道内流场的速度和压强分布，并以此作为依据对叶轮流道几何形状进行修改，使设计的叶轮流道具有合理的叶流速度和压强分布。这种方法在设计上称为正设计，与之对应的反设计一般指在给定叶轮进、出口液流参数、流量和性能指标的前提下，逆向计算出流道的各几何参数。

自 20 世纪 80 年代以来，一些研究者通过 CFD（Computational Fluid Dynamics，计算流体动力学）技术对变矩器内的流动进行数值分析。Ishihara 和 Shoji[11] 假设流动无黏并在绝对坐标系下无旋，用有限元法对变矩器内流进行了计算，虽然由于流动无黏导致传动效率无法准确定量计算，但其结果表明，通过分析速度分布与大量变矩器效率实验数据之间的关系可以改进变矩器设计。Fujitani 等[12] 没有使用经验数据计算变矩器性能，而是完全采用 N - S 方程求解的方法，其计算结果与叶片表面流动可视化结果相当接近，但定量计算得到的性能与实验结果并不吻合，他们在各元件出口使用 Neumann 型边界条件，其出口的扩展部分与邻近下级元件的入口部分有重叠，这样出口边界条件就作为下级的入口边界条件，但应当注意的是，采用出口延长区域和 Neumann 型边界条件在预测循环流量时会导致误差。Abe 等[13] 利用稳态迭代技术同时计算了三元件内流流动，但是在他们的计算中，在逆流区域应用 Neumann 型边界条件会导致收敛不稳定，其结果使数值解的精度不太令人满意。Kobayashi 等[14] 以一维分析理论得到的循环流量作为入口边界条件，求解了湍流 N - S 方程。计算结果与流动可视化结果比较吻合，其数值结果与实验结果间的较大误差主要来源于对循环流量的不正确估计。Cigarini 和 Jonnavithula[15] 利用稳态交互技术计算了变矩器的流场及特性，并考虑了变矩器总的圆环面流道的入口和出口、圆环面中心区域的泄漏以及变矩器其他充油区域的影响，他们的结果与实验结果很接近，但入口流量的考虑不够细致。Middelmann[16] 为节省因无级变速（CVT）装置、轿车前轮驱动装置和行星变速装置等占用的传动系统轴向空间，采用了扁平状（Axially Squashed）循环圆设计，并对其进行三维流场计算。Ejiri 和 Kubo[17] 对不同宽径比循环圆的变矩器进行了流场分析，并指出性能会随宽度变窄而恶化。Schulz 等[18] 进行了非稳态泵涡轮交互作用的分析，研究表明导轮对泵轮和涡轮的非稳态效应可以忽略，但在泵涡轮交互区域非稳态效应幅度在中跨面上占 30%。在国内，北京理工大学、吉林大学、同济大学和武汉理工大学等[19~21] 高校和科研单位对液力变矩器的三维流场理论在叶栅系统设计中的应用进行了较深入的研究和探讨。

可见，当前在液力传动行业，三维流场分析主要起到对设计的预测或验证作用，在具有优化意义的设计过程中常常作为一维束流设计或者准三维两类流面优化设计出产品后对其进行模型数值验证[22]。如果与设计初衷有偏差，可以对流场计算参数进行调整再进行优化设计，当数值模拟满足设计指标后，进行样机制造并进行试验测试，最终得到可用产品。当前我们所采用的一维与三维结合设计的一般流程与三维流动设计流程对比如图 1.3 所示。

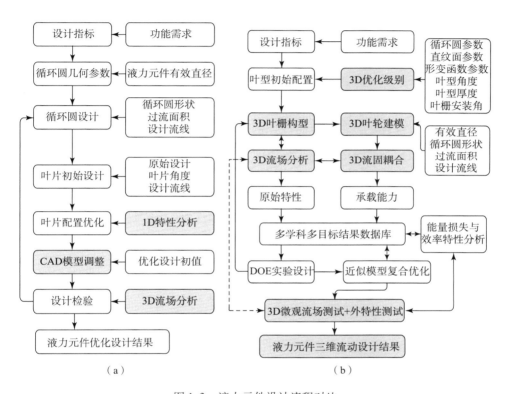

图 1.3　液力元件设计流程对比

（a）一维与三维结合设计流程；（b）三维流动设计流程

　　目前仍广泛使用的束流设计方法实际上是一种一维加三维的设计方法（图 1.3 （a）），其设计内核仍然是将液力元件内部复杂流动等效成为设计流线上的简单一维流动，而三维流场 CFD 分析则是简单地对设计结果进行检验，而三维 CAD 造型也与整个叶栅设计参数的优化相对隔离。

　　而本书所提出的液力元件三维流动设计优化方法（图 1.3 （b）），其核心是灵活的叶栅参数驱动体系所实现的叶栅构型，其中每个设计参数在这一体系上都能够被灵活地调整，而三维流动分析则可以对给定三维叶栅构型进行准确的性能计算和分析；同时，三维叶栅系统模型也可以与叶轮的三维结构设计相关联，从而将刚度、强度分析与流场分析有机结合。这样，在满足原始特性需求的同时，也可以在合理的承载范围内开展对应的轻量化设计。整个三维流动设计的驱动核心是一套结合了试验设计（DOE）、近似模型优化技术的优化调度平台和多个计算结果形成的多学科、多目标结果数据库，通过大量因子多个水平的大规模计算，最终实现合理的叶栅参数配置和叶轮结构形式设计[23]。为对 CFD 分析结果进行验证和分析，可采用激光流场测试技术和外特性试验技术，对液力元件内部微观流场和外部传动特性进行测试，以保证分析模型的准确性。

随着计算机技术和 CFD 技术的发展，采用数值模拟技术直接进行液力传动元件设计已经成为必然趋势，CFD 技术应当从作为束流理论设计附属的验证和预测的角色转变为直接参与设计的核心解算器，实现数值模拟计算参与的闭环优化设计。美国福特汽车公司的 Tom Shieh[24] 于 2000 年在自行开发的叶栅系统设计软件 TCAP 基础上，结合商业 CFD 软件和 DOE 方法，初步实现了无物理样机的轿车用液力变矩器的全三维数值设计，结果表明这种初步的三维设计方法可以大大减少设计时间，降低甚至用数值实验替代以往设计过程中必需的大量物理样机的加工和测试过程。几种设计方法的比较如表 1.1 所示。

表 1.1 几种设计方法的比较

	传统束流设计	TCAP	TCAP + CFD + DOE	三维集成设计
开发时间	2 ~ 3 年	10 个月	3 ~ 4 个月	<1 个月
设计次数	不详	100 次设计	30 次设计	无样机
样机台数		20 台样机	10 台样机	

1.2 三维流动设计理论构架

液力元件的三维设计系统由束流初值优化搜索、叶栅实体的循环圆和叶片参数化建模、流道网格划分、CFD 分析、试验设计与全局优化等环节和高性能计算集群构成。在实现的过程中，采用模块化思想，将各个环节作为具有不同功能的子系统分别开发并提供其输入和输出接口，以便于后续的通用化扩展。

液力元件的设计研制遵循一般涡轮机械的现代优化设计思想，但由于设计方法、工具软件、计算资源和应用领域的不同，具体实现形式会略有差别，参考 Colin Osborne[25] 的方法提出了液力变矩器三维优化设计研制的核心环节框架，如图 1.4 所示。

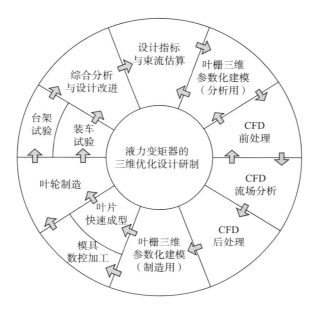

图 1.4　液力元件三维优化设计研制的核心环节框架

其中设计研制的核心环节分别为：

（1）束流估算，对设计产品的叶栅系统参数进行初步优化，其结果作为三维优化设计的初始状态，以降低计算规模；当对已有测绘数据的液力变矩器进行优化时，可直接利用测绘逆求得到的叶片参数作为初始状态。

（2）参数建模，对叶栅系统的循环圆和叶片进行 CAD 参数化 NURBS 建模，实现曲面的准确数值表示，各参数对应着优化设计中的各结构设计变量。

（3）CFD 流场分析，是优化设计真正三维意义上的黏性 N－S 方程求解器，用于对叶栅流道进行精确的数值分析，对内流场参量分布和工作机理进行深入了解，并由其后处理将目标函数（设计指标）反馈给优化算法。优化算法作为优化设计的内核，以大规模集群计算作为依托，用于控制优化设计的循环迭代过程，其输入为叶栅系统的三维 CAD 参数，输出为 CFD 计算的原始特性目标函数。

后续环节包括对设计进行样机验证的叶片快速原型制造、模具设计、叶轮产品加工试制、试验及结果对比分析等各阶段。

为提高设计精度、缩短研制周期，需要开发对应的优化设计系统，其构成如图 1.5 所示。

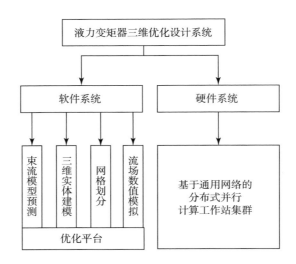

图 1.5 液力元件三维优化设计系统构成

一个技术先进、工程可行的基于三维流场理论的液力变矩器参数集成优化设计系统应具有如下功能和特征:

（1）在一定的计算资源基础上，以一定的精度、准确性和可接受的运算时间进行优化设计，提高液力变矩器的各项性能，提高一次设计成功率。

（2）所有环节均由优化方法集成控制并自动执行，消除烦琐的人工介入中断，实现真正意义上的优化（Optimization）而非优选（Optimum Seeking）。

（3）能够适应以正向工程（FE，Forward Engineering）和逆求工程（RE，Reverse Engineering）设计结果为初始条件的不同形式优化设计需求。

（4）具有高度稳健性，无论设计人员是否有经验，都能保证其顺利实现液力变矩器的优化设计。

1.3 三维流动集成设计优化

以往液力变矩器设计的局限在于对内部复杂流场的描述过于简单，作为主要设计手段的束流理论由于缺乏大量充分的流场测试数据的支持，难以准确描述液力变矩器内部复杂流动的物理现象，而内流场测试又存在技术复杂、需要的投资大、周期长等难点。造成了以往高性能产品总体设计完成之后，需要对其进行反复多轮修改和试制才能定型[26]。如果将可以相当准确地模拟实际流场的、基于对全三维黏性 N－S 方程求解的 CFD 技术作为核心设计工具，就可以清晰地把握各设计参数对总体性能的影响，从而高效地开发新产品以及改进原有产品。

　　参考以束流理论为主、流场分析作为数值验证的液力变矩缓速装置（牵引 - 制动型液力变矩器）一体化设计流程[27]，提出基于三维流动理论的液力元件优化设计流程（图 1.3）。

　　优化设计流程中由于将 CFD 作为整个设计的主求解器，减少了以往束流计算中的大量经验参数和假设，降低了人为因素的影响，增强了设计系统的稳健性；同时准确的传动性能分析减少了物理试验样机制造的轮次和台数，降低了设计成本，提高了设计效率。

　　本书以车用液力变矩器和液力缓速器为主要研究对象，流程中的各个环节可以自然扩展到其他液力元件的优化设计中去，同时对其他相关行业基于三维黏性流动分析的叶轮机械叶栅系统优化设计也具有参考意义。

　　在液力元件自主研发与生产方面，国外液力元件研究体系比较完备，研发、试验和生产制造技术都已经相当成熟，尤其在液力缓速器方面，国内由于研究工作开展的比较晚，大部分研究还停留在理论研究和定性分析阶段，和国外相比还有相当的差距，因此需要在进一步引进和消化吸收国外先进技术的基础上，从基础设计理论着手，结合现代设计方法和手段，基于系统工程的思想，构建相应的设计优化集成平台，这对于我国装备制造业基础件自主创新具有积极的促进意义。

　　随着对实际车辆行驶控制的要求越来越精确，液力元件三维流场数值模拟必将由稳态逐渐向动态发展，由传动介质单相流分析向更加符合实际工作状况的多相流数值模拟分析发展。伴随着车辆传递功率和功率密度的不断增大，必将对液力元件结构强度分析提出更高的精度要求，基于流固耦合技术的叶片结构强度分析方法将成为液力元件结构分析的主要方法。目前，基于 CFD 技术的三维设计方法已经逐渐取代传统束流理论设计方法成为主要设计方法，系列化的液力元件三维模型建立必将和三维建模软件二次开发功能结合起来实现高效率的参数化建模，并和后续的 CFD、FEM 数值模拟进行无缝集成仿真，结合 CAD、CFD、FEM 的多学科设计优化（MDO）方法将成为液力元件优化设计的发展趋势，而试验测试手段仍然是验证液力元件设计研究成果优劣的重要手段。

参考文献

[1]　Föttinger H. Fluessigkeitsgetriebe mit einem oder mehreren treibenden und

einem oder mehreren getriebenen Turbinenraedern zur Arbeitsuebertragung zwischen benachbarten Wellen [P]. German Patent, 221422, 1905.

［2］ Jandasek V J. The design of a single-stage, three-element torque converter for passenger car automatic transmissions [J], SAE Technical Paper, 1962.

［3］ By R R, Mahoney J E. Technology needs for the automotive torque converter-part 1: internal flow, blade design, and performance, SAE technical paper [J]. SAE Technical Paper, No. 880482. 1988.

［4］ 陈大瀛. 采用非正交曲线坐标系统分析研究非压缩无粘性液体在径流叶轮间的二元流动 [J]. 上海铁道学院学报, 1980 (1): 31 – 52.

［5］ 刘文同. 一种绘制二维流动设计的液力变矩器叶型的方法 [J]. 吉林工业大学学报, 1990 (02): 76 – 84.

［6］ Wu Chunghua. A General Theory of Three-Dimentional Flow in Subsonic and Supersonic Turbo-Machines of Axial, Radial, and Mixed Flow Types [R]. No. NACA-TN-2604. NATIONAL AERONAUTICS AND SPACE ADMINISTRATION WASHINGTON DC, 1952.

［7］ 过学迅. 液力变矩器内部流场的数值计算和试验验证 [D]. 北京: 北京理工大学, 1988.

［8］ 过学迅. 液力变矩器三元流动和动态特性数值模拟研究 [D]. 北京: 北京理工大学, 1995.

［9］ 马文星. 液力变矩器三维流动设计计算理论与方法的研究 [D]. 长春: 吉林工业大学, 1993.

［10］ 张斌. 液力变矩器三维流动理论的计算方法与试验研究 [D]. 长春: 吉林工业大学, 1993.

［11］ Ishihara T, Shoji H. Numerical calculation of the internal flow of torque converter [J]. Turbomachinery, 1981, 9 (11): 7 – 12.

［12］ Fujitani K, Himento R, Takagi M. Computational study on flow through a torque converter [J]. SAE Technical Paper No. 910880, 1991.

［13］ Abe K, Kondoh T, Fukumura K, Kojima M. Three-dimensional simulation of the flow in a torque converter [J]. SAE Technical Paper No. 910880, 1991.

［14］ Kobayashi T, Taniguchi N, Tasaka T. Three-dimensional flow simulation in a torque converter [J]. JSAE IPC – 8 Technical Paper No. 9531525, 1995.

［15］ Cigarini M, Jonnavithula S. Fluid flow in an automative torque converter: comparison of numerical results with measurements [J]. SAE Technical Paper

No. 950673，1995.

[16]　Volker Middelmann. Development of axially-squashed torque converters for newer automatic transmission ［C］. ASME Fluids Engineering Division Summer Meeting，FEDSM2000 – 11326.

[17]　Ejiri E，Kubo M. Influence of the flatness ratio of an automotive torque converter on hydrodynamic performance ［J］. J. Fluids Eng. 1999，121（3）：614 – 620.

[18]　Schulz H，Greim R，Volgmann W. Calculation of three-dimensional viscous flow in hydrodynamic torgue coverter ［J］. J. Turbomach，1996，118（3）：518 – 589.

[19]　Yan Qingdong，Wei Wei. Numeric simulation of single passage ternary turbulence model in hydraulic torque converter ［J］. Journal of Beijing Institute of Technology，2003，12（2）：172 – 175.

[20]　严鹏，吴光强，谢硕. 液力变矩器泵轮流场的数值模拟 ［J］. 汽车工程，2004，（02）：183 – 186.

[21]　田华，葛安林，马文星，等. 液力变矩器泵轮内流场的数值模拟 ［J］. 吉林大学学报（工学版），2004（03）：378 – 382.

[22]　Seunghan Yang etc. A computer-integrated design strategy for torque converters using virtual modeling and computational flow analysis ［J］，International Journal of Obesity，1999，36（9）：1252 – 1255.

[23]　魏巍. 基于三维流场理论的液力变矩器参数集成优化设计系统 ［D］. 北京：北京理工大学，2006.

[24]　Tom Shieh. Torque converter blade integration and optimization ［C］// iSIGHT User's Conference. Chapel Hill，North Carolina，USA：2000.

[25]　Colin Osborne，etc. Multi-disciplinary optimization applied to a turbocharger compressor impeller，9th international conference of rotary fluid-flow machines ［J］. Advances in Manufacturing Science and Technology 2003，27（3）：5 – 22.

[26]　袁新. 热力叶轮机械内部的全三维复杂流动数值模拟研究点滴 ［J］. 上海汽轮机，2000（01）：12 – 19.

[27]　李吉元. 牵引 – 制动型液力变矩器流场分析及一体化设计研究 ［D］. 北京：北京理工大学，2005.

2　叶栅系统构型与表征模型

叶栅系统是液力元件的核心，其构型对液力元件的整体性能具有决定性的影响，实现叶栅构型的设计主要有两种途径：其一是根据给定的叶栅入、出口角度和特征半径等各种参数进行循环圆和叶片的正向设计；其二是对已有叶轮进行测绘，利用所得离散测绘点云拟合并重构循环圆以及叶片曲面，以期对叶栅设计进行检验和获取实际叶栅设计参数。

叶栅系统的构型及其参数表征，是液力元件三维流动设计的必要条件。叶栅系统的造型应当在充分分析造型对象叶片形状特点的基础上，在灵活性及简洁性间做折中的选择。本书从叶栅系统的循环圆及其扁平化设计方法、等厚和流线型叶片正向设计、非接触式测绘曲面重构技术三个方面展开研究。

2.1　循环圆模型

2.1.1　循环圆基本特征

循环圆是液力元件具有的与一般流体机械显著不同的结构形式。为使内部工作液体循环流动，各叶轮内、外环两回转曲面之间组合后形成了封闭工作腔。过液力元件轴心线作截面，在截面上与液体相接触的界线形成的形状即循环圆[1]。

为实现液力元件的三维流动设计，有必要明确循环圆的参数特征和表征手段。传统循环圆设计方法往往是对现有叶轮逆向测绘数据进行拟合，构成内、外环的若干条相切圆弧线或参考现有产品进行正向设计，具体可参考相关文献[2]的工作。这种设计方法难以从理论上提取设计变量进行参数化设计，难以保证相切从而实现对各设计参数进行柔性调节。

本节根据循环圆的构成规律，从设计流线角度出发对液力元件传统三圆弧扁圆形循环圆的设计提出改进方法并简化设计流程，提出一种可调宽度循环圆模型以指导实例设计，解决了传统设计方法在给定有效直径前提下由于经验公式限制而导致其宽度不可调的问题[4]。

循环圆是液体在各叶轮内循环流动时流道的轴面形状，其运行轨迹封闭。由于应用环境及性能要求不同，循环圆具有不同的形式，主要有圆形、蛋形、半蛋形和长方形等（图2.1）。车用液力变矩器的循环圆通常为扁圆形，其外环经统计一般由三段相切圆弧组成[3]。液力元件叶片形状直接影响其传动性能，尤其对于车用液力变矩器而言，由于日益增多的前驱布置车辆和综合传动箱尺寸限制的要求，导致总体分配给液力变矩器的空间有限，因此需在有限空间内传递尽量大的功率。在经典束流设计理论中，径向的特性直径直接与传递转矩有关，而轴向尺寸没有理论的限制，因此可以考虑是否能在不牺牲传动性能的条件下尽量缩减轴向尺寸。

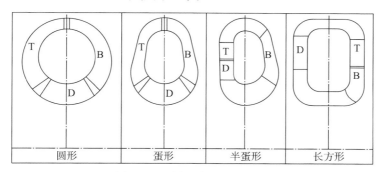

图2.1 不同形式循环圆形状

循环圆流线的形状具备以下基本特征：

（1）封闭；

（2）设计流线相切，曲率变化平缓；

（3）任意法向截面流道过流面积由该处设计流线等分，过流面积为常数；

（4）满足给定径向尺寸（特性直径 D_{ch}、有效直径/最大直径 D_{max} 和最小直径 D_{min}）的约束；

（5）当考虑轴向尺寸时，再加入下面的条件：轴向宽度 B 的限值 B_{lim} 的约束，或扁平比（Flatness Ratio）（也称作宽径比）$r_W = B_{lim}/D_{max}$ 的约束。

循环圆参数示意图如图2.2所示。

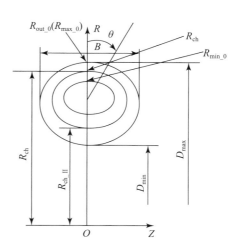

图2.2 循环圆参数示意图

液力元件循环圆设计要保证在给定工况下循环流量沿设计流线为常数，为保证过流截面在循环圆各处完全相等，应使设计流线上任一点处过流直径 d 与该点径向位置 Y 的乘积为常数，即 $Y \cdot d = \mathrm{const}$。

2.1.2 循环圆最简参数化模型

1. 经典循环圆的二参数模型

目前，在液力变矩器中仍在广泛使用的经典循环圆（三圆弧循环圆）设计通常是从构建外环三段相切圆弧开始，然后等分得到等分点法线上对应的设计流线和内环等分点坐标。理论上要求内、外环各点在对应的设计流线等分点法线上，因此需要修正设计流线并调整其法线斜率，得到相应内、外环等分点坐标，反复修正直至达到给定精度要求[5]。

而直接根据设计流线对循环圆进行设计，则可以避免上述的反复修正，并更符合高效流动的设计思想，这里提出的经典循环圆二参数模型方法与传统方法的差异之处在于，其内、外环形状均由对应的公切圆包络线构成。下面介绍从这一角度出发的改进设计方法。本书中循环圆均以泵涡轮对称设计的向心涡轮式液力元件为例，其他形式循环圆液力元件设计可参照开展。

取轴面面积与最大半径处轴面面积比 $f = A/\pi(D_{max}/2)^2 = 0.22 \sim 0.23$，并取最小与最大径向尺寸比为 $r_H = D_{min}/D_{max}$。设计流线上特性半径 $R_{ch}(D_{ch}/2)$ 和外环最大半径 R_{max_0} 间存在如下关系，其中下标 0 表示循环圆扫掠角 θ 的起始位置（图 2.2）：

$$R_{out\_0} = D_{max}/2 \tag{2-1}$$

$$R_{min\_0} = R_{max\_0}\sqrt{1-f} \tag{2-2}$$

$$R_{ch} = \sqrt{(R_{max\_0}^2 + R_{min\_0}^2)/2} \tag{2-3}$$

下面三段圆弧分别用 R_1、R_2、R_3 表示，对应圆弧角度则分别为 θ_1、θ_2、θ_3，则三圆弧对应于传统设计方法具有如下统计规律[3]：

$$R_1 = (0.460 - 0.363 r_H)R_{ch} \tag{2-4}$$

$$R_2 = (0.401 - 0.120 r_H)R_{ch} \tag{2-5}$$

由于本书中循环圆为对称设计，为便于分析取一侧截面，为保证对称轴两侧流动平滑，设计流线与对称轴的两个交点切向平行于旋转轴，因此如该处为圆弧过渡，圆弧圆心在对称轴上。若设计流线由两段圆弧或多段圆弧构成，则难以保证圆心位置，此时可以考虑利用直线段进行过渡（图 2.3）。因

此轴向坐标 $X_1 = X_2 = 0$，而对应径向圆心坐标为

$$Y_1 = R_{ch} - R_1 \tag{2-6}$$

$$Y_2 = D_{min}/2 + R_2 \tag{2-7}$$

下侧圆弧圆心角由下式确定：

$$\sin\theta_2 = (B/4)/R_2 \tag{2-8}$$

式中，$B = (0.914 - 0.714r_H)R_{ch}$。[3]

中间第三圆弧半径、角度和坐标分别为

$$R_3 = \frac{R_1^2 - R_2^3 - (Y_1 - Y_2)^2 + 2(Y_1 - Y_2)R_2\cos\theta_2}{2[R_1 - R_2 + (Y_1 - Y_2)\cos\theta_2]} \tag{2-9}$$

$$\sin\theta_3 = (Y_1 - Y_2)\sin\theta_2/(R_3 - R_1) \tag{2-10}$$

$$Y_3 = Y_2 + (R_3 - R_2)\cos\theta_2 \tag{2-11}$$

$$X_3 = (R_2 - R_3)\sin\theta_2 \tag{2-12}$$

第一圆弧角度为 $\theta_1 = \pi - \theta_2 - \theta_3$，至此设计流线完全确定，内外环根据对应包络线即可确定，从而完成循环圆设计。

从上面的设计流程可见，这种设计方法中循环圆设计参数只有循环圆最大直径 D_{max} 和最小直径 D_{min}，其宽度可以由这两个给定参数和确定的经验参数完全决定。

这种方法对经典扁圆形循环圆的设计而言，大大降低了循环圆多段圆弧、圆心和半径这些几何设计变量数目，为参数化设计提供了极大的便利，但由于其宽度不可调整，并且在轴向容许宽度只有一个极值点，造成了空间的浪费，降低了传动功率密度。因此有必要提出一种对宽度适应性强，同时又可以提升体积功率密度的循环圆设计方法。

2. 扁平循环圆的三参数模型

对于液力元件，车辆传动系统的高功率密度体现在空间尺寸和总成质量上，基于传统束流设计理论，匹配液力元件需要确定其有效直径，这样径向空间基本确定，而轴向空间则受上述设计方法的限制，因此如果可使循环圆扁平化，减小轴向宽度，则能有效地提高整体体积功率密度。

液力元件外廓尺寸由循环圆的外环尺寸决定，而设计流线又可以决定外环位置，因此调整液力元件循环圆轴向尺寸也就是调整设计流线形状。

传统设计方法不能调整宽度的原因在于经验公式对设计的过约束，在本节中则要减少经验公式的使用。基于循环圆占据空间极限位置的考虑，设计控制参数取最大直径 D_{max}（即有效直径）、最小直径 D_{min} 和容许宽度 B_{lim}，设

计流线由两段圆弧及中间衔接的直线组成，圆心在对称轴上。为减少流动损失，设计流线应由圆弧和直线拼接而成，且交点为公切点。在设计流线等分若干点，以该点径向位置（R 轴）Y 对应过流直径 d 即可找到对应内、外环点，而后根据 B_{lim} 调整设计流线，使外环宽度满足设计要求。这一过程减少了经典多圆弧段循环圆设计中的设计流线反复迭代修正的步骤，大大提高了设计效率。

为了满足循环圆设计流线处处相切减少流动损失的要求，设计流线由两段圆弧及一段与它们均相切的直线拼接而成，如图 2.3 所示。

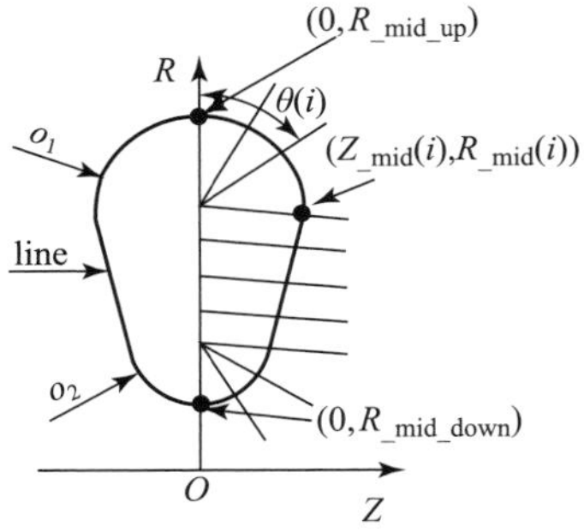

设计流线由圆心均在 R 轴上的两段

图 2.3　扁平循环圆设计流线

圆弧（o_1、o_2）和两条分别与两圆弧相切的直线（line）构成。内环流线与外环流线由设计流线平分截面流道内过流面积得到。

假设设计流线上分点坐标为（$Z_{mid}(i)$，$R_{mid}(i)$），设计流线与 R 轴上下两交点分别为（0，R_{mid_up}）、（0，R_{mid_down}），则

$$R_{in}(i) = \sqrt{R_{mid}^2(i) - 0.5 \times A \times \cos\theta(i)/\pi} \qquad (2-13)$$

$$R_{out}(i) = \sqrt{R_{mid}^2(i) + 0.5 \times A \times \cos\theta(i)/\pi} \qquad (2-14)$$

$$R_{mid\_up} = \sqrt{D_{max}^2/4 - 0.5 \times A/\pi} \qquad (2-15)$$

$$R_{mid\_down} = \sqrt{D_{min}^2/4 + 0.5 \times A/\pi} \qquad (2-16)$$

式中，A 为截面流道内过流面积，取 $A = 0.23\pi D_{max}^2/4$；D_{max} 为循环圆有效直径；θ 为截面线与 R 轴夹角；$R_{in}(i)$，$R_{out}(i)$ 分别为内环流线和外环流线上分点坐标的 R 值。得出内、外环流线上分点的 R 坐标后，作出纵坐标为 $R_{in}(i)$、$R_{out}(i)$ 的水平线，与对应截面线的交点即内、外环流线上的点。

对于设计流线为圆弧—直线—圆弧形式的循环圆，有 $r_{o_1} < r_{o_2}$，$r_{o_1} = r_{o_2}$ 和 $r_{o_1} > r_{o_2}$ 三种情况（图 2.4），图中虚线为设计流线，实线为外环流线。比较这三种情况可知，为了能更好地利用轴向空间，在给定空间传递更大的功率，应尽量使外环在轴向等宽，即设计流线 $r_{o_1} > r_{o_2}$，从而确定容许宽度 B_{lim}。

基于前面参数体系的研究结果，在扁平循环圆设计过程中，其控制参数仅有三个，分别为有效直径（即最大直径）D_{max}、最小直径 D_{min} 和容许宽度 B_{lim}。

柔性循环圆的设计过程关键是搜索设计流线第一段圆弧的半径及其扫掠终止角度，使其满足给定参数。

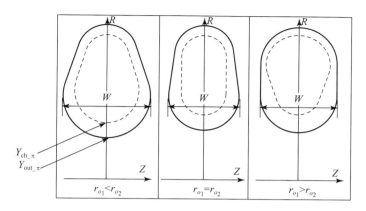

图 2.4　不同形式设计流线对应外环流线

第一圆弧的半径和径向坐标由 D_{max} 和 B_{lim} 确定，初始给定其径向坐标 $Y_1 = D_{max}/2$。按一定步长搜索适当 Y_1，使得外环宽度满足 B_{lim}，并记录对应圆弧转角 θ_1，即当第一圆弧扫过该角度时达到最大宽度 B_{lim}。

同理，第二圆弧最大宽度所扫过角度为 θ_2，其径向坐标和半径初始值为

$$Y_2 = \frac{R_1 + \cos\theta_1 Y_1 + Y_{ch\_\pi}}{1 + \cos\theta_1} \qquad (2-17)$$

$$R_2 = R_1 + \cos\theta_1 (Y_1 - Y_2) \qquad (2-18)$$

式中，Y_{ch_π} 为下侧轴线设计流线径向坐标，由下列公式给出：

$$Y_{in\_\pi} = \sqrt{Y_{out\_\pi}^2 + f \cdot Y_{out\_0}^2} \qquad (2-19)$$

$$Y_{ch\_\pi} = \sqrt{(Y_{out\_\pi}^2 + Y_{in\_\pi}^2)/2} \qquad (2-20)$$

式中，上侧外环流线径向坐标为 $Y_{out\_0} = D_{max}/2$，下侧外环流线径向坐标为 $Y_{out\_\pi} = D_{min}/2$，下标的 0 和 π 为自上而下扫掠的角度值。

但设计第一圆弧扫过的角度不可直接取此角度，因为三圆弧各圆弧转角之和为 π，但对两段圆弧衔以直线的循环圆，其直线段并不扫掠角度，扫掠角度之和 π 仅由两段圆弧组成。由公式 $Y \cdot d = const$ 可知，随着公切圆径向尺寸降低，半径不断增大，θ_1 处第二圆弧扫掠角度对应外环宽度会大于 B_{lim}。因此调整 θ_2 使上、下圆弧最大宽度均满足 B_{lim} 要求，使得轴向容许宽度有两个极值点，这样可以充分利用空间，增加液力传动的功率密度。

利用传统设计方法，其扁平比 r_w 为定值 0.31；而采用变宽度循环圆设计方法，扁平比最低可压缩到 0.19 左右。

三参数控制的扁平循环圆设计方法释放了循环圆轴向设计尺寸的自由度，

摆脱了经验公式对循环圆宽度的过约束，扩大了设计的适应性。

宽度值的变化范围在束流理论中并未涉及，对于本书设计实例，在给定最大尺寸 D_{max} 和径向尺寸比 $r_H = 0.46$ 时，宽径比变化范围为 $r_W \approx 0.19 \sim \infty$，大轴向宽度在对称轴处可以适宜长度的直线段加以衔接。两种循环圆参数设计模型的设计流程比较如图 2.5 所示。

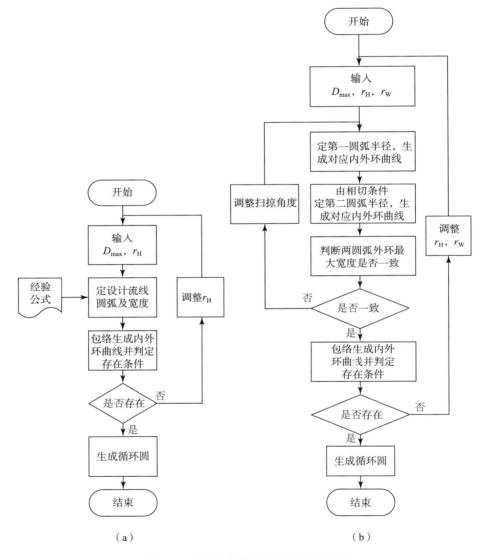

图 2.5　最简参数模型循环圆设计流程

（a）二参数经典循环圆设计流程；（b）三参数扁平循环圆设计流程

2.1.3　扁平比可调循环圆参数化模型

在扁平循环圆设计过程中，轴向宽度的确定需要和传动系统总体的性能与结构匹配，在容许范围内根据优化计算结果确定扁平比，这样就要求扁平比具有连续无级而非离散分级调节的特性。根据上节扁平循环圆三参数设计模型，对其轴向宽度无级调节机制开展研究。

设第一段圆弧 o_1 的圆心坐标为 $(0, R_1)$，半径为 r_{o_1}，扫掠角度为 θ，设计流线上分点 $A(i)$ 坐标为 $(Z_{\_mid}(i), R_{\_mid}(i))$，对应外环上分点 $B(i)$ 坐标为 $(Z_{\_out}(i), R_{\_out}(i))$，如图 2.6（a）所示，则循环圆宽度 W 由以下公式求得：

$$R_{\_mid}(i) = R_1 + r_{o_1} \cdot \cos\theta(i) \qquad (2-21)$$

$$Z_{\_out}(i) = (R_{\_out}(i) - R_1)\tan\theta(i) \qquad (2-22)$$

$$W(i) = 2 \cdot Z_{\_out}(i) \qquad (2-23)$$

$$D_{\_max} = 2 \cdot \sqrt{(R_1 + r_{o_1})^2 + 0.5 \times A/\pi} \qquad (2-24)$$

由上述公式可知，$W(i) = f(r_{o_1}, \theta(i))$，对应每一个 r_{o_1}，都有唯一一个 $\theta_{\_max}$ 使其对应外环上 $W(i)$ 最大，设 r_{o_1} 初始值为 0，以一定步长搜索，当 r_{o_1} 满足在 $\theta_{\_max}$ 外环宽度为 $W_{\_lim}$ 时，记录此时 r_{o_1} 和 $\theta_{\_max}$。

为了保证外环轮廓的等宽设计，应使直线段上对应的外环也满足给定参数条件，并据此确定一个第一段圆弧半径及角度。

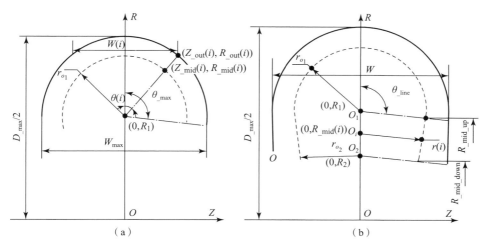

图 2.6　设计流线及外环轮廓的搜索和确定过程

（a）第一段圆弧；（b）直线段

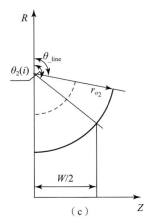

（c）

图 2.6 设计流线及外环轮廓的搜索和确定过程（续）

（c）第二段圆弧

在直线段上，角度 $\theta_{\_line}$ 保持不变，而"半径"却从 r_{o_1} 过渡到 r_{o_2}。设截面线与 R 轴交点为 $o(i)$，坐标为（0，$R_{\_ints}(i)$）；第二段圆弧圆心为 o_2，坐标为（0，R_2）。由以下公式可推导出 $\theta_{\_line}$ 值，进而得到宽度 W 值。

$$r_{o_2} = \frac{\cos(\theta_{\_line}) \times (R_{\_mid\_up} - r_{o_1} - R_{\_mid\_down}) + r_{o_1}}{1 + \cos(\theta_{\_line})} \qquad (2-25)$$

$$r(i) = \frac{(r_{o_1} - r_{o_2}) \times (R_{\_ints}(i) - R_2) + r_{o_2} \times (R_2 - R_1)}{R_1 - R_2} \qquad (2-26)$$

$$D_{\_min} = 2\sqrt{(R_2 + r_{o_2})^2 - 0.5 \times A/\pi} \qquad (2-27)$$

$$R_{\_mid}(i) = R_{\_ints}(i) + r(i) \times \cos(\theta_{\_line}) \qquad (2-28)$$

$$Z_{\_out}(i) = (R_{\_out}(i) - R_{\_ints}(i)) \times \tan(\theta_{\_line}) \qquad (2-29)$$

由上述公式可得，$W(i) = f(r, \theta_{line})$，将 θ_{line} 以 $\theta_{\_max}$ 为初值往大处搜索，直到在整个直线段上对应外环均满足 $W_{\_lim}$ 时，记录此时的 $\theta_{\_line\_min}$。

第二段圆弧对应外环也有可能超出宽度约束，所以也要对第二段圆弧进行讨论，最后再综合考虑，使整个循环圆都满足等宽条件。第二段圆弧对应的宽度由以下公式推导求得：

$$R_{\_mid}(i) = R_2 + r_{o_2} \times \cos(\theta_2(i)) \qquad (2-30)$$

$$Z_{\_out}(i) = (R_{\_out}(i) - R_2) \times \tan(\theta_2(i)) \qquad (2-31)$$

由上述公式可得宽度 W 取决于半径 r_{o_2} 和 θ_2 扫掠角度，即有 $W(i) = f(r_{o_2}, \theta_2(i))$，这里的 r_{o_2} 可以根据公式中的 r_{o_1} 算出，而在搜索第一段圆弧的时候 r_{o_1} 已经定下来了，故实际上 W 是 $\theta_2(i)$ 的函数。令 $\theta_2(i)$ 初值为 $\theta_{\_max}$，再进

行搜索，直到第二段圆弧对应外环也满足宽度要求时，记录此时的 $\theta_{\_arc2\_min}$。

经过三次搜索后，最终确定 $\theta_{\_o_1} = \max(\theta_{\_max}, \theta_{\_line\_min}, \theta_{\_arc2\_min})$，半径取 r_{o_1}，则设计流线就确定下来了，外环流线及内环流线由公式确定。

经典三圆弧循环圆设计理论中[3]，叶轮划分是由经验给定各叶轮出口特性半径，确定出口后，再由各叶轮间隙来确定叶轮入口边，并且叶轮的入、出口是设计流线上的截面线。

但对扁平循环圆来说，由于循环圆设计流线有了很大变化，所以传统的叶轮划分已经不再适用。特别是在循环圆靠近最小直径处，也就是导轮部分，由于宽度上的压缩使内环曲率变得很小，如果仍然按照传统的经验参数以及依照设计流线截面线来划分叶轮，就会使导轮内环过小，从而导致生成的叶片不合理。故在变宽循环圆的设计中，入、出口的确定不再依赖于截面线，而可以根据设计人员的要求及根据流场计算结果加以确定，考虑叶片制作工艺约束要求。对变宽循环圆叶轮的划分如图 2.7 所示。

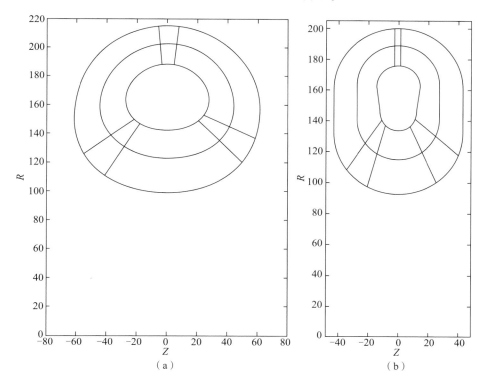

图 2.7　循环圆内叶轮划分对比

（a）经典循环圆；（b）扁平循环圆

基于以上循环圆设计模型编制了相应程序，实现液力变矩器扁平循环圆的参数化设计，生成相同有效直径下不同扁平比的循环圆，如图 2.8 所示。

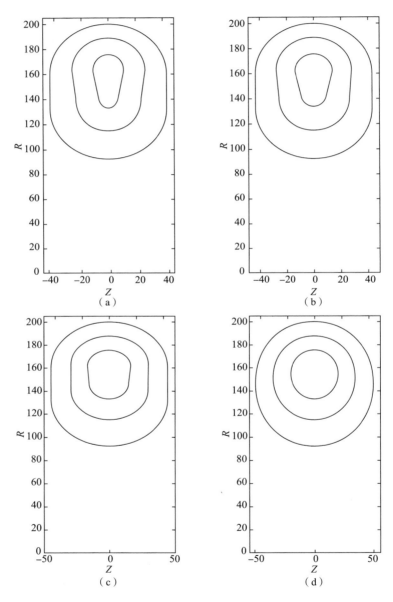

图 2.8　不同扁平比的循环圆

（a）$r_W = 0.19$；（b）$r_W = 0.21$；（c）$r_W = 0.23$；（d）$r_W = 0.25$

2. 1. 4 无内环循环圆参数化模型

液力缓速器（也称为液力减速器）是液力偶合器的一种特例，因此液力缓速器循环圆类型一般参考液力偶合器循环圆形式并同样取消内环，这一点与当前液力变矩器循环圆的基本形式有着明显的不同。其循环圆形状分为圆形循环圆、等截面流速循环圆、长圆形循环圆、扁圆形循环圆、桃形循环圆、多角形循环圆等几种类型[6,7]，且循环圆大都呈对称分布形态。

车用液力缓速器的设计需要考虑以下几点：

（1）较大的泵轮转矩和制动能容。车用液力缓速器的主要功用是消耗车辆行驶动能，辅助车辆制动，因此必须提供足够大的制动转矩和制动功率。

（2）液力损失大。液力变矩器、液力偶合器使用工况中的大多数情况下仍然是希望液力损失越小越好。只有少数偶合器工况中是通过适当增加液力损失来降低过载系数的，而车用液力缓速器是通过将车辆传动系统机械能转化为油液内能的方式来实现制动的，因此希望内流场的各项能量损失（冲击、摩擦）越大越好。

（3）轴向尺寸小。为了提高车辆传动系统的功率密度，要求液力缓速器轴向尺寸尽量减小。

（4）加工方便，成本低廉。液力缓速器循环圆形状和叶片线型应该尽量简单，以便于加工。

液力缓速器工作时相当于液力偶合器 $i=0$ 的特殊工况，以上介绍的几种循环圆中，等截面流速循环圆设计复杂，难以加工；扁圆形循环圆、桃形循环圆、多角形循环圆等在传动比 $i=0$ 工况点转矩系数 λ_0 过低，不适合应用于车用液力缓速器；圆形循环圆和长圆形循环圆在 $i=0$ 工况点转矩系数 λ_0 值较高，形状简单，加工方便，较适合应用于车用液力缓速器。

但相比之下，长圆形循环圆比圆形循环圆更利于设计出较小轴向尺寸的液力缓速器。因此，结合以上特点，车用液力缓速器循环圆设计一般采用具有外环光滑过渡特征的无内环长圆形和类长圆形循环圆，这里提出一种宽度可调的液力缓速器循环圆设计方法，即变宽循环圆设计方法。

某车用液力缓速器循环圆示意图如图2.9所示。液力缓速器的循环圆一般采用长圆形循环圆，为保证光滑过渡连接，循环圆由3段相切圆弧组成。O_1 为上半圆弧段圆心，O_2 为下半圆弧段圆心，O_3 为上下圆弧相切圆弧段圆心。总体尺寸包括循环圆的宽度 B 和循环圆大径 D_1、小径 D_2 三个参数（其

中 $D_1 = 2R$，为液力缓速器循环圆有效直径，$D_2 = 2r$）。

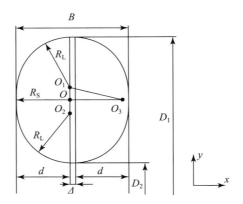

图 2.9 循环圆几何参数

车辆总体根据整车制动性能需求和传动系统的布置形式对液力缓速器提出的尺寸设计指标中，循环圆的宽度 B 和循环圆大径 D_1、小径 D_2 三个参数直接决定了液力缓速器的空间尺寸，在参数化设计程序中经验值可自定义或者按照经验公式确定。由液力缓速器的制动外特性计算公式可估算出循环圆大径尺寸 D_1：

$$D_1 = \sqrt[5]{\frac{T_R}{\lambda_M \rho g n^2}} \qquad (2-32)$$

式中，T_R 为车辆减速所需制动转矩；λ_M 为转矩系数；n 为动轮转速。

根据已有液力缓速器设计的统计数据，建立以下经验公式：

循环圆小径 D_2：

$$D_2 = (0.25 \sim 0.60)D_1 \qquad (2-33)$$

动轮和定轮之间的间隙值 Δ：

$$\Delta = 3 \sim 4 \text{ mm}$$

以循环圆宽度 B 为设计变量，上、下圆弧段圆心间距 $\overline{O_1 O_2}$

$$\overline{O_1 O_2} = (D_1 - D_2 - 2B + 2\Delta)/(2 - 2k) \qquad (2-34)$$

式中，k 为切点系数，控制相切圆弧的切点位置。当 $k = 0$ 时，等同于用直线代替过渡圆弧段与上、下圆弧相切并连接切点，相切圆弧段的半径 $R_S = \infty$，圆心在无穷远处，两个切点为直线分别与上、下圆弧的交点。当 $k = 1$ 时，过渡圆弧圆心在 $\overline{O_1 O_2}$ 中点，与上下圆弧段满足相切条件的圆弧取到最小半径值 $R_S = R_L + \overline{O_1 O_2}/2$，则切点在整个循环圆的最高点和最低点处。

如图 2.10 所示，当 $0 < k < 1$ 时，则切点处在两者之间。实例设计中一般取 $0 < k < 1$，类比以往设计经验，本书中选取 $k = 0.2$ 为例进行设计说明。

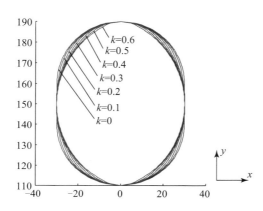

图 2.10　不同切点系数设计结果

由此可得上、下圆弧圆心坐标 $O_1(0, D_1/2 - R_L)$，$O_2(0, D_2/2 + R_L)$ 以及半径

$$R_L = \frac{(D_1 - D_2) - 2\overline{O_1O_2}}{4} \qquad (2-35)$$

令单个叶轮的循环圆宽度

$$d = \frac{B - \Delta}{2} \qquad (2-36)$$

根据勾股定理可知：

$$(\overline{O_1O_3})^2 = (\overline{OO_1})^2 + (\overline{OO_3})^2 \qquad (2-37)$$

由此推导出连接圆弧的圆心坐标为 $O_3(R_S - d, (D_1 + D_2)/4)$，以及连接圆弧半径计算公式：

$$R_S = \frac{4d^2 - 4R_L{}^2 + (\overline{O_1O_2})^2}{8(d - R_L)} \qquad (2-38)$$

在 $x - y$ 坐标系中，定义扁平比 r_W 为循环圆宽度和循环圆有效直径之比：

$$r_W = B/D_1 \qquad (2-39)$$

则不同扁平比下的液力缓速器循环圆设计结果如图 2.11 所示。

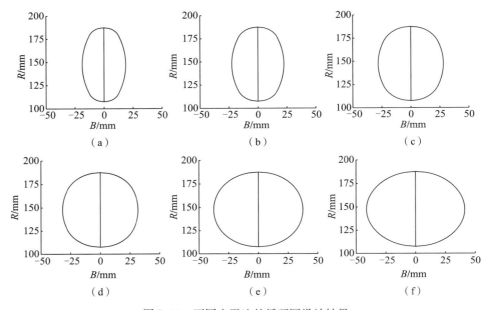

图 2.11　不同扁平比的循环圆设计结果

（a）$r_W = 0.10$；（b）$r_W = 0.12$；（c）$r_W = 0.15$；

（d）$r_W = 0.18$；（e）$r_W = 0.20$；（f）$r_W = 0.22$

2.2　叶片正向设计模型

2.2.1　叶片绘形方法概述

由于结构形式和应用场合不同，液力元件叶片可分为等厚与不等厚两种形式[8]：等厚叶片以应用于轿车液力变矩器的金属板材冲压制成的叶片为代表，而后通过焊接、铆接等方法组装成完整的叶轮，适用于叶片数量较多、厚度相等、适于规模生产的叶轮，其叶片表面光滑、组织均匀致密、强度高、工作可靠；不等厚叶片包括主要应用于内燃机车的组装式叶轮中的铣制叶片以及应用于工程机械和军用车辆液力元件上的整体铸造式叶轮中的叶片，其中铣制叶片形状准确、表面光滑、强度高，且多采用靠模加工，而铸造叶片和叶轮的内、外环直接由模具浇注成一体，材料通常为铸铝，特点是质量小、工装成本低，便于一定批量的生产，但表面较粗糙。本节以较为复杂的液力变矩器不等厚流线型叶片为主开展叶片绘形方法研究。

叶片的拓扑结构由多条流线确定较为便利，对于液力元件叶栅系统设计，直纹面叶片具有便于铸造拔模和易于冲压等良好的工艺性,因此在叶片设计中得以经常采用。同时利用内环流线、设计流线和外环流线三条流线构成直纹面叶片比较困难[9]。因此一般采用内、外环上的两条流线或内环和中间流线并自然延伸到外环来构造叶片,但后一种方法需要对叶片延伸部分进行旋转剪切,为加快三维优化设计和消除烦琐的人工交互,本书介绍采用内、外环两条流线构造直纹面叶片。

正向设计的初始参数,即设计流线的初始入、出口角度数值,内、外环流线的对应数值在优化初始时由轴面液流分布规律假设给出,而后经三维优化设计程序不断调整各设计参数得到最终设计结果。

液流分布规律假设通常取等速流和反势流设计,由于不同假设对液力元件性能参数影响差异不大,而采用反势流设计时叶片形状较易拔模,因此三维优化的速度分布常采用反势流假设,即内环到外环间流动遵循如下规律:

$$V_u / R = \text{const} \tag{2-40}$$

式中,V 为内环到外环各点流速,下标 u 为周向分量;R 为该处径向坐标。而

$$V_u = U + W \cdot \cot\beta \tag{2-41}$$

式中,U 为叶轮转动的牵连速度;W 为流道内相对速度;β 为液流角。这样在给定工况下,已知流线入、出口角度即可确定内、外环的入、出口角度。

确定基本角度参数后,即可构建叶型展开图,其设计方法主要有以下几种:多控制点 NURBS 曲线设计[10]、多控制点贝塞尔曲线设计[11](图 2.12)、儒科夫斯基翼型设计[12]和样条设计[13]等。多点 NURBS 和贝塞尔[14]曲线设计

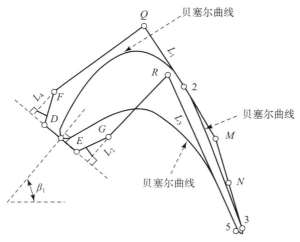

图 2.12　贝塞尔二维叶型参数模型

均需要大量点的坐标数据，这对于开发三维优化程序是极大的障碍，涡轮叶片的二维展开图传统上在每个截面需要至少 11 个参数来表征[15]。Abdelhamid[16] 曾开发出一套称为 BLADE – 3D 的 NURBS 多点控制曲面（图 2.13）的叶片生成方法，并基于这一方法实现了跨声速涡轮叶片的设计，其特点是在每个叶片的工作面和背面都建立了含 16 个控制点的参数网，实现了多截面涡轮叶片设计参数数目的大量简化，但对本书仅需要两个截面的 NURBS 直纹面构型的三元件液力变矩器的叶片设计并不具有优势。

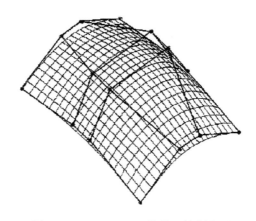

图 2.13　BLADE – 3D 的曲面控制点网

　　从最少参数原则的角度考察，儒科夫斯基翼型设计方法所需参数最少，通过对给定圆心坐标和半径的两条圆周线进行保角变换（图 2.14），而后调整偏转角度即可得到叶形，仅需 7 个参数即可。但局限性在于其作为液力传动中尤其是泵轮和涡轮叶形的工程应用设计方法目前并不成熟。

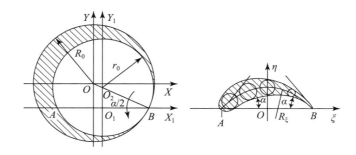

图 2.14　儒科夫斯基翼型的保角变换

由于叶片加工工艺的限制及数学表达形式的匮乏，传统液力变矩器的叶片设计采用"直线—抛物线—直线"三段显式多项式曲线来构造叶片骨线，再采用有限点厚度分布进行手工叶片二维型线的绘制，最后通过保角变换法将二维型线映射到三维循环圆曲面上。传统叶片设计方法灵活性差，同时保角变换误差大，使其不能适应复杂液力变矩器叶片设计需求。本书提出基于贝塞尔曲线的液力变矩器叶片型线设计方法，结合叶片型线形变函数空间映射方法，形成一套适应性高、可逆的叶片参数化设计方法。

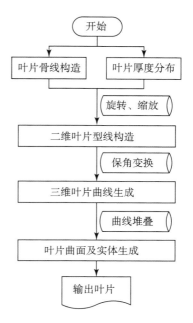

图 2.15　三维叶片构造流程

图 2.15 所示为新型叶片设计方法的三维叶片构造流程，首先分别进行单元叶片骨线和单元叶片厚度的构造（图 2.16），随后对单元叶片骨线和厚度进行旋转、缩放获得实际的叶片骨线和厚度，再将厚度施加到叶片骨线上，构造实际叶片二维型线（图 2.17），然后利用空间映射方法将二维型线映射到空间形成叶片三维曲线，最后利用曲线堆叠法进行叶片三维实体的构造（图 2.18）。

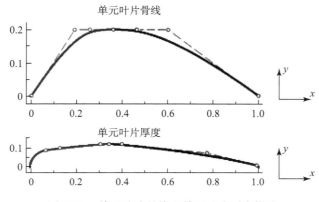

图 2.16　单元叶片骨线和单元叶片厚度构造

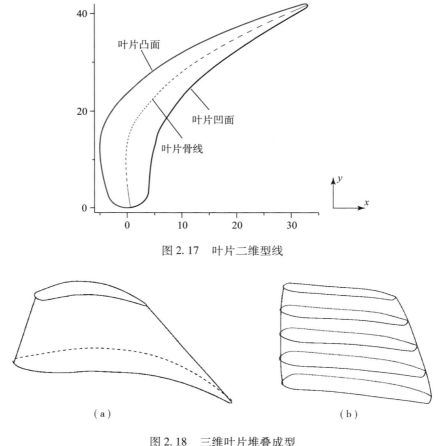

图 2.17　叶片二维型线

（a）　　　　　　　　　　　　（b）

图 2.18　三维叶片堆叠成型

（a）直纹面叶片；（b）非直纹面叶片

　　本书以直纹叶片为例，使用叶片内环、外环曲线进行叶片实体构造，这样能够保证良好的叶片加工工艺性，简化造型，其堆叠线为一条直线，能够符合绝大部分液力变矩器叶片成型要求。如果需要构造非直纹面叶片，仍可使用此方法构造额外层的多条三维曲线，最后再进行堆叠成型。

2.2.2　扁平循环圆叶片模型

　　本节是在上一节最简参数循环圆参数模型中，根据其轴向宽度可以无级调节的机制，在空间映射方法的基础上，对传统叶片设计方法进行参数解耦等改进，结合样条曲线叶栅表征模型，使设计出来的叶片能够适合不同扁平比形状的循环圆，并最终保证液力变矩器的性能。

　　扁平循环圆适用的叶片设计流程分为以下步骤：

　　（1）骨线展开图设计。叶片骨线设计可以采用"直线—抛物线—直线"构成方法，直线与抛物线连接的地方相切，且直线段满足叶片入、出口处角度条件，图2.19（a）中L_1表示循环圆$R-Z$坐标系中叶片设计流线展开长度在流动方向上的投影长度（$S-L$坐标系），两直线段斜率可由叶片入口角β_1和出口角β_2确定，再由经验给定直线段参数L_A、L_B，由两端相切的条件即可解出抛物线段。

　　（2）叶片加厚流线型设计。得到叶片骨线后，基于骨线，利用加厚规律作出一系列以厚度为直径的圆，这一系列圆的包络线即展开图中叶片工作面与背面的展开曲线，如图2.19（b）所示。

　　（3）叶片入口及出口处理。对叶片的入、出口进行端部圆弧过渡处理，这样可以减少液流冲击损失，提高液力变矩器的效率。处理完毕后，得到叶片骨线展开图，如图2.19（c）所示。

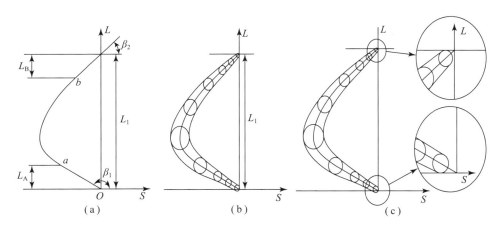

图2.19　展开图设计过程

　　（4）三维空间映射。获取循环圆及叶片骨线展开图两个相互具有耦合关系的二维图形，应用多圆柱面等角射影原理，使外环和内环相对于设计流线转动一定角度γ，完成叶片的三维造型设计。

　　在叶片生成过程中，设计软件采用 Matlab 与 UG 软件结合的方法，综合利用了 Matlab 数学运算功能和 UG 的三维实体建模功能，便于调试和叶片的实时生成。开发环境如图2.20所示。

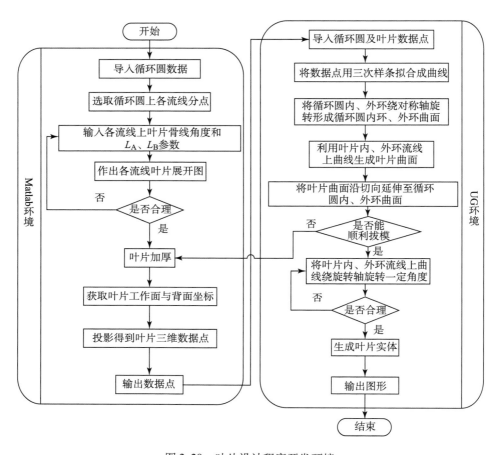

图 2.20　叶片设计程序开发环境

　　基于如上循环圆和叶片设计方法，在已有 D400 液力变矩器叶栅系统（对应 $r_W = 0.31$）基础上，针对不同扁平比循环圆，进行叶栅系统设计，得到不同扁平比下的叶栅系统如图 2.21（a）～（d）所示，图 2.21（e）所示为原有循环圆叶栅系统。

　　对应不同扁平比 r_W，其循环圆宽度极大值 W_{lim}、宽度极大值与原有循环圆宽度极大值之比 W_{lim}^*、循环圆占据空间体积 V（L）以及占据空间体积与原有循环圆体积之比 V^* 如表 2.1 所示。不同扁平比下循环圆宽度及流道体积如图 2.22 所示。

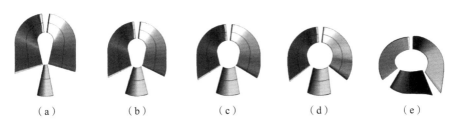

图 2.21　不同扁平比下的叶栅系统

（a）$r_{\mathrm{W}}=0.19$；（b）$r_{\mathrm{W}}=0.21$；（c）$r_{\mathrm{W}}=0.23$；（d）$r_{\mathrm{W}}=0.25$；（e）$r_{\mathrm{W}}=0.31$

表 2.1　不同扁平比循环数据对比

r_{W}	0.31	0.25	0.23	0.21	0.19
$W_{\mathrm{lim}}/\mathrm{mm}$	124	100	92	84	76
$W_{\mathrm{lim}}^{*}/\%$	100	80.6	74.2	67.7	61.3
V/L	14.1	6.55	6.30	6.03	5.77
$V^{*}/\%$	100	46.5	44.7	42.8	40.9

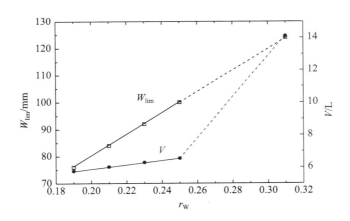

图 2.22　不同扁平比下循环圆宽度及流道体积

　　其中，$r_{\mathrm{W}}=0.31$ 为传统设计方法设计出的叶栅系统，$r_{\mathrm{W}}=0.19$ 是柔性扁平循环圆设计方法所能达到的最小扁平比，更低的扁平比会导致导轮内环段循环圆无法构造。

　　可见，在给定循环圆有效直径 D 和最小直径 d_0 后，随着对宽度极大值的不断压缩，其扁平比不断减小，并且由于这种循环圆构造方法的约束，循环圆占据空间体积也随着扁平比的线性减小而近似线性地缩减，直至达到 $r_{\mathrm{W}}=$

0.19 的扁平比约束极限。

2.2.3 基于贝塞尔曲线的叶片模型

在采用 2.2.2 节中介绍的叶片设计方法时，设计参数仍然偏多[17~19]，导致优化改型比较困难。随着计算能力的提高及计算流体动力学技术的发展，三维流场仿真可以被应用到液力变矩器叶栅系统设计中，新型的液力变矩器三维流动设计对液力变矩器三维叶片造型提出了新的要求[20,21]。

理想的叶片构型方法应尽量满足以下三点要求：

（1）型线灵活容易调整，具有较好的适应性及鲁棒性。

（2）约束条件可以灵活处理，工艺及形状约束易于施加。

（3）需要的设计变量尽可能少。

叶栅几何描述方法十分重要，其关系到后续计算过程的效率高低和叶栅综合性能的优劣[22,23]。

贝塞尔（Bezier）曲线基于控制点的构造方式使曲线的表达与几何结合起来，可以直观地通过改变控制点来修改曲线形状，用于形状设计时更自然，其算法具有直观的几何风格[24]。

因此，采用贝塞尔曲线构造叶片形状，是叶栅系统参数化几何描述的适宜方法。

单条 n 次贝塞尔曲线表达式如下：

$$\boldsymbol{C}(u) = \sum_{i=0}^{n} B_{i,n}(u)\boldsymbol{P}_i \quad 0 \leqslant u \leqslant 1 \tag{2-42}$$

式中，u 为曲线隐式表达的独立变量；$\boldsymbol{P}_i$ 为控制点；基函数 $B_{i,n}(u)$ 是 n 次 Bernstein 多项式，其定义为

$$B_{(i,n)}(u) = \frac{n!}{i!(n-i)!}u^i(1-u)^{n-i} \tag{2-43}$$

贝塞尔曲线求导的一般公式为

$$\boldsymbol{C}'(u) = \frac{\mathrm{d}\left(\sum\limits_{i=0}^{n} B_{i,n}(u)\boldsymbol{P}_i\right)}{\mathrm{d}u} = \sum_{i=0}^{n} n(B_{i-1,n-1}(u) - B_{i,n-1}(u))\boldsymbol{P}_i$$

$$= n\sum_{i=1}^{n} B_{i,n-1}(u)(\boldsymbol{P}_{i+1} - \boldsymbol{P}_i) \tag{2-44}$$

一条 n 次贝塞尔曲线的导函数是一条 $n-1$ 次贝塞尔曲线，可以得到贝塞尔曲线在两个端点处导矢的公式：

$$\begin{cases} \boldsymbol{C}'(0) = n(\boldsymbol{P}_1 - \boldsymbol{P}_0) \\ \boldsymbol{C}'(1) = n(\boldsymbol{P}_n - \boldsymbol{P}_{n-1}) \end{cases} \qquad (2-45)$$

图 2.23 所示为一条五次贝塞尔曲线，由控制点 $\{\boldsymbol{P}_0，\boldsymbol{P}_1，\boldsymbol{P}_2，\boldsymbol{P}_3，\boldsymbol{P}_4，$ $\boldsymbol{P}_5\}$ 形成的多边形称为控制多边形，曲线形状的控制可以直接对控制点进行操作完成。

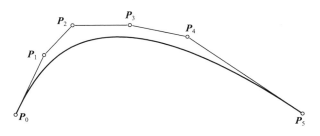

图 2.23　五次贝塞尔曲线

贝塞尔曲线之所以被广泛应用到叶轮机械叶片设计中，是因为其具有以下特点：

（1）端点性质，即曲线起点和终点分别与控制多边形起点、终点重合。

（2）逼近性及凸包性，即控制多边形可以很好地逼近曲线的形状，曲线包含在控制点形成的凸包内。

（3）变差减少性，即任意直线和曲线的交点个数不多于它和曲线的控制多边形的交点个数。

（4）仿射不变性，即对曲线进行旋转、移动、缩放等变换，其表达形式不变。

叶片骨线造型的关键几何参数为：单元叶片骨线入口角 α_i 及出口角 α_o，骨线峰值 y_g^* 及其位置 x_g^*，骨线峰值处曲率半径 ρ_g^*，这些参数与贝塞尔曲线控制点坐标有明确的对应关系，因此利用贝塞尔曲线的性质，使用两段三次贝塞尔曲线进行叶片骨线的参数化设计，同时将叶片几何参数与贝塞尔控制点相关联。

设整段骨线弦长为 1，称为单元叶片骨线（图 2.24）。骨线在峰值处被分为首、尾两段三次贝塞尔曲线，首段贝塞尔曲线起点在原点处，起点处的切矢由单元叶片骨线入口角给定，终点位于骨线峰值处，终点处切矢为水平，以保证给定的峰值为整段骨线的最高点。尾段贝塞尔曲线的起点在骨线峰值处，起点处切矢与首段曲线终点一致，以保证整条曲线的一阶连续性和峰值位置，终点位于（1，0）处，终点切矢由单元叶片骨线出口角给定。给定峰值处曲率半径，使两条曲线在接合点处曲率半径一致，则整条骨线曲率无突变，叶型更合理。在这里，规定下标 g 表示骨线，下标 i、o 分别表示叶片入口及出口参数，下标 s、w 分别表示首段曲线及尾段曲线参数，下标 0~3 表示贝塞尔曲线控制点，上标 * 表示峰值。

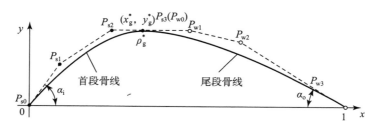

图 2.24　单元叶片骨线

叶片厚度也使用两段三次贝塞尔曲线构造，入、出口处采用圆弧过渡（图 2.25）。叶片厚度造型较关键的几何参数为：单元厚度入口厚度半径、单元厚度出口厚度半径、单元最大厚度半径及其位置、单元厚度峰值处曲率半径、单元厚度入口处楔角、单元厚度出口处楔角。值得注意的是，单元叶片厚度指的是贝塞尔曲线部分弦长为 1，设加上入、出口圆弧处理后，厚度弦长为 l_h。图 2.25 所示为单元叶片厚度造型示意图，与单元叶片骨线造型类似，在最大厚度处分为首、尾两段三次贝塞尔曲线，在入、出口处采用圆弧过渡。首段贝塞尔曲线起点位于 $(0, r_i)$，起点处切矢由厚度入口楔角 β_i 给定，终点位于骨线峰值 (x_h^*, y_h^*) 处；尾段贝塞尔曲线起点位于峰值处，终点位于 $(1, r_o)$，其切矢由厚度出口楔角 β_o 给定。两段曲线在接合点（即最大厚度处），给定曲率半径 ρ_h^*，且保证整段厚度曲线曲率无突变。规定下标 h 表示厚度，其他上、下标与骨线规定相同。

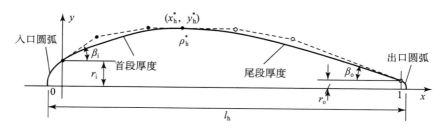

图 2.25　单元叶片厚度造型示意图

叶片骨线首、尾两段贝塞尔曲线控制点可表示为

$$\boldsymbol{P}_{gs} = \begin{bmatrix} 0 & 0 \\ y_{gs1}\cot\alpha_i & y_{gs1} \\ x_g^* - \sqrt{\dfrac{2\rho_g^*(y_g^* - y_{gs1})}{3}} & y_g^* \\ x_g^* & y_g^* \end{bmatrix} \qquad (2-46)$$

$$\boldsymbol{P}_{gw} = \begin{bmatrix} x_g^* & y_g^* \\ x_g^* + \sqrt{\dfrac{2\rho_g^*(y_g^* - y_{gs1})}{3}} & y_g^* \\ 1 - y_{gs1}\cot\alpha_o & y_{gs1} \\ 1 & 0 \end{bmatrix} \qquad (2-47)$$

这样建立叶片骨线几何参数与骨线 7 个控制点的关系，可以通过直接给定叶片几何参数来构造叶片骨线，且生成的叶片骨线一阶、二阶导数连续，曲率连续无突变，保证了良好的流动特性。

厚度构造最终未知数为 x_{hs1} 和 x_{hw2}（图 2.26）。由于加入了厚度入、出口半径参数，故厚度贝塞尔曲线起、终点高度分别为 r_i 和 r_o。如果同样使整段厚度一阶、二阶导数连续，也会得到 $y_{hw2} = y_{hs1}$，但厚度分布往往具有头部较厚、尾部较薄的特点，特别是导轮叶片，其入口厚度半径较大。某导轮单元叶片厚度分布如图 2.26 所示。在此规定两个额外非几何厚度控制参数：首段曲线第二个控制点横坐标比例 τ_{hs1} 和尾段曲线第三个控制点横坐标比例 τ_{hw2}，叶片厚度首、尾两段贝塞尔曲线控制点可表示为

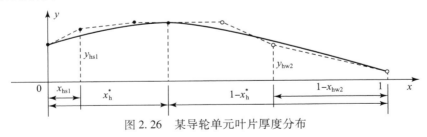

图 2.26　某导轮单元叶片厚度分布

$$\boldsymbol{P}_{hs} = \begin{bmatrix} 0 & r_i \\ \tau_{hs1}x_h^* & \tau_{hs1}x_h^*\tan\beta_i + r_i \\ x_h^* - \sqrt{\dfrac{2\rho_h^*(y_h^* - \tau_{hs1}x_h^*\tan\beta_i - r_i)}{3}} & y_h^* \\ x_h^* & y_h^* \end{bmatrix} \qquad (2-48)$$

$$P_{hw} = \begin{bmatrix} x_h^* & y_h^* \\ x_h^* + \sqrt{\dfrac{2\rho_h^*\{y_h^* - [1-1+\tau_{hw2}(1-x_h^*)]\tan\beta_o - r_o\}}{3}} & y_h^* \\ 1 - \tau_{hw2}(1-x_h^*) & \{1 - [1-\tau_{hw2}(1-x_h^*)]\}\tan\beta_o + r_o \\ 1 & r_o \end{bmatrix}$$

$$(2-49)$$

如图 2.27 所示，入、出口处圆弧坐标为

$$\begin{cases} x_{ri} = r_{ri}\sin\beta_i - r_{ri} \\ x_{ro} = 1 - r_{ro}\sin\beta_o \\ y_{ri} = y_{ro} = 0 \end{cases}$$

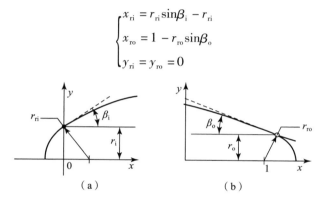

图 2.27 叶片厚度入、出口圆弧过渡

（a）入口圆弧过渡处理；（b）出口圆弧过渡处理

整段厚度分布弦长最终可以用下式确定：

$$l_h = 1 + r_{ri} + r_{ro} - r_{ri}\sin\beta_i - r_{ro}\sin\beta_o \qquad (2-50)$$

由于这里构造的是单元叶片厚度分布，而给定参数时是按沿叶片弦长分布的实际叶片厚度：叶片入口厚度半径 r_i、叶片出口厚度半径 r_o、最大厚度半径 Y_h^*、厚度峰值处曲率半径 P_h^*。其中入、出口楔角与单元叶片参数相同，为了设计的直观性，给定参数时最大厚度位置仍然按照单元最大厚度位置 x_h^* 给定。

二维叶片型线是以厚度叠加到骨线的方式构造，在叠加之前，应当先对单元叶片骨线进行镜像、旋转、放大等操作，以获得实际叶片骨线。在此定义两个重要叶片设计参数：叶片走势 rot_direct 和叶片旋转角 φ。图 2.28 所示为某顺时针走势导轮叶片。

图 2.28 某顺时针走势导轮叶片

获得实际叶片骨线（图 2.29）及实际叶片厚度控制点后，即可根据叶片骨线及厚度曲线表达式，将厚度按规则叠加到叶片骨线上，以获取叶片凹面及凸面坐标（图 2.30）。

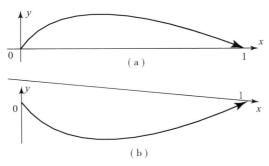

图 2.29　不同走势叶片骨线

（a）顺时针走势叶片骨线（rot_direct = 0）；（b）逆时针走势叶片骨线（rot_direct = 1）

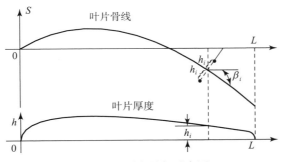

图 2.30　厚度叠加示意图

对于铸造型液力变矩器叶轮来说，一般采用变厚度叶片，其入口叶片较厚，而出口处较薄，叶片呈流线型，以减少冲击损失，提高效率。一般来说，叶片厚度分布需要光滑、平缓，且整个叶片厚度峰值只有一处，即给定的峰值点，不能出现多峰现象。

为保证二维到三维转换后能够保持叶片型线形状，本节提出一种叶片型线形变函数空间映射方法。形变函数是在原始叶片基础上叠加一个形变函数，将原始叶片进行变形后获得新叶片，控制形变函数的参数即可获得生成的新叶片形状，从而实现对原始叶片的变形与优化。叶片型线形变函数空间映射方法是在形变函数思想的基础上发展起来的一种二维到三维映射方法。

图 2.31 所示为叶片型线形变函数空间映射方法原理，包括循环圆视图（轴面视图）、正视图及叶型展开图，其展开图 L 方向为轴面入口到出口方向，S 方向为旋转方向。映射以叶片入口点 (x_1, y_1, z_1) 为基准，对应循环圆视

图起点 $(z_1,\ R_1)$、展开图起点 $(0,\ 0)$，其中入口点为叶片入口边对应的点。过旋转轴及基准点作映射基准线，叶型展开图与三维曲线的映射关系如下：

$$\begin{cases} L_i = \widehat{l_i} \\ \theta_i = \dfrac{S_i}{R_i} \\ x_i = R_i \sin\theta_i \\ y_i = R_i \cos\theta_i \end{cases} \qquad (2-51)$$

其中，$(z_i,\ R_i)$ 通过给定 l_i 及叶片入口点（即映射起始点）后在循环圆视图中获取。

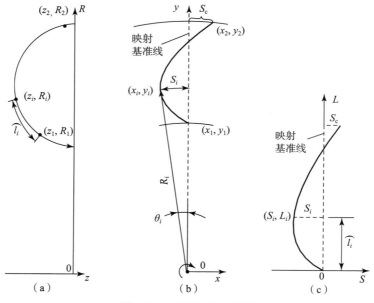

图 2.31   空间映射原理图
（a）循环圆视图；（b）正视图；（c）叶型展开图

通过叶片型线形变函数空间映射方法，即可完成二维叶片型线和三维空间曲线间的相互转换。将三维数据点 $(x_i,\ y_i,\ z_i)$ 映射到二维以获取其叶片型线，其中

$$R_i = \sqrt{x_i^2 + y_i^2}$$

本书使用内环曲线和外环曲线来构造直纹叶片，将二维型线投影到循环圆内、外环上后，还需要定义内、外环相对位置，即叶片安装角 γ。空间映射时，初始叶片安装角可设为 $\gamma = 0$，即叶片入口为径向边。而后根据给定的叶

片安装角，对叶片外环曲线绕旋转轴进行旋转，调整叶片姿态，再利用直线沿着内环、外环曲线进行扫掠即可获得直纹叶片，如图 2.32 所示。

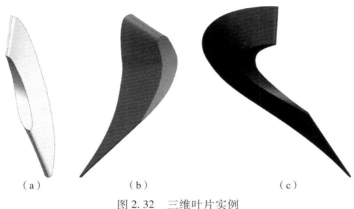

图 2.32　三维叶片实例
（a）泵轮叶片；（b）导轮叶片；（c）涡轮叶片

2.2.4　基于儒科夫斯基型线的叶片模型

由于典型的儒科夫斯基型线（简称儒氏型线）叶片本身具有钝头尖尾的翼型特征，对其进行尾部加厚处理之后，即可对具有同样特征的液力变矩器导轮叶片进行设计。从对已有一系列液力变矩器导轮叶片进行拟合可知，处理后的儒氏型线可以对初始液力变矩器导轮叶片进行较好的表达，可以用于液力变矩器导轮以及其他叶轮叶片的设计。

儒科夫斯基变换是保角变换中一个十分重要的变换函数，在研究理想流体平面势流运动中，应用该变换可以将复杂的绕翼型流动、绕椭圆柱流动变换为简单的绕圆柱流动。儒科夫斯基型线具有以下优点：

（1）全叶型可解析，精度高。

（2）曲率连续没有突变，流线光滑。

（3）控制参数少，只需两参数即可进行叶型构造。

在探索将儒科夫斯基型线用于液力变矩器导轮叶片设计的方法过程中[25]，首先对儒科夫斯基型线进行简化及加厚处理，然后利用该型线对一系列已有液力变矩器导轮进行拟合，最后基于保角变换进行叶片的三维参数化造型。

由圆柱流动 ζ 平面（$\zeta = \xi + \mathrm{i}\eta$）向型线 z 平面（$z = x + \mathrm{i}y$）的儒科夫斯基变换解析函数具有如下形式[26]：

$$z = \xi + \frac{C^2}{\xi} \qquad (2-52)$$

式中，常数 C 为实数。

如图 2.33 所示，对 ζ 平面中圆心位于第二象限的圆进行儒科夫斯基保角变换，即可得到 z 平面中的儒科夫斯基型线。其中 ζ 平面中圆心与虚轴（η 轴）的距离与型线厚度（t）有关，圆心和实轴（ξ 轴）的距离与型线的弯度（h）有关，弦长（s）与实数 C 有关。儒科夫斯基型线的表达式为

$$y_c = \sqrt{\frac{1}{4} + \frac{1}{64\varepsilon^2} - x_c^2} - \frac{1}{8\varepsilon} \pm \frac{2\sqrt{3}}{9}\delta(1-2x_c)\sqrt{1-4x_c^2} \qquad (2-53)$$

式中，$\delta = t/s$，称为相对厚度；$\varepsilon = h/s$，称为相对弯度；y_c 为型线相对于弦长的量纲为 1 的纵坐标；x_c 为型线相对于弦长的量纲为 1 的横坐标。式中" $\pm$ "前表达式为型线中弧线，取正号时表示上型线，取负号时表示下型线。由于该式相对弯度项（ε）在分母上，表达式比较复杂，对该式关于 ε 进行泰勒级数展开[27]

$$y_c = (1-4x_c^2)\varepsilon \pm \frac{2}{3\sqrt{3}}\sqrt{1-4x_c^2}(1-2x_c)\delta + o[\varepsilon]^3 \qquad (2-54)$$

忽略 3 次以上高阶小量，得弦长中点位于 y 轴的儒科夫斯基型线（图 2.33）表达式

$$y_c = (1-4x_c^2)\varepsilon \pm 0.385\sqrt{1-4x_c^2}(1-2x_c)\delta \qquad (2-55)$$

令 $1+2x_c = 2x$，即对坐标进行平移，获得前缘在原点的儒科夫斯基型线的解析表达式：

$$y = 4\varepsilon x(1-x) \pm 1.54\delta x^{0.5}(1-x)^{1.5} \qquad (2-56)$$

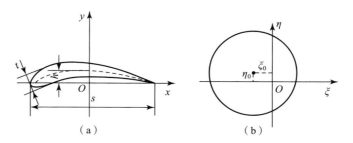

图 2.33　儒科夫斯基变换

（a）z 平面；（b）ζ 平面

上式为弦长 $s=1$，前缘在原点处的型线，且中弧线最大弯度为 ε，最大厚度为 δ。如取 $\varepsilon = 0.2$，$\delta = 0.2$，可得单元儒科夫斯基型线，如图 2.34 所示。

但其尾缘是尖锐的，而液力变矩器导轮往往是由铸造方式制造，尖锐的尾缘无法铸造成型，所以必须对该方法进行改进。单元厚度项构造光滑尾缘儒科夫斯基型线的方法，表达式为

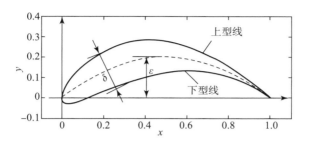

图 2.34　给定参数的单元儒科夫斯基型线

$$y = 4\varepsilon x(1-x) \pm 1.54\delta x^{0.5}(1-x)^{1.5} \pm \Delta x^{1.5}(1-x)^{0.5} \qquad (2-57)$$

式中，Δ 为控制尾缘厚度的项。例如取 $\Delta = 0.1$，可得尾缘光滑处理后的儒科夫斯基型线如图 2.35 所示。进一步给出一般形式的具有光滑尾缘的儒科夫斯基型线解析函数表达式：

$$y = px^a(1-x)^b \pm qx^c(1-x)^d \pm rx^s(1-x)^t \qquad (2-58)$$

其上型线为式中均取"$+$"，下型线为式中均取"$-$"。p 为控制型线中弧线弯度的项，q 为控制型线厚度的项，r 为控制尾部加厚的项，一般有 $r < q$，$s \geq d$，$t \approx c$，各系数均为正数。其中 p、q、r 为主要控制参数，a、b、c、d、s、t 为微调参数，可以调节型线头部和尾部的收缩、升降等。经过对一系列已有导轮叶片进行统计研究表明，控制尾部加厚的项取值范围为 $0.05 \sim 0.10$，s 取值范围为 $2 \sim 3$，t 取值范围为 $0.2 \sim 0.5$。

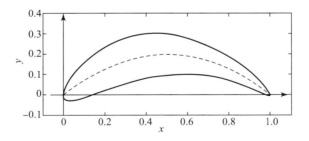

图 2.35　尾缘光滑的单元儒科夫斯基型线

　　儒科夫斯基型线具有钝头形状的前缘，其比纯粹圆弧更为合理，特别适合于大头导轮叶片的构型。对单元儒科夫斯基型线进行旋转、缩放即可获得需要的导轮平面叶型，对单元儒科夫斯基型线进行旋转可得到相应姿态的"单元导轮型线"（图 2.36），再对此型线进行缩放即可得到导轮型线。此导轮型线的叶片入、出口角由单元儒科夫斯基型线控制中弧线的变量及旋转角（β）决定，对于一般形式的具有光滑尾缘儒科夫斯基型线，其叶片入口角（β_1）、出口角（β_2）可由下式求出：

$$\alpha_1 = \tan^{-1}\left\{ \left| p\left[ax^{a-1} - (a+b)x^{a+b-1} \right] \right| \right\}_{x=0} \qquad (2-59)$$

$$\alpha_2 = \tan^{-1}\left\{ \left| p\left[ax^{a-1} - (a+b)x^{a+b-1} \right] \right| \right\}_{x=1} \qquad (2-60)$$

$$\beta_1 = \alpha_1 + \beta \qquad (2-61)$$

$$\beta_2 = \beta - \alpha_2 \qquad (2-62)$$

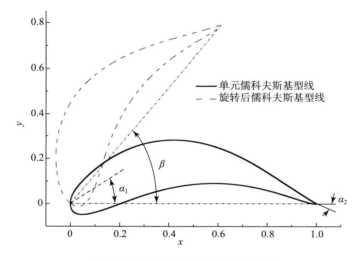

图 2.36　旋转单元儒科夫斯基型线

设获得的原始"单元导轮型线"离散点为 (x_i, y_i)，$i = 1, 2, \cdots, n$，n 为离散点数量。上型线 φ_s 和下型线 φ_x 的表达式

$$f_s(p_s, q_s) = \sum_{i=1}^{n} \delta_i^2 = \sum_{i=1}^{n} \left[y_i - \varphi_s(x_i) \right]^2 \qquad (2-63)$$

$$f_x(p_x, q_x) = \sum_{i=1}^{n} \delta_i^2 = \sum_{i=1}^{n} \left[y_i - \varphi_x(x_i) \right]^2 \qquad (2-64)$$

取极小值，由极值定理，可得以下求解方程组：

$$\frac{\partial f_s}{p_s} = \sum_{i=1}^{n} y_i x_i (1 - x_i) - p_s \sum_{i=1}^{n} \left[x_i (1 - x_i) \right]^2 -$$

$$q_s \sum_{i=1}^{n} x_i (1 - x_i) x_i^{0.5} (1 - x_i)^{1.5} = 0 \qquad (2-65)$$

$$\frac{\partial f_s}{q_s} = \sum_{i=1}^{n} y_i x_i^{0.5} (1 - x_i)^{1.5} - p_s \sum_{i=1}^{n} x_i (1 - x_i) x_i^{0.5} (1 - x_i)^{1.5} -$$

$$q_s \sum_{i=1}^{n} \left[x_i^{0.5} (1-x_i)^{1.5} \right]^2 = 0 \tag{2-66}$$

$$\frac{\partial f_x}{p_x} = \sum_{i=1}^{n} y_i x_i (1-x_i) - p_x \sum_{i=1}^{n} \left[x_i (1-x_i) \right]^2 +$$

$$q_x \sum_{i=1}^{n} x_i (1-x_i) x_i^{0.5} (1-x_i)^{1.5} = 0 \tag{2-67}$$

$$\frac{\partial f_x}{q_x} = \sum_{i=1}^{n} y_i x_i^{0.5} (1-x_i)^{1.5} - p_x \sum_{i=1}^{n} x_i (1-x_i) x_i^{0.5} (1-x_i)^{1.5} +$$

$$q_x \sum_{i=1}^{n} \left[x_i^{0.5} (1-x_i)^{1.5} \right]^2 = 0 \tag{2-68}$$

由以上方程组即可解出最小二乘法拟合的儒科夫斯基型线弯度和厚度系数，同时，利用光滑尾缘儒科夫斯基型线的通用表达式对其进行尾缘光滑修正，获得拟合后导轮内、外环曲线。

为验证儒科夫斯基型线对已有导轮的表达能力，选取 D265、D315 及 D400 三组液力变矩器导轮，利用儒氏型线对其内、外环型线进行拟合，并对拟合结果进行对比，如图 2.37 ~ 图 2.39 所示。

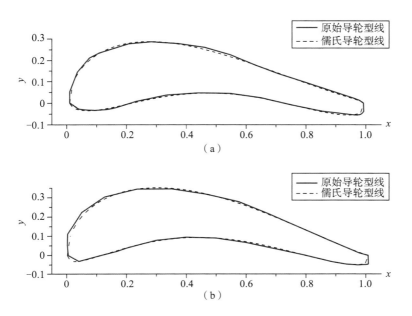

图 2.37　D265 液力变矩器导轮型线拟合结果

(a) 导轮内环型线拟合结果；(b) 导轮外环型线拟合结果

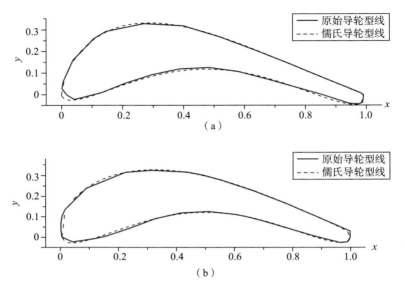

图 2.38　D315 液力变矩器导轮型线拟合结果

（a）导轮内环型线拟合结果；（b）导轮外环型线拟合结果

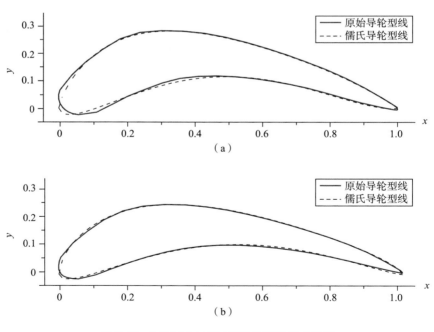

图 2.39　D400 液力变矩器导轮型线拟合结果

（a）导轮内环型线拟合结果；（b）导轮外环型线拟合结果

由图 2.37～图 2.39 可知，D265 导轮叶片头部较厚，弯度较小；D315 导轮叶片弯度较大，且具有比较明显的大头特征；D400 导轮叶片具有较大弯度，但是叶片较狭长，头部较平。由拟合结果对比图可知，儒氏型线能够对叶片工作面及背面较精确地拟合，其误差主要出现在首、尾处，其中 D400 内环导轮型线用儒科夫斯基型线拟合时在头部出现最大误差，误差绝对值在 0.015 左右。儒氏型线拟合误差统计数据如表 2.2 所示，统计值均建立在弦长归一化后的量纲为 1 的"单元导轮型线"基础上。

表 2.2　儒氏型线拟合误差统计数据

项目	最小值	最大值	平均值	均方根	标准偏差
D265 内环	−0.008	0.006 1	−0.000 3	0.003 4	0.003 1
D265 外环	−0.011 2	0.013 5	−0.000 4	0.005 9	0.005 1
D315 内环	−0.004 2	0.012 4	0.003 6	0.007 2	0.006 2
D315 外环	−0.010 5	0.010 8	0.000 4	0.004 7	0.004 6
D400 内环	−0.015 0	0.014 6	0.000 2	0.006 0	0.005 6
D400 外环	−0.006 9	0.009 0	0.002 3	0.004 6	0.004 0

由表 2.2 可知，儒氏型线拟合误差均方根在 0.008 以内，标准偏差在 0.007 以内，故儒科夫斯基型线能够有效地对各种不同形式的导轮进行表达。

取 D400 型液力变矩器为原型，利用空间映射方法对儒科夫斯基型线进行三维成型，得到三维导轮叶片并与原始叶片对比，如图 2.40 所示，可见儒科

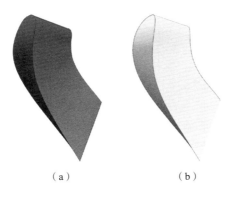

（a）　　　　　　　　　（b）

图 2.40　三维导轮叶片对比

（a）原始导轮；（b）儒科夫斯基导轮

夫斯基型线对原始导轮有较好的拟合效果。另外，CFD 结果验证表明，采用这两种不同的导轮叶片进行分析计算，其原始特性曲线中变矩比和效率误差在 1% 以内，而泵轮转矩系数误差在 2% 以内。

可见，在通过复数域变换并加入尾部加厚项的处理可以使儒科夫斯基型线适应液力变矩器导轮叶片设计的需要，并且这种儒科夫斯基型线具有参数简单、全叶型可解析且曲率连续无突变的特点，具有较强的线型粗调与微调能力，可以减少导轮叶栅系统建模参数，有利于后续液力变矩器的性能优化。

2.2.5　等厚直叶片模型

与具有复杂空间扭曲叶片的液力变矩器相比，另一类广泛应用的车用液力元件——液力缓速器多采用构型较为简单的等厚、具有前倾角度的直叶片。

图 2.41 所示为液力缓速器叶片参数示意图[28]，其中 v 为动轮相对定轮的运动方向，用下标 R 表示动轮参数、下标 S 表示定轮参数，α 为叶片前倾角，δ 为叶片厚度，z 为叶片数目。

以坐标系中 $y-z$ 平面为基准面，建立具有叶片厚度 δ 和叶片前倾角 α 两参数信息的单叶片截面模型，如图 2.42 所示。

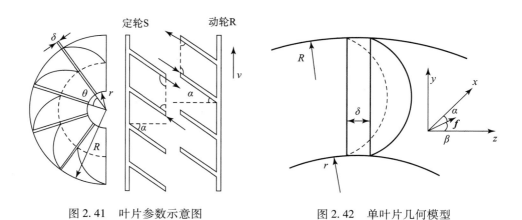

图 2.41　叶片参数示意图　　　　　图 2.42　单叶片几何模型

在坐标系中设置方向向量 f，生成具有叶片空间角度 β 的叶片。

$$f = x\boldsymbol{i} + y\boldsymbol{j} + z\boldsymbol{k} \tag{2-69}$$

以 $x-z$ 平面为参考平面，则方向向量 f 为叶片平面在参考平面上的投影。叶片延展方向向量

$$\boldsymbol{F} = \begin{bmatrix} x, & y, & z \end{bmatrix}^{\mathrm{T}} = \begin{bmatrix} 1, & 0, & \tan\alpha \end{bmatrix}^{\mathrm{T}} \tag{2-70}$$

在参数化建模程序中，将叶片截面沿延展方向向量拉伸到循环圆旋转生成的曲面上，即得到具有所需参数信息的单叶片三维模型。当叶片数目 z 确定之后，两相邻叶片之间的间隔角为

$$\begin{cases} \theta_{\mathrm{R}} = 360^\circ / z_{\mathrm{R}} \\ \theta_{\mathrm{S}} = 360^\circ / z_{\mathrm{S}} \end{cases} \tag{2-71}$$

在程序中，以叶轮原点为圆心，z 为叶片数目，θ 为叶片间隔角，对动、定轮各自的单叶片模型进行圆形阵列，则得到液力缓速器全叶片模型。

根据参数化设计需求，基于 VC++ 环境编制了液力缓速器叶栅结构参数化建模程序，并采用 UG/Open UIStyler 模块和 UG NX 提供的自定义菜单脚本语言 MenuScript 编制了交互参数输入界面，如图 2.43 所示。

图 2.43 液力缓速器叶栅系统设计参数程序交互界面

在交互界面中输入参数即可自动生成液力缓速器叶栅结构参数化三维模型（图 2.44），本程序的批处理运行模式即可为液力缓速器叶栅系统优化提供较为灵活稳健的叶栅及其流道的参数模型。

（a）

（b）

（c）

图 2.44　参数化三维模型

（a）不同 δ 参数定轮模型；（b）不同 α 参数动轮模型；（c）不同 D 和 z 参数定轮模型

2.2.6　顶弧弯叶片模型

与单一循环圆液力缓速器多采用前倾直叶片结构不同，双循环圆液力缓速器叶片多采用弯叶片结构，如图 2.45 所示。叶片整体呈轴向弯曲状，工作面与垂直轴面约成 90°，避免了叶片间的相互遮盖，铸造拔模工艺得到了一定简化，且利于动轮压力平衡孔的加工。

鉴于双循环圆液力缓速器叶形结构复杂，为提高其制动性能，本节基于空间解析几何理论，提出"相切圆弧叶形设计法"，对叶形设计参数进行 DOE 设计。

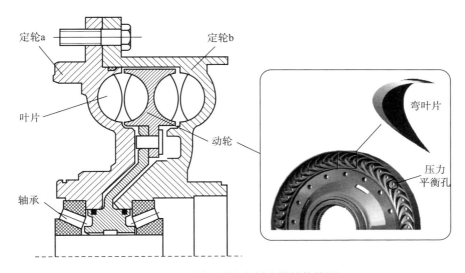

图 2.45　双循环圆液力缓速器结构简图

　　弯叶片结构简图如图 2.46 所示。鉴于弯叶片叶形的结构特点，本书提出"相切圆弧叶形设计法"[29]，其基本思想是：将叶片吸力面与压力面轴面（$x-y$ 面）投影曲线分别设定为由三段圆弧（内弧、中弧、外弧）相切构成，通过空间解析几何法，建立流道曲线的数学模型，并通过 Matlab 程序直接计算出不同叶形参数的液力缓速器周期流道模型点阵。

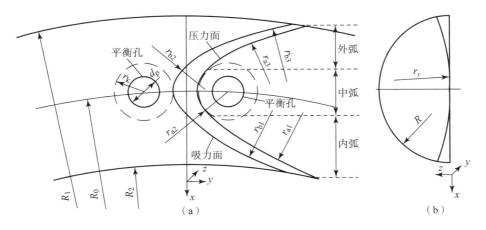

图 2.46　顶弧弯叶片结构简图

（a）叶片轴向简图；（b）叶片径向简图

　　液力缓速器动轮循环圆中径处分布有压力平衡孔,叶片的布置不应与平衡孔干涉,将叶片布置于两孔中间,即两中弧分别与以平衡孔为圆心、r_k 为半径的两圆相切,如图 2.46(a)所示;叶片顶端径向投影为半径为 r_y 的圆弧,其圆心在以循环圆中径 R_0 为半径构成的轴向圆柱面上,如图 2.46(b)所示。图 2.47 所示为叶片工作面包角图,其中 $\overset{\frown}{A_1A_2}$、$\overset{\frown}{A_2AA_3}$、$\overset{\frown}{A_3A_4}$ 为叶片压力面在 x – y 面投影的外轮廓设计曲线,即背面与循环圆内壁相交曲线在 x – y 面的投影。

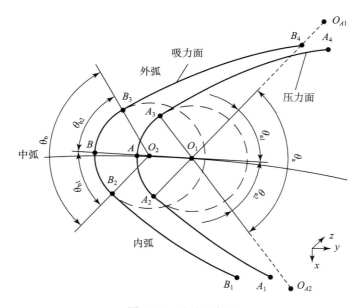

图 2.47　叶片包角图

　　设计初始阶段确定压力面与循环圆内壁各段相交的点阵 $\{C_n\}$:

$$\{C_n\} = \{(x_{ni}, y_{ni}, z_{ni}), n = 1, 2, 3; i = 1, 2, \cdots, m\} \qquad (2-72)$$

式中,$\{C_n\}$($n = 1$, 2, 3)依次代表内弧、中弧、外弧的离散点。

　　压力面中弧圆心 O_1 位于循环圆中径 R_0 上,θ_a 为中弧包角大小,可由此确定叶片压力面的弯曲程度。循环圆中径与中弧交点为 A,AO_1 与 A_2O_1、A_3O_1 的夹角分别为 θ_{a1}、θ_{a2},则有 $\theta_a = \theta_{a1} + \theta_{a2}$。通过计算 A_1、A_2、A_3、A_4 各点坐标,点阵 $\{C_n\}$ 可表示为

$$\{C_1\} = \left\{ (x_{1i}, y_{1i}, z_{1i}) \left| \begin{array}{l} (x_{1i} - x_{O_{A1}})^2 + (y_{1i} - y_{O_{A1}})^2 = r_{a1}^2 \\ z_{1i} = \sqrt{R^2 - x_{1i}^2 - y_{1i}^2}, y_{A1} \leq y_{1i} \leq y_{A2} \end{array} \right. \right\} \qquad (2-73)$$

$$\{C_2\} = \left\{ (x_{2i}, y_{2i}, z_{2i}) \left| \begin{array}{l} (x_{2i} - x_{O_1})^2 + (y_{2i} - y_{O_1})^2 = r_{a2}^2 \\ z_{2i} = \sqrt{R^2 - x_{2i}^2 - y_{2i}^2}, y_{A2} \leqslant y_{2i} \leqslant y_{A3} \end{array} \right. \right\} \qquad (2-74)$$

$$\{C_3\} = \left\{ (x_{3i}, y_{3i}, z_{3i}) \left| \begin{array}{l} (x_{3i} - x_{O_2})^2 + (y_{3i} - y_{O_2})^2 = r_{a3}^2 \\ z_{3i} = \sqrt{R^2 - x_{3i}^2 - y_{3i}^2}, y_{A3} \leqslant y_{3i} \leqslant y_{A4} \end{array} \right. \right\} \qquad (2-75)$$

通过对离散坐标点进行空间拟合，即可建立不同参数弯叶片压力面与循环圆内壁相交的空间轮廓曲线。叶片吸力面轮廓曲线受到压力面几何约束，其参数可由对应几何参数表示：

$$\begin{cases} \theta_{b1} = \theta_{a1} + \Delta\delta \\ \theta_{b2} = \theta_{a2} + \Delta\delta \\ r_{b2} = r_{a2} \end{cases} \qquad (2-76)$$

由于较大叶片的厚度会导致油液在循环圆内流动过程中产生较大的收缩与扩散损失，因此循环圆入、出口叶片厚度应尽量小，因此设定 $\overline{A_1B_1}$ 与 $\overline{A_4B_4}$ 为较小常数 Δl。另外，吸力面半径 r_{b1}、r_{b3} 亦可由参数 θ_{a1}、θ_{a2}、r_{a1}、r_{a2}、r_{a3} 与 $\Delta\delta$ 推导出，即存在公式：

$$r_{b1} = g_1(\theta_{a1}, r_{a1}, r_{a2}, \Delta\delta) \qquad (2-77)$$

$$r_{b2} = g_2(\theta_{a2}, r_{a2}, r_{a3}, \Delta\delta) \qquad (2-78)$$

由此，即可对叶片吸力面的空间轮廓曲线进行求解。图 2.48 所示为单周

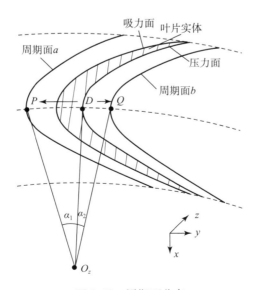

图 2.48　周期面分布

期流道周期面与叶片工作面几何关系示意图，周期面 a、b 点阵可通过叶片压力面坐标旋转获得。$D(x_D, y_D, z_D)$ 为压力面外轮廓空间曲线上任意一点，记为

$$\{D\} = \{(x_{Di}, y_{Di}, z_{Di}), i = 1, 2, \cdots, m\} \tag{2-79}$$

其中，$D \in \sum\limits_{n=1}^{3} \{C_n\}$。

以 $O_z(0, 0, z_D)$ 为圆心、$\overline{O_z D}$ 为半径的 $\overset{\frown}{PDQ}$ 与周期面 a、b 分别交于点 P (x_P, y_P, z_P)、Q (x_Q, y_Q, z_Q)，其中 $\angle PO_z D = \alpha_1$，$\angle QO_z D = \alpha_2$。液力缓速器叶片在循环圆周向上均匀分布，通过求解相邻叶片之间的间隔角即可得到单周期流道所占整个循环圆的角度 α，$\alpha = \alpha_1 + \alpha_2 = 360°/z$，其中 z 为叶片数目。

在 $\triangle O_z PD$ 中，由余弦定理可得

$$\overline{PD} = \sqrt{\overline{O_z D}^2 + \overline{O_z P}^2 - 2\,\overline{O_z D} \cdot \overline{O_z P} \cos\alpha_1} \tag{2-80}$$

D、P 两点位于同一个圆柱面，且 $z_P = z_D$，由空间两点距离公式可得

$$\begin{cases} \overline{PD} = \sqrt{(x_P^2 - x_D^2) + (y_P^2 - y_D^2)} \\ \overline{O_z D} = \overline{O_z P} = \sqrt{x_D^2 + y_D^2} \end{cases} \tag{2-81}$$

联立求解，可解出周期面 a 上离散后任意一点坐标 $P(x_P, y_P, z_P)$，同理可解出周期面 b 上离散点坐标 $Q(x_Q, y_Q, z_Q)$，记为

$$\{P\} = \{(x_{Pi}, y_{Pi}, z_{Pi}), i = 1, 2, \cdots, m\} \tag{2-82}$$

$$\{Q\} = \{(x_{Qi}, y_{Qi}, z_{Qi}), i = 1, 2, \cdots, m\} \tag{2-83}$$

综上，提取出弯叶片叶形设计参数为

$$X = \begin{bmatrix} r_{a1} & r_{a2} & r_{a3} & \theta_{a1} & \theta_{a2} & \Delta\delta \end{bmatrix}^{\mathrm{T}} \tag{2-84}$$

利用以上设计变量即可建立不同叶形参数的弯叶片液力缓速器周期流道模型。图 2.49 所示为只改变 θ_{a1} 与 θ_{a2}，其余参数保持不变的动轮流道设计结果。

针对某双循环圆液力缓速器样机模型，采用"相切圆弧叶形设计法"对其叶形参数开展 DOE 设计研究，并对比设计叶片与样机叶片的制动转矩，如图 2.50 所示。

设计叶片制动转矩变化区间为 [2 904.82，4 411.51]，而样机叶片制动转矩为 3 703 N·m。在循环圆尺寸与叶片数目一致的情况下，通过调整 θ_{a1} 和 θ_{a2}，DOE 设计叶片较样机叶片的制动转矩变化率为 −21.6% ~ 19.1%。由此可见，基于"相切圆弧叶形设计法"的设计叶片制动转矩包含样机叶片，且

具有较大的变化范围，以满足不同制动功率车辆的使用需求。

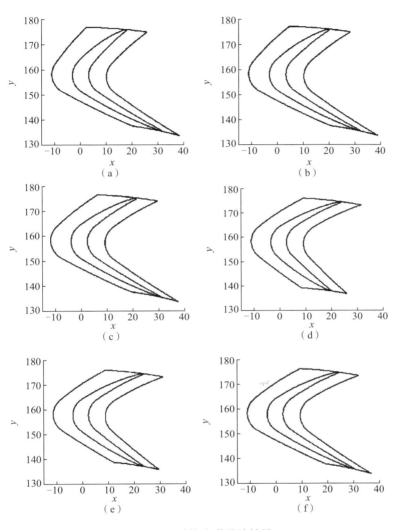

图 2.49 动轮流道设计结果

（a）$\theta_{a1}=55°$，$\theta_{a2}=40°$；（b）$\theta_{a1}=55°$，$\theta_{a2}=45°$；（c）$\theta_{a1}=55°$，$\theta_{a2}=50°$；

（d）$\theta_{a1}=45°$，$\theta_{a2}=55°$；（e）$\theta_{a1}=50°$，$\theta_{a2}=55°$；（f）$\theta_{a1}=55°$，$\theta_{a2}=55°$

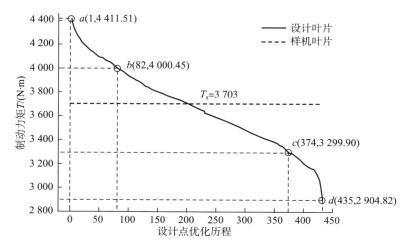

图 2.50　设计叶片与样机叶片制动转矩对比

2.3　叶栅系统逆向设计

液力元件叶栅系统的设计既可以采用上述正向设计方法，也可以通过对现有样机进行快速仿形测绘和曲面重构技术实现逆向设计。更为重要的是，通过对正向和逆向设计获得物理样机与样件的测绘反求，可以明晰制造加工获得的模型与理论模型的偏差，并据此进行性能偏离的判断。

与通常意义上的逆向工程[30,31]不同，叶栅系统的重构不仅要得到叶片实体以进行后续的计算机辅助制造和计算流体动力学分析，而且还需要得到测绘对象的设计参数[32]，如各叶轮平均流线的入、出口半径及叶片在平均流线处的叶片角度等，为优化传动性能和预测样机性能提供数学依据。

如 Kim B S 等[33]开发了液力变矩器叶轮、涡轮、导轮等总成的反求设计程序，包含网格生成和后处理的数值模拟技术，可计算得到内流场各项参数，对液力变矩器能量损失系数建立了等效预测模型。陆忠东[34,35]采用逆向工程设计方法建立了液力变矩器三维模型，通过对采集的数据进行相应处理，基于 Pro/E 平台进行了三维实体建模，并利用 CFD 软件进行了相应的数值计算。闫清东等[36]提出变矩器叶栅系统的反向设计方法，通过测绘数据对曲面进行重构生成叶栅系统，并利用 UG/Open API 对该方法进行了软件的二次开发。

随着国外先进液力元件产品进入国内，研究逆向工程设计技术对引进并消化吸收国外先进技术，创新开发研制具有自主知识产权的液力元件产品具有现实意义。

2.3.1 接触式测绘与重构

模型表面接触式测绘所得的是大量的有序离散数据，这些数据中可能存在许多重复测量数据以及系统误差和随机误差，必须进行预先处理。疏失误差的消除可以通过发现测量遗漏和重复区域、不准确的散乱点等，初步评估测量数据，以确定是否需要进行重新测量；对存在大量系统误差和随机误差的数据，则可采用滤波方法进行处理，其目的是减少数据量，清除疵点，减少主要由加工带来的表面噪声，平滑测量数据。

变矩器叶片的接触式测绘方法主要有流线法和截面法[3]。流线法分别测量叶片两侧内外环和入出口空间曲边四边形边长上各点，这样与束流理论结合较好，目的明确，数据冗余少，但操作较复杂，时间较长，所测数据多在铸造圆角处，数据精度有限。然后根据内外环处数据即可得到循环圆形状，并可在对应中间流线位置得到中间流线上各点。截面法是测量垂直于叶轮轴线的一系列平行截面与叶片的截线数据，适用于设计情况不详的样机测绘，并且数据适于云点成面。

仿形测量方法可分为接触式和非接触式两种。传统的接触式测量是工程中通常采用的方式，一般采用三坐标测量机，其特点是精度较高，但测头易损伤和划伤样品，人工干预较多，测量速度慢，难以实现全自动化。非接触式测量的特点是不接触被测表面，可实现高速测量。主要手段有光栅投影、激光三角形、三维视觉激光扫描法、CT 和核磁共振扫描等方法，但目前精度较低。这里的数据测绘方法采用的是接触式截面法，以泵轮为例，测得数据如图 2.51 所示。

图 2.51　接触式测绘云点与拟合曲面

把仿形测量得到的离散数据经过预处理后，用适当的算法拟合成曲面的数学模型，是反向工程中的关键技术，决定着模型曲面重构的质量。流线法测得的数据可以方便地利用三条流线上各点生成样条然后构成 NURBS 曲面。

但对于截面法测得的数据，由于各截面测得点数不同，用这些点生成的 B 样条构成的 NURBS 曲面扭曲严重，因此采用云点构面技术生成平滑曲面。

根据得到的云点数据或根据图纸给定可得到循环圆形状，绕轴心旋转得到与云点构造的叶片工作面和背面两条交线（图 2.52）。

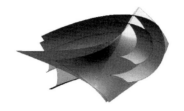

图 2.52　云点构面与流线旋转面

得到中间流线和内环旋转曲面与云点交线后，首先将中间流线的两条空间曲线分别向 RZ 和 SL 平面投影，在正向设计中，是由骨线 RZ 投影曲线的等分点间弧长来确定 L 坐标的，这里骨线数据未知，近似地将正面和背面两条曲线 N 等分，坐标分别为 $(x_{0i}, y_{0i}, z_{0i})(x_{1i}, y_{1i}, z_{1i})$，取等分后得到的点的均值作为骨线数据 (x_i, y_i, z_i)，并将之投影到两个平面上，其中 $i=1, 2, \cdots, N$。各坐标系坐标值如下：

$$x_i = (x_{0i} + x_{1i})/2, y_i = (y_{0i} + y_{1i})/2, z_i = (z_{0i} + z_{1i})/2 \qquad (2-85)$$

$$R_i = \sqrt{x_i^2 + y_i^2}, \ Z_i = z_i \qquad (2-86)$$

$$S_i \approx (x_{1i} - x_{0i})/2, L_i \approx \sqrt{R_i^2 + Z_i^2} \qquad (2-87)$$

则叶片角为

$$\tan\beta_i = \mathrm{d}L/\mathrm{d}S \approx \Delta L_i/\Delta S_i \qquad (2-88)$$

如果这里的内环空间交线没有选取，且已知为反势流设计，则可采用下式获得内环各点叶片角：

$$\tan\beta_{i\_in} = R_{i\_in}/R_i \cdot \tan\beta_i \qquad (2-89)$$

根据 RZ 坐标系的循环圆给定关系即可得出内环和外环两侧曲线的投影。其中 SL 平面曲线与三维空间曲线间有共形映射的变换关系，并随划分点 N 增大而精度增高，也可以采用曲边直角三角形的方法。

在得到两个二维平面上的投影后即可得到对应平面曲线的空间位置：

$$x_i \approx R_i \cdot \sin(\alpha_i + \gamma), y_i \approx R_i \cdot \cos(\alpha_i + \gamma), z_i = R_i \cdot Z_i \qquad (2-90)$$

内外环与此类似，其中角度 α_i 为各点与入口点 xy 平面的偏离角度，角度 γ 用于调整中间流线与内外环流线的空间相对位置，一般由入口或出口测绘数据给定 γ 和 $\gamma_{\_in}$，并且角度差 $\gamma - \gamma_{\_in}$ 和 $\gamma_{\_out} - \gamma$ 具有如下关系：

$$\gamma_{\_out} = \gamma + a\sin\left[R_{\_in}/R_{\_out} \cdot \sin(\gamma - \gamma_{\_in})\right] \qquad (2-91)$$

设计过程各投影平面如图 2.53 所示，左上为 *RZ* 坐标系投影，左下为 *SL* 坐标系三条流线投影，右侧为生成的三条流线样条与初始相交的中间流线和内环空间曲线。

图 2.53　*RZ*、*SL* 展开投影及空间曲线

SL 坐标所得投影曲线在实体成型前要进行边缘圆角处理，叶片实体由二坐标系投影到空间坐标系后所得的 NURBS 曲面构成，与快速成型的叶片相比，不需要再进行延伸切除等操作。双片边缘圆角处理效果和接触式测绘成型叶片分别如图 2.54 和图 2.55 所示。

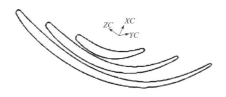

图 2.54　叶片边缘圆角处理效果　　　　　图 2.55　接触式测绘成型叶片

2.3.2　非接触式测绘与重构

近年来，逆向工程在快速获取液力元件叶轮结构和叶片形状参数等方面都发挥了重要作用，多种逆向测绘方式都可以取得较高的测绘精度。

赵罡、马文星等采用非接触式测量及硅橡胶法获得了液力变矩器的叶轮及其流道三维点云数据，建立了液力变矩器三维模型[37]；肖志杰、刘建瑞等采用非接触式光学扫描仪获得离心泵叶轮的分散点云，基于 CATIA 软件对叶轮进行了三维实体设计[38]；刘凯、鲁明等采用三维非接触式激光扫描设备，逆向得到液力缓速器叶轮的点云数据并拟合出三维模型，模型与实体最大误差满足工程要求[39]。张万平、张杰等采用三维扫描仪获得涡轮增压器的涡轮叶片与叶轮点云数据，为了确保光栅能够扫描到每个角落，对涡壳采取切割处理，分别扫描并通过公共参考点将扫描点云数据合并[40]。可见，在对液力变矩器进行逆向测绘的过程中，采用非接触式光栅投影测量法与其他方式相比，可以快速高效、高精度地获得叶轮和流道的散乱点云数据，通过多视图点云数据拼合，继而获得液力变矩器的三维模型。

非接触式光栅投影测量法测绘过程示意如图2.56所示。其优点在于可以在不破坏被测件结构的条件下获取结构数据。测绘时，光栅投影装置将含有特定编码的结构光投影到被测绘叶轮上，两侧摄像头同步采得相应图像，对图像进行解码和相位计算得到两个摄像头公共视区内像素点的三维坐标，继而得到被测叶轮表面点云数据。

由于液力元件尤其是液力变矩器流道空间结构复杂且有内环遮挡，光栅投影测量法本身的测绘特点使其无法获得流道内部与叶片的完整点云数据，要想在不破坏叶轮结构的前提下获得叶片及流道的点云数据，目前国内主要采用硅橡胶法重建拓取内部流道的模型，进行逆向测绘得到流道点云模型数据，再与已测叶轮点云数据拼合得到完整变矩器点云数据，拟合建模得到叶轮三维实体模型。

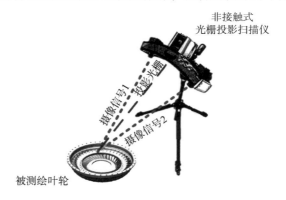

图2.56　非接触式光栅投影测量法测绘过程示意

目前常用的硅橡胶法是采用单一材质全流道填充的方式，即让单一材质的软质硅胶充满整个流道，然后利用硅胶的回弹性保证硅胶的变形在误差范围之内。但由于变矩器内部流道扭曲角度较大，硅胶模型在取出过程中受到较大的拔模力甚至无法取出，硅胶模型难以回弹到原始填充位置，无法控制回弹量。

本节采用混合材质流道填充成型方法，采用高硬度硅橡胶和超轻纸黏土两种不同材质对流道进行填充成型，拓取结构特征，其中由高硬度硅橡胶保证拓取叶型的准确性，超轻纸黏土则作为硅橡胶的支撑，再通过对叶片压力面和吸力面两侧非接触式测绘，来获取统一坐标系下完整的叶轮及叶片点云数据。在这一过程中，需采用多视角点云数据拼接技术，将从不同视角多次测量所得的局部点云进行重新定位、配准与拼接。针对混合材质流道填充成型方法，本节采用迭代最近点 ICP 算法来实现点云数据的精确拼接。

1. 基于 ICP 算法的多视点云数据拼合

在实际测绘中，由于变矩器内复杂结构的遮挡，分别测绘得到变矩器轮壳点云与内部流道叶片数据点云，最终所得模型为各点云数据定位拼合而成。其在不同坐标系下，多视角点云拼合的主要方法为最近点迭代法，即 ICP（Iterative Closed Point）算法[41]。在数据对齐算法中，ICP 算法是目前常用的基本方法。

ICP 算法简述如下：给定在两个视角下测量所得并具有重叠区域的数据点集，其中定义基准点集 $Q = \{ \boldsymbol{q}_i \mid \boldsymbol{q}_i \in \mathbf{R}^3, i = 1, 2, \cdots, N \}$，待匹配点集 $P = \{ \boldsymbol{p}_i \mid \boldsymbol{p}_i \in \mathbf{R}^3, i = 1, 2, \cdots, M \}$。$\boldsymbol{q}_i$，$\boldsymbol{p}_i$ 分别为对应点空间坐标矢量，求解在不同视角下两个二维数据点集之间的坐标转换关系矩阵 $\boldsymbol{R}_{(k)}$ 和 $\boldsymbol{T}_{(k)}$，$\boldsymbol{R}_{(k)}$ 是 3×3 旋转矩阵，$\boldsymbol{T}_{(k)}$ 是 3×1 的平移矢量，k 为 ICP 算法中的坐标转换关系矩阵迭代次数。为使以下的目标函数最小：

$$d = \sum_{i=1}^{M} \| \boldsymbol{R}_{(k)} \cdot \boldsymbol{p}_i + \boldsymbol{T}_{(k)} - C(\boldsymbol{p}_i) \|^2 \qquad (2-92)$$

式中，$C(\boldsymbol{p}_i)$ 表示在 $\{ \boldsymbol{q}_i \}$ 中以 Euclidean 距离度量最靠近 $\boldsymbol{p}_i$ 的一点。ICP 算法的实质是基于最小二乘法的最优匹配方法，整个迭代过程实质上是重复进行确定最近点对应关系矩阵，直到满足对齐的收敛准则。

ICP 算法进行数据拼合的步骤如下：

（1）读入测量点云数据，令 $k = 0$，设置旋转矩阵为单位矩阵 $\boldsymbol{R}_{(0)}$ 和平移矢量 $\boldsymbol{T}_{(0)}$。

（2）通过最邻近点搜索策略寻找第 k 次迭代的两组测量点云的对应点集。对待匹配点集 $\{ \boldsymbol{p}_i \mid i = 1, 2, \cdots, m \}$ 做运算，求 $\boldsymbol{R}_{(k-1)} \cdot \boldsymbol{p}_i + \boldsymbol{T}_{(k-1)}$ 在基准点集 Q 上的最近距离点 $C(\boldsymbol{p}_i)$，根据

$$d_{k-1} = \sum_{i=1}^{n} \| \boldsymbol{R}_{(k-1)} \cdot \boldsymbol{p}_i + \boldsymbol{T}_{(k-1)} - C(\boldsymbol{p}_i) \|^2 \qquad (2-93)$$

判断 $\boldsymbol{p}_i$ 与 $C(\boldsymbol{p}_i)$ 是否为有效对应点。

（3）根据获得的两个配对点集，通过四元数法求解坐标转换关系 $\boldsymbol{R}_{(k)}$ 和 $\boldsymbol{T}_{(k)}$。

（4）终止条件判断：

$$|d_{(k)} - d_{(k-1)}| < \varepsilon \tag{2-94}$$

式中，ε 为用户设定阈值。如果满足条件则终止，否则 $k = k + 1$，继续对整个测量点云进行旋转及平移变换，转至步骤（2）。

2. 混合材质流道硅胶填充

本书采用两种材质混合填充，如图 2.57 所示，采用高硬度硅胶为叶片拓取成型，其主要依靠硅胶自身高硬度保持形状；超轻纸黏土作为辅助的支撑材料，在取出硅胶模型时塑性破坏，留出空间易于取出硅胶模型且拔出过程中硅胶模型受力小。

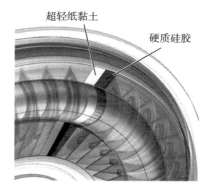

图 2.57　某变矩器泵轮的混合流道填充硅胶示意图

为减小由于重力导致的硅胶模型变形量，用于变矩器内部流道拓型的硅胶在材料特性上要求其在固化后应该拥有较高的硬度，同时其在固化前的液态应具有较好的流动性，使硅胶可以充满整个需要拓型的流道空间。辅助填充材料主要用于硅胶在固化过程中的支撑，应不与硅胶发生化学反应且在硅胶固化后易于被破坏，以便取出硅胶模型。

主要填充材料选 908 号有机硅导热灌封硅胶，它由两种液体状态组分混合而成，固化前流动性强，固化后在同类产品中硬度较高，具有极小的收缩性。其材料特性如表 2.3 所示。

表 2.3　908 号硅胶材料特性

相对密度（25 ℃）	1.4
混合后操作时间（25 ℃）	2 h
固化条件	8 h/25 ℃，40 min/65 ℃

续表

硬度（Shore）	55~65 A
线膨胀系数	1×10^{-4} m/（m·K）
适用温度范围	-55 ℃~200 ℃

辅助填充材料为超轻纸黏土，其可塑性强，易风干，化学性质稳定且不与硅胶产生化学反应，对硅胶固化效果没有影响。其材料特性如表 2.4 所示。

表 2.4　超轻纸黏土材料特性

主要成分	纸纤维、树脂、聚乙烯醇
相对密度（25 ℃）	0.25~0.28
风干时间（25 ℃）	0.5~1.0 h
耐化学性	耐有机溶剂

以某液力变矩器为例，保证硅胶模型能顺利从变矩器内取出，硅胶整体填充量约为单个泵轮入口或涡轮出口的叶片间流道法向截面积 F_w 乘以中间流线长度 l_m，即

$$V_{填充} \approx F_w \times l_m$$

其余部分用辅助填充材料填充，硅胶固化后利用辅助材料黏土的塑性变形，将硅胶模型由泵轮入口或涡轮出口取出，得到具有叶片表面特征的硅胶模型。由于采用部分流道填充，一次测量只能得到单侧部分流道的数据，可对叶片两侧分别填充以得到完整的同一叶片的点云数据。某液力变矩器泵轮叶片压力面单侧填充结果如图 2.58 所示。

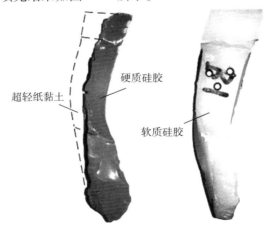

图 2.58　某液力变矩器泵轮叶片压力面单侧填充结果

分别采用全流道单一软质硅胶填充成型和混合材质填充成型方法拓取流道结构，测绘两种硅胶模型，得到两种方法所拓取的流道结构点云数据，并与已有样件叶轮实体模型对比，将直方图步长区间微分化得到偏差统计直方图，如图 2.59 和图 2.60 所示。图中 x 轴为偏差值，y 轴为对应偏差值的数据点数占点云总数的百分比，即点云出现对应偏差的概率。

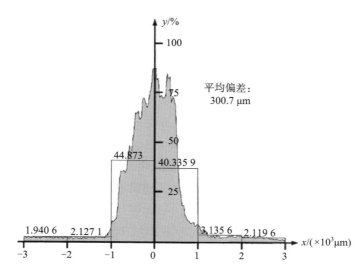

图 2.59　单一软质硅胶填充成型拓取流道点云与样件叶轮模型对比偏差统计直方图

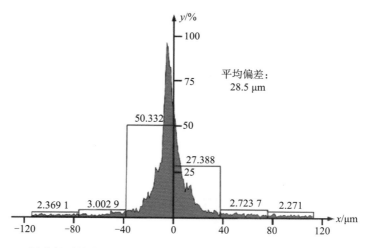

图 2.60　混合材质填充成型拓取流道点云与样件叶轮模型对比偏差统计直方图

软质硅胶填充成型方法所得流道点云数据与叶轮样件实体模型数据对比，平均偏差的绝对值达到300.7 μm，均方根为1 001.3 μm，而采用混合材质流道填充成型方法所得硅胶模型拓取的流道点云数据与叶轮样件实体模型平均偏差达到28.5 μm，均方根为377.6 μm。

对于两种方法硅胶所拓取的流道点云数据与样件叶轮实体模型的对比偏差直方图，理论上其概率最大的偏差值处于其中心位置，并左右对称，用高斯曲线近似拟合[42]并对比两种方法偏差分布趋势。图2.61虚线部分为单一软质硅胶填充成型拓取流道点云与样件叶轮模型对比，实线部分为混合材质填充成型拓取流道点云与样件叶轮模型对比。

全流道单一软质硅胶所拓取的流道结构点云平均偏差较大，偏差分布范围较宽，是因为软质硅胶具有回弹性，导致无法精确控制其外形结构且其变形受拔模过程中的拔模力和重力等影响较大。

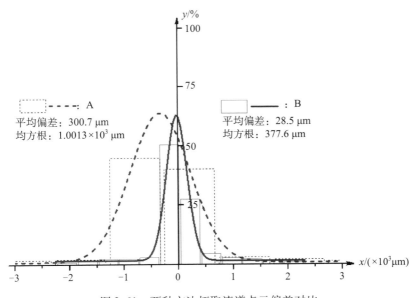

图2.61　两种方法拓取流道点云偏差对比

混合材质填充成型方法采用高硬度硅胶，其高硬度降低了硅胶回弹性和重力等对硅胶外形结构的影响，偏差分布范围窄且偏差均值更小，流道提取误差较小。

3. 叶轮流道点云数据拟合重构

以泵轮为例，由于内环的遮挡，无法在测绘叶轮的同时得到叶片与流道内部的完整数据，混合材质流道成型方法可以很好地得到叶片与流道的点云数据，再将两者拼合得到完整的流道数据。对于本书中点云数据的拼合，结合测绘实验与 ICP 算法收敛要求可知，初始点云位置的选择与初始两点云的点云重合度对 ICP 算法迭代拼合收敛的影响较大。要求硅胶模型应涵盖已有的变矩器轮壳的有限点云数据，且对变矩器轮壳做拼合简化处理，即提高单次拼合点云重合度。逐次拼合缩小两点云在同一坐标系下的距离，实现拼合成完整的叶片与流道数据。

目前，复杂曲面的散乱点云数据重构主要采用 NURBS 方法[43,44]，相比传统的网格建模方式，它能更好地控制物体表面的曲线度。基本步骤主要为：先将复杂散乱点云压缩到 NURBS 拟合允许的规模，将散乱数据转化成三角域的拓扑结构，在 NURBS 拟合实现被测复杂曲面的重构。以本书中某型号变矩器叶轮重构为例，首先得到拼合后具有完整流道和叶片的点云数据，然后将点云数据转化成三角域拓扑结构并划分曲率相近的区域，用 NURBS 拟合出叶片及流道内外环面。

由图 2.62 拼合结果偏差云图显示，硅胶模型点云与叶轮点云数据绝大部分包括叶片与流道的入、出口位置均以较低的偏差内拼合。拟合过程如图 2.63 所示，图中 A 为叶轮流道点云数据三角域拓扑结构，B 为拟合重构出的叶片及流道曲面。

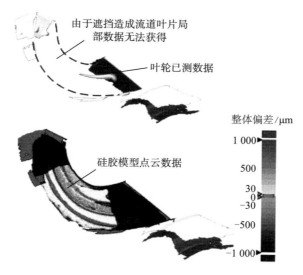

图 2.62　硅胶点云与叶轮点云数据拼合及拼合结果偏差

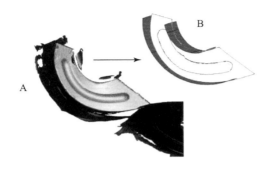

图 2.63 流道点云数据曲面重构拟合过程

拟合曲面与原散乱点云数据存在拟合误差，其误差分布如图 2.64 所示。叶片表面结构包括叶片表面的拉延筋和内外环等，与原点云数据的拟合误差在 ±30 μm 以内。拟合曲面后可以进一步进行叶轮重构，以用于其他分析。

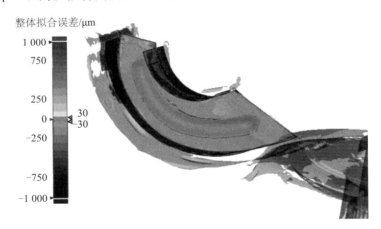

图 2.64 拟合流道曲面与原点云误差

与已有全流道填充单一软质硅胶成型方法相比，本方法提出采用混合材质填充硅胶的方式，部分流道填充方法易于取出填充模型，拔模过程受力小，且高强度与硬度的填充材料可减小回弹性和重力等因素的影响，将硅橡胶法的平均偏差由 300.7 μm 减小到 28.5 μm，提高了空间流道特征提取的精度。

4. 叶片重建流线角度的测量

通过不同测绘方法获取叶栅曲面数据后，其设计参数尤其是流线入、出口角度的获取和测量可以在求得的叶片展开图上实现。

此处采用的叶片展开图为基于多圆柱面投影的叶片骨线及其加厚平面图

所构成，叶片重构完成后，能够得到液力变矩器各叶轮内环、外环及叶片曲面，而在设计计算，尤其是一维束流理论的设计计算中，中间流线（亦称设计流线）上的数据才是最主要的设计参数，故应对中间流线进行提取。

在对设计流线的近似反求中，中间流线在循环圆上的投影曲线往往是通过内、外环曲线的公切圆圆心连线来近似的（图 2.65）。而后将其绕轴线旋转形成曲面，这个曲面与叶片曲面的交线即可认为是叶片中间流线数据（图 2.66）。而在设计流线的准确反求过程中，中间流线的确定应依据其定义获取。

对于冲压式液力变矩器内、外环上数据的提取，与普通铸造型液力变矩器有所不同。由于冲压式液力变矩器考虑到后续与叶轮焊接的工艺，其内、外环上均有折边，且折边与叶片曲面过渡处有较大圆角，导致其实际叶片内、外环曲线无法直接获得。为了保证反求叶片数据的准确度，采用将叶片曲面延长的方法，取延长叶片曲面与叶轮内、外环曲面交线为实际的叶片内、外环流线数据进行反求。

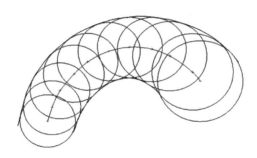

图 2.65　循环圆中间流线提取

图 2.66　循环圆中间流面

叶片内环、中间流线、外环上曲线均获取后，即对曲线进行等分离散，获取其分点数据以进行展开。假设获取的叶片曲线数据点为 x_i、y_i、z_i，其中 i 为提取数据点数量。其叶片轴向视图（$R-Z$）可按下式计算：

$$\begin{cases} R_i = \sqrt{x_i^2 + y_i^2} \\ Z_i = z_i \end{cases} \tag{2-95}$$

叶片展开图由空间映射方法投影获得，以往计算叶片曲线上相邻两点间弧长时近似以弦代弧，但是对于取点并不多时，该方法精度较低，使展开图误差较大。采用对三点进行圆弧拟合后直接求弧长的方法进行求取。首先求出三点构成圆弧的圆心 (z_0, R_0)，其求取方法采用如下公式：

$$\begin{cases} (z_0 - z_{i-1})^2 + (R_0 - R_{i-1})^2 = (z_0 - z_i)^2 + (R_0 - R_i)^2 \\ (z_0 - z_{i+1})^2 + (R_0 - R_{i+1})^2 = (z_0 - z_i)^2 + (R_0 - R_i)^2 \end{cases} \tag{2-96}$$

解出三点圆弧圆心后，即可利用以下公式求取圆弧半径：

$$R = \sqrt{(z_0 - z_i)^2 + (R_0 - R_i)^2} \tag{2-97}$$

获得圆弧数据后，即可利用以下公式求得相邻两点间弧长（图2.67）：

$$\begin{cases} a = \sqrt{(z_{i-1} - z_i)^2 + (R_{i-1} - R_i)^2} \\ b = \sqrt{(z_{i+1} - z_i)^2 + (R_{i+1} - R_i)^2} \\ \alpha_i = a\cos(2R^2 - a^2)/(2R^2) \\ \alpha_{i+1} = a\cos(2R^2 - b^2)/(2R^2) \\ L_i = R \times \alpha_i \\ L_{i+1} = R \times \alpha_{i+1} \end{cases} \tag{2-98}$$

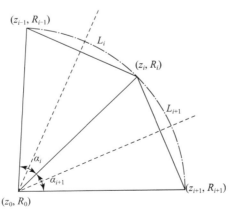

图 2.67 展开图弧长求取方法

叶片展开图中 S 坐标利用以下公式求出：

$$\begin{cases} \varphi_i = a\tan(x_i/y_i) \\ \theta_{i-1} = \varphi_i - \varphi_{i-1} \\ \Delta S_{i-1} = R_i \times \theta_{i-1} \\ S_i = S_{i-1} + \Delta S_{i-1} \end{cases} \qquad (2-99)$$

2.4 液力变矩器数据库开发

在开展液力元件叶栅系统设计时，仅包括叶形参数化、束流计算或三维流动分析、性能的优化与优选的全新正向设计是不够全面的，还应将以往成熟的设计结果纳入设计体系共享，以提高设计精度，有效避免信息孤岛现象的出现。通过对设计存量资源的整理和发掘，分别构建叶片几何结构数据库和传动性能计算及试验结果数据库，实现两类数据库之间映射关系的设计过程模块化封装[45]，将正向设计的建模、计算和优化等过程，以及逆向设计的数据采集和曲面重构等环节，分别集成到基于数据库技术的设计平台之上，为实际工程设计提供较为完整的设计手段。这个平台一方面可以为基型设计和统计设计提供多个较为成熟的现有叶栅系列及其性能参考；另一方面基于数据库中已有大量得到验证的叶栅配置，在优化搜索过程中能够有效地缩减正向计算规模，提升设计精度。

2.4.1 数据库管理系统的选择

在开发数据库之前，需要先选择用于数据库开发的数据库管理系统。目前常用的数据库管理系统有 Access、SQL Server 和 Oracle，这三个系统都具有较高的效率和安全性，可以对数据库进行有效的管理。

SQL Server 同样是由美国微软公司开发的一款数据库管理系统。SQL Server 是一种高性能、多用户的关系型数据库管理系统，它被设计成支持高容量的事务处理系统以及决策应用支持系统，使用户得以实施大范围的分布信息处理。SQL Server 是典型的按客户/服务器体系结构设计的关系数据库管理系统，它提供了强有力的工具进行全企业的数据管理、数据复制、并行数据管理、大型数据库以及与 OLE（Object Linking and Embedding，对象连接与嵌入，简称 OLE）技术的集成[46]。

SQL Server 给用户提供了非常友好的用户界面，操作简单，同时在数据库服务器上其采用的是单进程/多线程的运行模式。SQL Server 只在数据库服务器上运行一个应用程序进程，在用户连接时自动为用户开辟一个新的线程，同时建立一个用户连接线程池进行多线程间的协调管理、各个连接任务的调度和内存与硬盘的访问。这样就大大节省了系统的资源，提高了应用效率，提供了更大的移植性。本节中数据库的开发，采用 SQL Server 数据库。

2.4.2　相关数据表的设计

　　数据库开发的实质是相关数据表的设计，通过对不同的数据进行分析后，根据数据结构的特点来设计相应的数据表，从而实现对数据库的开发。液力变矩器在设计过程中会涉及很多参数，如叶片内外环和设计流线上的入、出口角，叶片的厚度参数以及叶片入、出口端的直线比例系数等对液力元件性能有较大影响的参数。根据对液力变矩器在设计过程中需要用到的设计参数的分析，确定数据库中需要包含的数据信息，分别为叶片数据、循环圆数据、叶形数据和特性数据。图 2.68 所示为变矩器数据库整体的结构设计。

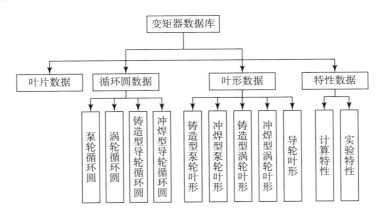

图 2.68　变矩器数据库整体的结构设计

　　下面根据变矩器数据库的结构分别对叶片数据、循环圆数据、叶形数据和特性数据部分的相关数据表进行设计。

1. 循环圆数据

　　为详细记录不同叶轮和不同型号下液力变矩器的循环圆数据，需要对泵轮、涡轮和导轮分别建立循环圆数据表。目前，变矩器循环圆的内、外环多由两段圆弧连接而成，给定两段圆弧的几何参数后，就可以确定整个循环圆的结构。循环圆的结构如图 2.69 所示。

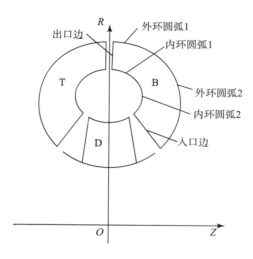

图 2.69 循环圆结构

根据循环圆结构的特点建立泵轮循环圆数据表，包含泵轮循环圆数据表中的所有变量，如图 2.70 所示。由于涡轮循环圆的结构与泵轮循环圆的结构在参数的选择上基本一致，因此在涡轮循环圆的数据表中，列名称与泵轮循环圆数据表里的列名称也一样。

根据液力变矩器制造方式的不同，需要分别构建铸造型导轮循环圆数据表和冲焊型导轮循环圆数据表。导轮循环圆结构对比如图 2.71 所示。为了更好地管理及查询上述表中的循环圆数据，还需要建立一个循环圆数据表。通过对表中的数据进行分析可知，该表中所需要包含的列名称如下：编号、型号、泵轮循环圆、涡轮循环圆、铸造型导轮循环圆、冲焊型导轮循环圆和备注。

涡轮循环圆数据 *

列名	数据类型	允许 Null 值
编号	varchar(20)	
型号	varchar(10)	
内环圆弧1圆心x坐标	real	
内环圆弧1圆心y坐标	real	
内环圆弧1半径	real	
内环圆弧2圆心x坐标	real	
内环圆弧2圆心y坐标	real	
内环圆弧2半径	real	
外环圆弧1圆心x坐标	real	
外环圆弧1圆心y坐标	real	
外环圆弧1半径	real	
外环圆弧2圆心x坐标	real	
外环圆弧2圆心y坐标	real	
外环圆弧2半径	real	
内环入口边R向坐标	real	
中间流线入口边R向坐标	real	
外环入口边R向坐标	real	
内环出口边R向坐标	real	
中间流线出口边R向坐标	real	
外环出口边R向坐标	real	
内环入口边流道参数	real	
外环入口边流道参数	real	
入口流道轴面宽度	real	
内环出口边流道参数	real	
外环出口边流道参数	real	
出口流道轴面宽度	real	
图纸	varchar(50)	✓
备注	text	✓

图 2.70 泵轮循环圆数据表

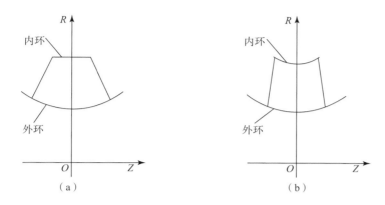

图 2.71　导轮循环圆结构对比

（a）冲焊型导轮循环圆；（b）铸造型导轮循环圆

当循环圆数据表建好后，可以利用循环圆数据表中的外关键字与各个叶轮数据表中的主关键字之间的联系来对各个叶轮循环圆的数据进行查询。循环圆数据表与叶轮循环圆数据表之间的关系如图 2.72 所示。

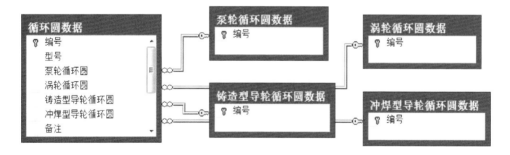

图 2.72　循环圆数据表与叶轮循环圆数据表之间的关系

根据图 2.72 可以分析出循环圆数据的整个查询过程。首先，在已知某循环圆编号或者某液力变矩器的型号后，可以在循环圆数据表中查找到对应的数据行。之后，根据数据行中的信息可以查到各个叶轮循环圆数据的编号。在已知某叶轮的循环圆编号后，就可以到相应叶轮的循环圆数据表中去查找对应编号下的循环圆数据，从而实现对循环圆数据的查询。

2. 叶形数据

叶形设计模块封装的前提是叶形的参数化设计。在实现叶栅系统数据库构建后，需要编制灵活稳健的参数驱动设计程序，来实现叶形设计功能的模块封装。以具有流线型特征的铸造型液力变矩器叶栅系统为例，介绍对应叶形参数设计模块并实现封装和集成。流线型叶栅系统的叶形设计过程，在系统中采用样条拟合参数设计方法实现。通过对这一过程的封装及其界面设计，调用对应数据库中的记录作为输入，驱动封装后的叶形设计模块，并将设计结果存入三维叶片实体模型、二维循环圆和二维展开图叶形模型中。在叶形参数设计模块中，需要包含以下几个功能：

（1）参数导入功能。对于液力元件中承担多个不同功能的多组叶栅，应根据其循环圆和展开图构造特点设计对应界面。

（2）信息编辑与提交计算功能。对单次输入或数据库调用的数据，进行冗余信息判断和有效信息筛选提取，并将输入的数据提交给后台建模程序，驱动对应封装后的科学计算软件和 CAD 软件建模。

（3）结果显示功能。系统显示计算得到的设计图形化建模结果的同时，列出对应的关键数据以便对照设计。

根据液力变矩器制造方式的不同，主要分为铸造型液力变矩器和冲焊型液力变矩器。两种不同形式的液力变矩器在叶形参数的选择上存在很大的差异，例如铸造型液力变矩器的叶形参数中需要包含一组加厚点数据，而冲焊型液力变矩器就不需要，因为它的叶片是等厚叶片。铸造型叶片和冲焊型叶片中间设计流线的对比如图 2.73 所示。

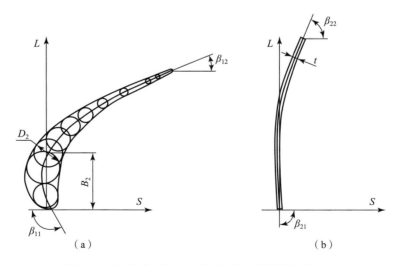

图 2.73　铸造型叶片与冲焊型叶片中间设计流线对比

（a）铸造型叶片中间流线展开图；（b）冲焊型叶片中间流线展开图

因此对于制造方式不同的两种液力变矩器来说，叶形参数区别较大的主要出现在泵轮和涡轮的参数选取上（这两种制造方式的导轮均采用铸造型叶片），所以在建立泵轮和涡轮的叶形数据表时，需要根据不同形式的液力变矩器来建立不同的泵轮和涡轮的叶形数据表。但是对于导轮来说，两种形式的液力变矩器可以采用同一个叶形数据表（图 2.74）。

铸造型导轮叶形数据 *

列名	数据类型	允许 Null 值
编号	varchar(20)	
型号	varchar(10)	
内环入口角	real	
内环出口角	real	
外环入口角	real	
外环出口角	real	
设计流线入口角	real	
设计流线出口角	real	
内环流线入口端直线比例	real	
内环流线出口端直线比例	real	
外环流线入口端直线比例	real	
外环流线出口端直线比例	real	
内环流线上加厚点数据	varchar(20)	
内环叶片加厚系数	real	
外环流线上加厚点数据	varchar(20)	
外环叶片加厚系数	real	
中间流线叶片入口法向厚度	real	
中间流线叶片出口法向厚度	real	
中间流线处叶片展开长度	real	
图纸	varchar(50)	✓
备注	text	✓

图 2.74 铸造型导轮叶形数据表

3. 特性数据

液力元件原始特性的获取，一方面可以由实验测得数据及其修正公式直接给出；另一方面可以根据已知叶栅结构参数以及运行工况，通过一维束流计算或三维流动分析对原始特性进行预测来获得。这里以较易实现的束流计算为例开展程序编制和封装。与叶形设计模块类似，由叶栅数据库提供驱动特性计算的有效数据，通过对封装后特性计算模块的调用，以实现集成设计平台中对原始特性的预测。在特性计算模块中，需要集成如下功能：

（1）基本计算所需参数的输入或批处理导入，并且需要对基本参数进行无因次化，以便进行无因次化的能量平衡计算。

（2）各叶轮能头的计算与叶轮能头摩擦损失和冲击损失的计算，根据已有原始特性实验结果，标定对应类别液力元件随转速比与输入转速变化的摩擦损失系数和冲击损失系数，并拟合对应经验公式。

(3) 循环流量系数计算和在此基础上的效率、变矩比和转矩系数等原始特性参数计算。

根据变矩器原始特性获得方式的不同，需要将特性数据（图 2.75）分为两个部分，一部分用来存储通过计算得到的原始特性数据（图 2.76）；另外一部分则用来存储通过实验获得的原始特性数据。

特性数据

列名	数据类型	允许 Null 值
编号	varchar(20)	☐
型号	varchar(10)	☐
计算特性	varchar(20)	☐
实验特性	varchar(20)	☐
备注	text	☑

图 2.75　特性数据表

计算特性数据

列名	数据类型	允许 Null 值
编号	varchar(20)	☐
型号	varchar(10)	☐
转速比	varchar(20)	☐
效率	varchar(20)	☐
变矩比	varchar(20)	☐
泵轮转矩系数	varchar(20)	☐
特性曲线图	varchar(20)	☐
备注	text	☑
		☐

图 2.76　计算特性数据表

下面对计算特性数据表进行设计，该数据表所包含的所有列名称如下：编号、型号、转速比、效率、变矩比、泵轮转矩系数、特性曲线图和备注，一共 8 列。

对于实验特性数据表的设计，可以采用与计算特性数据表一样的形式。有关特性数据部分的数据表设计工作完成后，液力变矩器特性数据部分的数据表关系如图 2.77 所示。

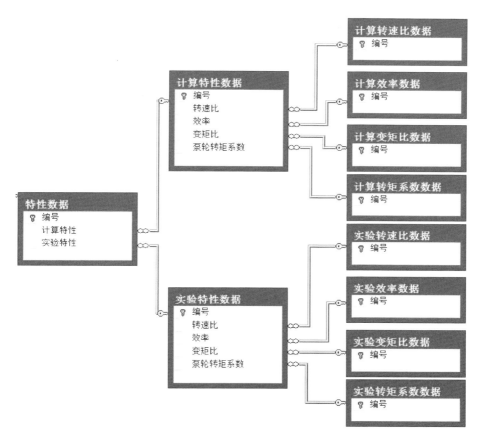

图 2.77　特性数据部分数据表关系

　　根据图 2.77 中数据表之间的关系，可以分析得到液力变矩器特性数据的查询过程。在已知某特性编号或者某液力变矩器的型号后，可以在特性数据表中查找到对应的数据行，即可以查到相应的计算特性编号和实验特性编号。之后，根据相关的编号就可以利用相应的特性数据表来查找到对应的特性数据。叶片数据、循环圆数据、叶形数据以及特性数据四部分数据都是分开独立的，需要建立液力变矩器数据表来统一管理。该表所包含的列名称如下：编号、型号、叶片、循环圆、叶形和特性等。整个变矩器数据库数据表的逻辑关系如图 2.78 所示。

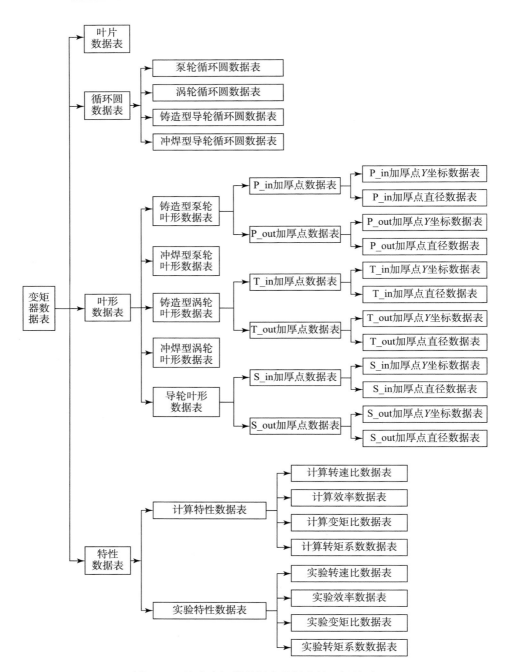

图 2.78 液力变矩器数据库数据表的逻辑关系

参考文献

[1] 项昌乐，荆崇波，刘辉. 液压与液力传动 [M]. 北京：高等教育出版社，2008.

[2] 闫清东. 液力变矩器计算机辅助设计、制造一体化系统的研究 [D]. 北京：北京理工大学，1995.

[3] 朱经昌. 液力变矩器的设计与计算 [M]. 北京：国防工业出版社，1991.

[4] 闫清东，魏巍. 液力变矩器变宽循环圆设计方法研究 [J]. 工程机械，2006，37（1）：47-49.

[5] 王彦，王玉鹏，马文星. 液力变矩器循环圆的综合描述及导数修正法 [J]. 吉林大学学报，2002，32（1）：79-82.

[6] 朱经昌，魏宸官，郑慕侨. 车辆液力传动（上、下册）[M]. 北京：国防工业出版社，1982.

[7] 刘应诚. 液力偶合器实用手册 [M]. 北京：化学工业出版社，2008.

[8] 李雪原，闫清东. 液力变矩器叶片制作方法研究 [J]. 兵工学报，2003，24（4）：548-550.

[9] 高建平. 液力变矩器叶轮叶片形状设计数字模型 [J]. 工程机械，1996（3）：18-22，41.

[10] 赵丁选，石祥钟，王玉昆，等. 基于 NURBS 的流体机械叶片交互式 CAD 研究 [J]. 农业机械学报，2005，36（2）：54-57.

[11] 王玉昆，任晓力，石祥钟，等. 离心泵叶轮水力设计的交互式 CAD 系统 [J]. 中国农村水利水电，1998（9）：23-25.

[12] 刘冀察. 儒科夫斯基翼型用于液力变矩器叶型设计的研究 [J]. 工程机械，2003，34（1）：22-24.

[13] 阎清东，项昌乐. 液力变矩器循环圆和叶片的计算机辅助设计 [J]. 车辆与动力技术，1995（1）：25-34.

[14] Poloni C, Giurgevich A, Onesti L, et al. Hybridization of a multi-objective genetic algorithm, a neural network and a classical optimizer for a complex design problem in fluid dynamics [J]. Computer Methods in Applied Mechanics & Engineering, 2000, 186（2-4）：403-420.

[15] Crouse J E, Gorrell W T. Computer program for aerodynamic and blading design of multistage axial-flow compressors [M]. Washington, D. C.：

National Aeronautics and Space Administration，Scientific and Technical Informati，1981.

[16] Abdelhamid H. U. S. Incorporation of Sweep in a Transonic Fan Design Using a 3D Blade-Row Geometry Package Intended for Aero-Structural-Manufacturing Optimization ［D］. Naval Postgraduate School Thesis Collection，1997.

[17] 魏巍，闫清东. 液力变矩器叶栅系统样条拟合参数设计体系 ［J］. 农业机械学报，2009，40（2）：22 – 26.

[18] 魏巍，刘城，闫清东. 柔性扁平循环圆液力元件叶栅系统设计方法 ［J］. 农业机械学报，2011，42（4）：33 – 37.

[19] 刘城，潘鑫，闫清东，等. 基于 DOE 及 RSM 的液力变矩器叶片数对性能的影响及优化 ［J］. 北京理工大学学报，2012，32（7）：689 – 693.

[20] Georgia N. Koini, Sotirios S. Sarakinos, Ioannis K. Nikolos. A software tool for parametric design of turbomachinery blades ［J］. Advances in Engineering Software，2009，40（1）：41 – 51.

[21] Yan Qingdong, Liu Cheng, Wei Wei. Numerical simulation of the flow field of a flat torque converter ［J］. Journal of Beijing Institute of Technology，2012，21（3）：309 – 314.

[22] Tim Rogalsky. Acceleration of Differential Evolution for Aerodynamic Design ［D］. Canada，University of Manitoba，2004.

[23] R. W. Derksen, Tim Rogalsky. Bezier-PARSEC：An optimized aerofoil parameterization for design ［J］. Advances in Engineering Software，2010，41（7）：923 – 930.

[24] 刘城. 向心涡轮式液力变矩器叶栅系统参数化设计方法研究 ［D］. 北京：北京理工大学，2015.

[25] 刘城，闫清东，魏巍. 液力变矩器导轮叶片造型及优化设计 ［J］. 哈尔滨工业大学学报，2016，48（1）：114 – 119.

[26] 董曾南，章梓雄. 非粘性流体力学 ［M］. 北京：清华大学出版社，2003：233 – 266.

[27] 姜海波，赵云鹏. 基于中弧线 – 厚度函数的翼型形状解析构造法 ［J］. 图学学报，2013，34（1）：50 – 54.

[28] 邹波. 车用液力减速器性能预测方法研究 ［D］. 北京：北京理工大学，2012.

[29] 闫清东，穆洪斌，魏巍，等. 双循环圆液力缓速器叶形设计方法 ［J］.

哈尔滨工业大学学报，2015，47（7）：68-72.

[30] 陶毅. 逆求工程技术在液压变矩器叶轮曲面建模中的应用 [J]. 机床与液压，2000（2）：57-58.

[31] 胡义刚. 液力变矩器逆向造型 [J]. 工程机械，2002，33（12）：25-27.

[32] 黄小平，杜晓明，熊有伦. 逆向工程中的建模技术 [J]. 中国机械工程，2001，12（5）：539-542.

[33] Kim B S, Ha S B, Lim W S, et al. Performance estimation model of a torque converter part I: Correlation between the internal flow field and energy loss coefficient [J]. International Journal of Automotive Technology，2008，9（2）：141-148.

[34] 陆忠东. 液力变矩器反求设计与内流场数值计算 [J]. 机电设备，2008，（4）：9-12.

[35] 陆忠东. 基于 Pro/Engineer Wildfire 的液力变矩器反求设计 [J]. 上海电机学院报，2007，（12）：269-271.

[36] 闫清东，魏巍. 叶栅系统曲面重构方法在液力变矩器设计中的应用 [J]. 现代制造工程，2006，（3）：53-54.

[37] 赵罡，马文星，周平. 反求工程技术在液力传动中的应用研究 [J]. 液压气动与密封，2006（1）：26-29.

[38] 肖志杰，刘建瑞，程爱平，等. 逆向工程在离心泵叶轮设计中的应用 [J]. 农机化研究，2009，31（6）：199-201.

[39] 刘凯，鲁明，严军，等. 基于逆向工程和流场分析的液力缓速器叶轮设计 [J]. 拖拉机与农用运输车，2009，36（4）：55-57.

[40] 张万平，张杰，肖国权，等. 基于逆向工程的涡轮三维模型的重构 [J]. 柴油机设计与制造，2008，15（3）：21-23.

[41] 吴敏，周来水，王占东，等. 测量点云数据的多视拼合技术研究 [J]. 南京航空航天大学学报，2003，35（5）：552-557.

[42] 吴付岗，张庆山，姜得生，等. 光纤光栅 Bragg 波长的高斯曲线拟合求法 [J]. 武汉理工大学学报，2007，29（12）：116-118.

[43] 来新民，黄田，曾子平，等. 基于 NURBS 的散乱数据点自由曲面重构 [J]. 计算机辅助设计与图形学学报，1999，11（5）：433-436.

[44] Brujic D, Ainsworth I, Ristic M. Fast and accurate NURBS fitting for reverse engineering [J]. The International Journal of Advanced Manufacturing

Technology，2011，54（5）：691－700.

［45］魏巍，李春，刘博深 . 液力变矩器叶栅数据库模块化封装集成设计方法研究［J］. 车辆与动力技术，2015（4）：22－26.

［46］邵佩英，等 . 分布式数据库系统及其应用［M］. 北京：科学出版社，2000.

3　液力元件三维流动数值模拟

叶栅系统的设计是一个需要反复修正的过程，正向、反向设计方法与宏观、微观流场测试技术的充分结合，可以起到校核并确定叶栅性能的作用。要实现高性能叶栅设计，传统方法需要进行多轮多台样机试制和大量的特性试验，对设计人员的经验依赖极大，其投入大、周期长，难以具有较高的一次设计成功率。随着 CFD 技术的发展，可以对液力变矩器传动性能进行较为准确的计算，这样叶片的设计将越来越多地依靠黏性三维 N－S 方程求解的数值模拟。

作为三维优化设计的核心求解器，流场数值模拟是系统经参数化模型获得输出性能指标的关键环节。这一环节主要可分为网格划分及前处理、求解和后处理三部分，为实现完全的优化设计，各部分均应具有批处理执行的功能。

本章对具有封闭环面流动特征的液力元件内部流场特性进行分析，简要介绍基于对液力元件性能计算具有不同稳健性的湍流模型，以及应用于这种流场的三维黏性流场全液相、全气相和气液两相流动数值分析技术。

3.1　控制方程与计算模型

3.1.1　液力元件叶栅内流特点

液力传动的本质是利用多个叶轮间流体的闭环耦合特性使动力得以传输，在空间上，设计流线的轨迹是三维空间极限环。形象地说，就是传动介质沿固定的类圆形轨道公转的同时还进行循环流动自转。

各叶轮均具有三维的空间几何形状，工作液体通过这些元件流道形成不断重复的闭环流动。对于作为液力传动部件的偶合器和变矩器而言，其传动介质流体微元的设计运行轨迹分布在一个 $\mathbf{R}^3$ 空间的 T^2 环面上，实际工程应用中环面具有一定厚度，如图 3.1 所示。

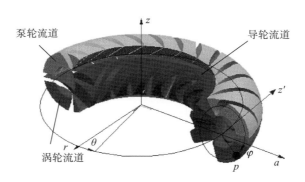

图 3.1 液力变矩器流道 1/2 实体

任一点 p 在环面上的运动轨迹由公转和自转两个角度参数 θ、φ 完全确定。考虑点 p 处为一流体微元，满足连续介质假设，则工作流体内无数流体微元的运行轨迹可以覆盖整个环面。或者用这样的方式描述：

环面 $T^2 = S^1 \times S^1$ 上的流动是球面 S^1 上的旋转 $f(t, \theta)$ 与另一 S^1 上的旋转 $g(t, \varphi)$ 的乘积，并且当 $\dot{\theta}/\varphi$ 为有理数时称为有理流，当更一般的情况下为无理数时则称为无理流。T^2 上有理（无理）流也可看成 S^1 的有理（无理）旋转所产生的离散系统并由其形成的扭扩。显然有理流的轨线全是闭轨（图 3.2），而无理流的任一轨线在 T^2 上遍历，即其闭包是整个环面。

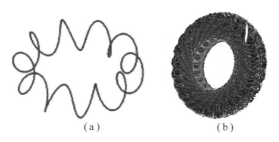

图 3.2 环面有理流轨线与实际流线分布示意图
（a）有理流轨迹；（b）实际流线

封闭环面流动的特性对于求解时边界条件的施加方式与一般单级或多级轴流式或径流式叶轮机械有很大的不同，在液力元件处于稳态工况时，其内部流体会形成稳定的循环流量，在给定结构下这一参数仅与各叶轮转速之比有关。

3.1.2 控制方程与基本假设

叶轮机械的叶栅绕流是典型的湍流现象，而湍流理论至今仍没有得到严格的科学解释，当前实际工程应用的流动计算通常是在统计科学基础上对三维 N – S 方程的求解，本节中液力元件三维流动计算也采用这一方法。根据雷诺平均假设，将变量 ϕ 分为平均量和脉动量之和 $\phi = \bar{\phi} + \phi'$，其中 $\bar{\phi}$ 定义为变量中 ϕ 的时间平均量[1]。上述控制方程中各参量均为平均量，那么不可压 N – S 方程的张量形式为

$$\frac{\partial \bar{u}_i}{\partial t} + \bar{u}_j \frac{\partial \bar{u}_i}{\partial x_j} = -\frac{1}{\rho} \frac{\partial \bar{p}}{\partial x_i} + \frac{\partial}{\partial x_j} \left(\frac{\mu}{\rho} \frac{\partial \bar{u}_i}{\partial x_j} - \overline{u'_i u'_j} \right) \qquad (3-1)$$

式中，u 为速度；x 为坐标；ρ 为密度；p 为压强；μ 为动力黏度，且有 $\mu_e = \mu + \mu_t$，μ_e 为有效黏度，μ_t 为湍流黏度。对应连续性方程的张量形式为

$$\frac{\partial \bar{u}_i}{\partial x_i} = 0 \qquad (3-2)$$

联立以上方程，即可对三维流场进行 RANS（雷诺平均 N – S）方程求解。

考虑脉动量后，方程右侧多了一项 $-\nabla_j \overline{u'_i u'_j}$，形式 $\rho \overline{u'_i u'_j}$ 称为雷诺应力，与黏性应力通过分子热运动扩散形成动量交换的形成机制不同，雷诺应力则由流场内大小不一的涡形成动量的交换，不仅由流体物理性质决定，还要考虑当地流动状态，如流速、几何形状、表面粗糙度以及上游历程等。该项的出现导致求解方程组难以封闭，因此需要加入一系列假设使之便于求解，而不同的假设对应着不同的湍流模型。常见的模型主要有涡粘模型、雷诺应力模型（RSM）、大涡模拟（LES）和直接数值模拟（DNS）模型等，目前工程上常用的湍流模型是通常建立在 Boussinesq 假设基础上的涡黏模型：

$$-\overline{u'_i u'_j} = \frac{\mu_t}{\rho} \left(\frac{\partial \bar{u}_i}{\partial x_j} + \frac{\partial \bar{u}_j}{\partial x_i} \right) - \frac{1}{3} \delta_{ij} \overline{u'_i u'_j} \qquad (3-3)$$

从而方程组的封闭转化为对 μ_t 项的模型构造，主要分为零方程、一方程和二方程模型，这里的数字表示构造时涉及微分方程的数目。零方程和一方程求解速度快，但对大曲率及 VOF（自由表面流动）计算误差过大，在涡轮机械计算中应用较少。而二方程模型考虑上游历史因素的能力比上述模型强，现在应用较多。其中具有代表性的标准 $k - \varepsilon$ 模型[2] 为 $\mu_t = \rho c_\mu k^2 / \varepsilon$，其中湍流动能 $k = \overline{u'_i u'_i}/2$，耗散率 $\varepsilon = (\mu/\rho) \overline{u'_{i,k} u'_{i,k}}$，有

$$\frac{\partial k}{\partial t} + \frac{\partial (\bar{u}_i k)}{\partial x_i} = \frac{\partial}{\partial x_i} \left[\left(\frac{\mu}{\rho} + \frac{\mu_t}{\rho \sigma_k} \right) \frac{\partial k}{\partial x_i} \right] + \frac{P_k}{\rho} - \varepsilon \qquad (3-4)$$

$$\frac{\partial \varepsilon}{\partial t} + \frac{\partial (\overline{u}_i \varepsilon)}{\partial x_i} = \frac{\partial}{\partial x_i} \Big[\Big(\frac{\mu}{\rho} + \frac{\mu_t}{\rho \sigma_\varepsilon} \Big) \frac{\partial \varepsilon}{\partial x_i} \Big] + c_{1\varepsilon} \frac{P_k}{\rho} \frac{\varepsilon}{k} - c_{2\varepsilon} \frac{\varepsilon^2}{k} \qquad (3-5)$$

$$P_k = \frac{1}{2} \Big[\mu_t \Big(\frac{\partial \overline{u}_i}{\partial x_j} + \frac{\partial \overline{u}_j}{\partial x_i} \Big) - \frac{2}{3} \mu_t \frac{\partial \overline{u}_j}{\partial x_j} \delta_{ij} - \frac{2}{3} \rho k \delta_{ij} \Big] \Big(\frac{\partial \overline{u}_i}{\partial x_j} + \frac{\partial \overline{u}_j}{\partial x_i} \Big) \qquad (3-6)$$

式中，各量纲为 1 的常数一般取为 $c_\mu = 0.09$，$c_{1\varepsilon} = 1.44$，$c_{2\varepsilon} = 1.92$，$\sigma_k = 1.0$，$\sigma_\varepsilon = 1.3$。由标准 $k-\varepsilon$ 模型还衍生出多种二方程模型，如 RNG（重整化群）$k-\varepsilon$ 模型和非线性 $k-\varepsilon$ 模型等，其中 RNG $k-\varepsilon$ 模型是基于多尺度随机过程的重整化思想，在高雷诺数的极限情况与标准 $k-\varepsilon$ 模型有相同的公式，模式常数由 RNG 理论给出：$c_\mu = 0.083\,7$，$c_{1\varepsilon} = 1.063$，$c_{2\varepsilon} = 1.721\,5$，$\sigma_k = 0.717\,9$，$\sigma_\varepsilon = 0.717\,9$。与涡黏模型相比，RSM、LES、DNS 模型或者考虑所有二阶关联量，或者从更大尺度考虑涡流运动，由于计算规模过于庞大，难以应用于实际工程问题。

与固体力学领域有限元法占据主导地位不同，CFD 有多种主流算法，如有限差分法、有限体积法和有限元法。针对液力元件内流数值模拟的特点，选择计算速度快、插值计算形式相对简单（相对有限元法），网格单元划分相对灵活（相对有限差分法），并且在整个计算区域和每个单元内保证连续性方程严格成立的有限体积法作为 CFD 的求解算法。

基于有限体积法的二方程湍流模型控制方程统一格式[3]为

$$\iiint_v \frac{\partial (\rho \boldsymbol{\varphi})}{\partial t} \mathrm{d}v + \oiint_s (\rho \overline{u} \boldsymbol{\varphi}) \mathrm{d}A = \oiint_s (\boldsymbol{\Gamma} \cdot \nabla \boldsymbol{\varphi}) \mathrm{d}A + \iiint_v \boldsymbol{S} \mathrm{d}v \qquad (3-7)$$

式中，$\boldsymbol{\varphi} = [1, \ \overline{u}_i, \ k, \ \varepsilon]^\mathrm{T}$，$\boldsymbol{\Gamma} = \Big[0, \ \mu, \ \mu + \frac{\mu_t}{\sigma_k}, \ \mu + \frac{\mu_t}{\sigma_\varepsilon} \Big]^\mathrm{T}$，$\boldsymbol{S} = \Big[0, \ -\frac{\partial \overline{p}}{\partial x_i} + S_i, \ P_k - \rho \varepsilon, \ c_{1\varepsilon} P_k \frac{\varepsilon}{k} - \rho c_{2\varepsilon} \frac{\varepsilon^2}{k} \Big]^\mathrm{T}$。

在计算中，对流项参数 φ 的数值计算方式有如下几类：一阶迎风格式、二阶中央差分格式、二阶混合差分格式和三阶 QUICK（Quadratic Upstream Interpolation of Convective Kinematics）格式。其中，一阶迎风格式和二阶中央差分格式分别对应着 Pe 数（普朗特数与雷诺数之积，反映对流与扩散强度之比）很大或接近零时的流动状态，二阶混合差分格式则是对这两种方法的加权处理。形式上的特点在于一阶迎风格式认为计算单元上的参数 φ 总是等于迎风单元的参数 φ，而二阶格式则采用两点插值计算。QUICK 格式具有三阶精度，它通过上游和下游单元共三点作抛物线插值，精度较高。

另外，在分析中采用了与束流理论相比相对宽松的基本假设：

（1）液力传动介质为液力传动油，假设为不可压纯净流体。

（2）各叶轮叶片为刚性体，不考虑振动及流固耦合问题对分析的影响。

（3）在 CFD 求解中，只对连续性方程和 N－S 方程求解，不考虑内能的变化，认为流体等温。

（4）叶栅系统无泄漏流量，工作介质在封闭流道内流动。

3.1.3　网格生成

控制方程的求解精度依赖于控制体内网格划分的质量，在三维优化过程中，液力元件内部叶栅系统复杂的几何形状随参数的改变而不断变化，因此需要流道的网格生成方法具有良好的适应性，以保证对不同优化样本流道结构内部流动分析的顺利进行。

叶栅流道形状往往并不规则，因此通常采用非结构网格或基于贴体坐标的结构网格实现网格的生成。常用三维网格生成方法主要有代数网格生成方法和偏微分方程（PDE）网格生成方法。代数方法通过物理坐标与计算坐标之间三维插值函数来实现映射，从而实现网格划分，具有简单、快速的特点，但在几何外形复杂时生成网格质量不高。PDE 法包括椭圆型、双曲线型和抛物线型，是通过求解对应形式的微分方程来生成网格的方法，其中椭圆型网格生成方法应用较多，适用于体积有限的计算区域，这种方法对几何边界适应性好，易于控制网格疏密，但计算时间长，较难实现内部点的控制；双曲线型与抛物线型则适用于无限计算区域的网格划分。

网格对三维流场分析结果影响较大，网格精度及网格数量均能影响到计算流体动力学的计算结果：网格精度不够，可能导致数据溢出从而使计算失败；网格数量过少可能导致计算结果不精确，过大则会造成计算时间过长。故三维流场分析首先需要对其进行网格划分及其无关性验证。

非结构化网格（图 3.3（b））节点由物理坐标确定，且不是按顺序保存，常用的单元是四面体，其节点通过节点数来查找。计算流体动力学的初期，结构化网格（图 3.3（a））使用得较多，六面体网格填充体积效率较高，分界面物理性能较好，且与四面体网格相比，质量一般较好。但是六面体网格的划分不适合于复杂的几何图形，且网格的划分需要对几何体进行分块、映射等过程，均需要人为操作及丰富的经验。相比而言，四面体网格适用于复杂的外形，且其最大优势是可以自动生成，从而使网格质量不再依赖于工作人员的经验。在集成三维流动设计框架内，其几何体建模、网格划分、流场计算等均需实现自动化处理，故采用了适应性更强的非结构化网格。

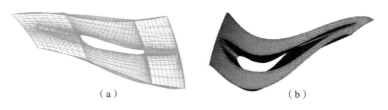

（a） （b）

图 3.3 不同类网格模型效果对比

（a）结构化网格；（b）非结构化网格

对于非结构化网格来说，其网格质量可以通过适当的网格优化来保证。但是网格数量的选取需要进行无关性验证，即明确网格数量相对于计算结果精度和计算规模大小的规律。从直观上讲，网格数量增加，计算精度会有所提高，但同时计算规模也会增大，所以在确定网格数量时应权衡两个因素综合考虑[4]。如图3.4中的曲线 1 表示计算结果随网格数量变化的一般曲线，曲线 2 代表计算时间随网格数量的变化。可见，网格较小时增加网格数量可以使计算精度明显提高，而计算时间不会有大的增加。当网格数量增加到一定程度

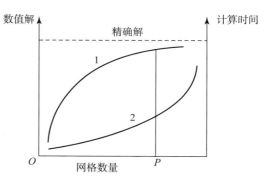

图 3.4 网格数对流体计算的影响

后，再继续增加网格时精度提高很小，而计算时间却有大幅度上升。所以在选取网格数时，应当兼顾到计算的精度以及计算经济性。特别对于三维流动集成计算来说，由于其往往要进行上百次甚至上千次的三维流动计算，而每次流动计算耗时均较长，如果选取过多的网格，可能会导致计算经济性过低。

网格数量无关性验证可以通过两种手段实现：一种是在已知实验结果或者理论结果的情况下，计算结果与其误差在可接受范围内时的网格数；另一种是比较两种网格划分的计算结果，如果两次计算结果误差在可接受的范围内，则停止增加网格，取当前网格数。

利用三维流动设计平台[5]，选取不同的网格数对某型液力变矩器进行流场计算，获得结果如表 3.1 所示。

表 3.1 不同网格数下的计算结果

网格全局变量	网格数	网格数自然对数	计算时间/s	计算泵轮转矩/(N·m)	计算涡轮转矩/(N·m)	计算导轮转矩/(N·m)
1.5	842 370	13.644	2 247	593.34	959.04	366.60
2	355 187	12.780	1 131	594.44	949.68	356.80
3	104 477	11.557	457	595.10	927.12	337.40
4	44 277	10.698	250	591.80	907.92	318.00
5	22 352	10.015	159	595.76	864.96	299.40
6	13 105	9.481	110	593.12	862.32	275.40
7	8 175	9.009	106	580.36	811.68	254.60
8	5 660	8.641	107	567.60	804.24	240.00
9	4 011	8.297	98	574.64	783.60	229.00
10	2 971	7.997	95	568.48	755.76	199.50
11	2 431	7.796	116	517.22	627.84	156.70
12	1 905	7.552	109	487.52	518.16	123.20
13	1 548	7.345	123	506.88	688.56	149.50
14	1 348	7.206	114	393.36	597.36	211.00
15	1 225	7.111	114	481.80	552.24	114.30
16	984	6.892	109	432.30	396.48	56.28

其中，计算非结构化网格时，选取网格全局变量从 1.5 ~ 16 变化，从而获得网格数在 984 ~ 842 370 之间的分布，对不同网格数下的模型进行三维流场计算，获得结果显示：泵轮、涡轮、导轮三个叶轮的计算精度大体上随着网格数的升高而升高，而计算时间也随着网格数的增多而加长，且在网格数高到一定程度后，其计算时间的增加呈指数增长形式。由图 3.5 可知，在网格

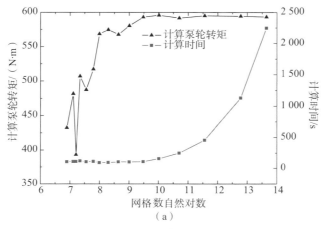

图 3.5 不同网格数下的计算结果

(a) 泵轮转矩

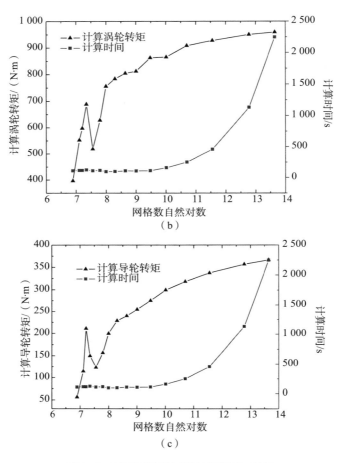

图 3.5   不同网格数下的计算结果（续）

（b）涡轮转矩；（c）导轮转矩

较疏时，液力变矩器三叶轮转矩随着网格数增长的幅度较大；当网格较密时，叶轮转矩逐渐趋于平稳。而网格数较低时，计算时间基本不变，当网格数高于一定程度时，计算时间就呈现指数形式增长。

网格无关性的验证，采取的是相邻两次不同网格规模计算结果的比较，如果其误差假定在3%或其他误差限值以内，则认为网格对计算结果的影响可忽略。表 3.2 所示为不同网格计算与前一网格数计算结果之间的误差。

表 3.2　不同网格数下的计算误差

网格全局变量	网格数	网格数自然对数	计算时间/s	计算泵轮转矩误差/%	计算涡轮转矩误差/%	计算导轮转矩误差/%
1.5	842 370	13.644	2 247	—	—	—
2	355 187	12.780	1 131	0.2	−1.0	−2.7
3	104 477	11.557	457	0.1	−2.4	−5.7
4	44 277	10.698	250	−0.6	−2.1	−6.1
5	22 352	10.015	159	0.7	−5.0	−6.2
6	13 105	9.481	110	−0.4	−0.3	−8.7
7	8 175	9.009	106	−2.2	−6.2	−8.2
8	5 660	8.641	107	−2.2	−0.9	−6.1
9	4 011	8.297	98	1.2	−2.6	−4.8
10	2 971	7.997	95	−1.1	−3.7	−14.8
11	2 431	7.796	116	−9.9	−20.4	−27.3
12	1 905	7.552	109	−6.1	−21.2	−27.2
13	1 548	7.345	123	3.8	24.7	17.6
14	1 348	7.206	114	−28.9	−15.3	29.1
15	1 225	7.111	114	18.4	−8.2	−84.6
16	984	6.892	109	−11.5	−39.3	−103.1

　　由表 3.2 可知，全局网格变量为 1.5 及 2 的两次计算之间误差较小，三叶轮转矩计算误差均小于 3%，故可认为全局网格变量为 2 时网格数对计算结果的影响较小，可以忽略。此时，网格数约为 35 万，计算时间为 1 131 s，该全局网格变量下网格数约为全局变量 1.5 下网格数的 42%，计算时间为全局变量 1.5 时的 50%，即计算时间节省了一半，且精度得到了保障。由网格数量无关性研究得出，选取合适的网格参数可获得较高的计算精度及较好的计算经济性。

　　下面取全局网格变量为 2 和 16 时的网格结果进行对比，进一步研究网格数对计算结果的影响。全局网格变量为 2 时三叶轮网格单元总数约为 35 万，而全局网格变量为 16 时网格数约为 1 000。其中三叶轮的网格对比如图 3.6 所示，图中显示为不同网格数下的对比，其中左边为密网格，右边为疏网格。可以看出，较密的网格对流道整体形状表现较好，而网格太稀疏后不能很好地贴合流道，且边界不规则，特别是对叶片入、出口边流动现象计算结果捕捉效果不好。

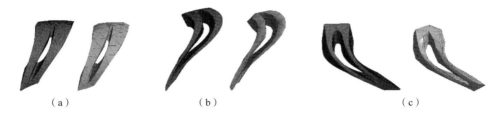

（a）　　　　　　　　　　　（b）　　　　　　　　　　　（c）

图 3.6　不同网格数网格对比

（a）泵轮网格对比；（b）涡轮网格对比；（c）导轮网格对比

　　在不同数量的网格下，对液力变矩器速比为 0.5 工况进行计算，其中泵轮转速定为 2 000 r/min，涡轮转速定为 1 000 r/min，导轮固定不动。计算所得轴面图上压力分布如图 3.7 所示。可见，不同网格规模下计算压力分布趋势一致，由于离心力的作用，泵轮、涡轮总体均为外环压力大于内环压力，导轮入口压力大于其出口压力。但是两种网格的计算结果在数值上差异较大，网格数为 35 万的计算结果压力在 10^5 Pa 量级（图 3.7（a）），而网格数为 1 000 的计算结果压力在 10^4 Pa 量级（图 3.7（b）），这样导致各叶轮的计算转矩差异较大。

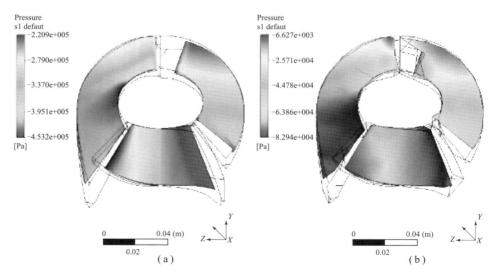

图 3.7　不同网格下计算压力对比图

在后续流场特性预测和三维流动集成优化设计中，可以综合考虑如上因素，选取适宜参数的网格类型。

3.2 三维流动性能预测分析

3.2.1 湍流模型稳健性分析

针对不同领域的具体问题，研究人员提出了众多的湍流模型，也就是说每种湍流模型都有其适用范围。具有复杂内部湍流运动特征的液力元件的特性预测采用何种湍流模型，研究人员也积累了一定的经验。

对于同一套液力元件流场网格和相同的边界条件而言，若选用不同的湍流模型，当输入量（如泵轮转速等）发生微小扰动时，其计算结果将如何变化，即所选用的湍流模型是否稳健，哪一种湍流模型稳健性最好，尚无定量评价可供参考。

目前液力元件流场仿真在预测原始特性中效率与变矩比方面精度较高，但在预测叶轮液力转矩方面精度还不够，有时误差超过 10%，这也使得原始特性中叶轮转矩系数的仿真值与试验值存在较大误差。要提高变矩器流场仿真的精度，有必要深入理解各种湍流模型对液力元件特性预测的适用程度和特点。

复杂性测度理论已经被应用于仿真模型的可信度领域，这里基于 Marczyck 的复杂性测度理论角度[6]，对变矩器流场仿真中常用的湍流模型展开研究，以期获得湍流模型稳健性的量化指标。

常用的湍流模型有很多种，在目前通用的大型商业 CFD 分析软件中用到的湍流模型也很多，以常用的 CFD 仿真软件 ANSYS/CFX 为例，其用到的湍流模型如表 3.3 所示。

表 3.3 常用湍流模型

序号	模型名称	名称含义
1	Laminar	层流
2	k epsilon	标准 $k-\varepsilon$ 两方程模型
3	SST	剪应力输运模型
4	BSL Reynolds Stress	Baseline 雷诺应力模型
5	SSG Reynolds Stress	改进雷诺应力模型

序号	模型名称	名称含义
6	k epsilon EARSM	$k-\varepsilon$ 两方程显式代数应力模型
7	Zero Equation	零方程模型
8	RNG k epsilon	重正化群 $k-\varepsilon$ 模型
9	k omega	标准 $k-\omega$ 两方程模型
10	Eddy Viscosity Transport Equation	涡黏输运方程模型
11	BSL	Baseline 模型
12	BSL EARSM	Baseline 显式代数应力模型
13	Reynolds Stress	雷诺应力模型
14	QI Reynolds Stress	平方各向同性雷诺应力模型
15	Omega Reynolds Stress	ω 雷诺应力模型

这里分别采用上述 15 种湍流模型进行仿真计算，对其稳健性进行对比分析。系统中各变量取值的稳健性（简称变量稳健性）可以通过香农熵和 Kolmogorov – Smirnov 距离（简称 K – S 距离）来度量。变量的香农熵给出了其包含的信息量和不确定性。K – S 距离是变量 X 取值偏离正态分布的程度，可按下式计算：

$$\mathrm{KS_D} = \max_{1 \leqslant i \leqslant n} \{ |F(X_i) - F_0(X_i)|, |F(X_{i-1}) - F_0(X_i)| \} \qquad (3-8)$$

式中，F 为变量的累积概率密度分布函数；F_0 为与 F 相对应的正态分布的累积概率密度分布函数。

将系统的稳健性划分为 1~5 的五个星级，系统当前复杂度越靠近临界复杂度，稳健性星级越低，反之越高，稳健性值 ≥90% 为 5 星，80% ≤稳健性值 <90% 为 4 星，70% ≤稳健性值 <80% 为 3 星，60% ≤稳健性值 <70% 为 2 星，稳健性值 <60% 为 1 星。对于一个给定的仿真系统，输出变量的香农熵与输入变量的香农熵之比（记作 Sr）反映了仿真模型对系统复杂度的增加程度，从而间接反映了仿真模型对系统稳健性的破坏程度。对于该仿真系统，若按理想正态分布设定输入变量，即输入变量的 $\mathrm{KS_D}$ 值为 0，则其输出变量的 $\mathrm{KS_D}$ 值反映了仿真系统的病态性。记 $\mathrm{KS_{D0}}$ 为理想正态分布输入下输出变量的 K – S 距离。仿真系统中，各变量的稳健性可以通过 Sr 和 $\mathrm{KS_D}$ 值来评价。

液力元件流场仿真的一般流程包括前处理、求解和后处理等，在前处理中需要选定计算所用的湍流模型。系统输入变量为泵轮转速 n_P 和涡轮转速 n_T，输出变量为经流场计算得出的泵轮转矩 T_P 和涡轮转矩 T_T。为同时考虑变矩器在低速和高速工况下的情况，对 15 种模型分别按表 3.4 所示的两种输入条件进行计算。

表 3.4　两种计算工况

工况	泵轮转速 $n_P/(\mathrm{r \cdot min^{-1}})$	涡轮转速 $n_T/(\mathrm{r \cdot min^{-1}})$	样本量
工况一	均值 2 000，标准差 1	均值 1 600，标准差 0.5	200
工况二	均值 2 000，标准差 1	均值 200，标准差 0.2	200

基于复杂性分析软件 Ontospace 构造仿真系统的相空间，按照水平数为 7 的模糊水平，对相空间进行模糊化，排除高信息熵和低相关性的相空间，得到存在有效信息和结构的相空间，如图 3.8 所示。图中正交的连线表示系统辨识出两个变量之间具有很高的广义相关性，双击连接点可以打开相应的表示两变量之间关联性的散点图（Ant – hill Plots）。在相空间中进行模糊规则抽取，建立每个仿真系统包含复杂度、稳健性和广义相关性等信息的系统图，如图 3.9 所示。

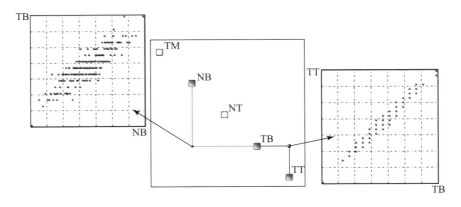

图 3.8　某湍流模型仿真系统的相空间

基于上述方法，对前面列出的 15 种湍流模型所构成的变矩器流场仿真系统分别进行了复杂度分析，并计算出了每个湍流模型仿真系统的拓扑结构稳健性，其对比结果如图 3.10 所示。图中列出了每个仿真模型的极限复杂度 C_r、当前复杂度 C_u、最低复杂度 C_m 以及由复杂度所计算出的拓扑结构稳健性值 Rob 和稳健性星级，每个湍流模型中左栏数据为涡轮转速均值为 200 r/min 时的数据，右栏数据为涡轮转速均值为 1 600 r/min 时的数据。

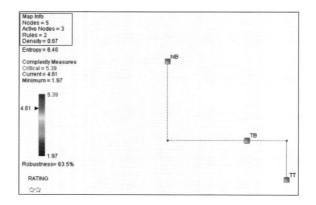

图 3.9　某湍流模型仿真系统的系统图

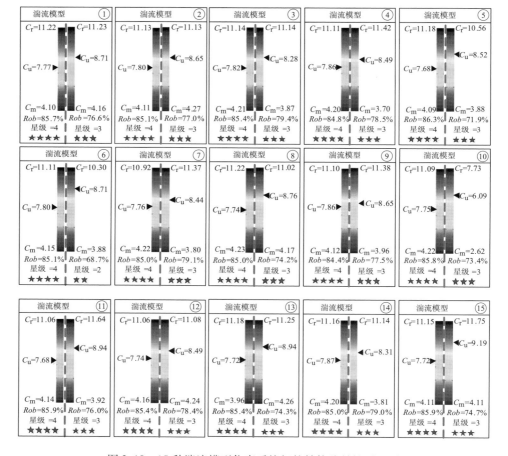

图 3.10　15 种湍流模型仿真系统拓扑结构稳健性对比图

在 $n_T = 200$ r/min 和 $n_T = 1\,600$ r/min 两种工况下各湍流模型构成的仿真系统的结构稳健性及其均值的排序如图 3.11 所示。

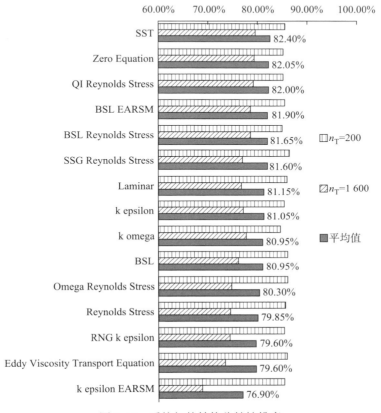

图 3.11　系统拓扑结构稳健性排序

可以看出，各湍流模型在低涡轮转速下的稳健性值差别不大，而在高涡轮转速下的稳健性有较大差别，其中 SST 湍流模型具有最好的拓扑结构稳健性。

如前所述，输出变量与输入变量香农熵的比值 Sr，反映了湍流模型对系统复杂度的放大程度，该值越小说明湍流模型对系统复杂度的影响越小，即因湍流模型本身增加的复杂度越小，从而使系统更加趋于稳健。由各湍流模型计算出的两种计算工况下，输出变量与输入变量香农熵的比值 Sr 排序（按两种工况的平均值排列）如图 3.12 所示。

各输出变量 KS_{D0} 值，反映出由该湍流模型计算出的数值的病态性，该值越大说明其概率分布波形呈现多峰性或强偏态的可能性越大。各湍流模型输出量 KS_{D0} 值在两种计算工况下的升序（按两种工况的平均值排列）排列如图 3.13 所示。

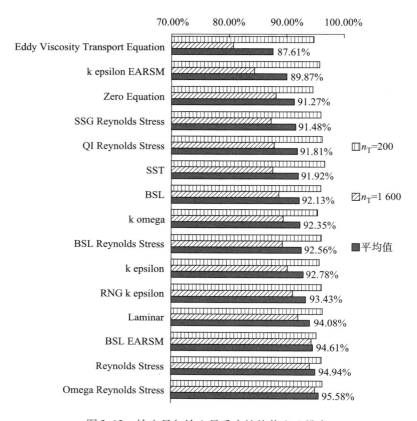

图 3.12　输出量与输入量香农熵均值之比排序

以上分析了各湍流模型的系统拓扑结构稳健性、变量稳健性两项指标，根据这两项指标，所分析的 15 种湍流模型稳健性综合排名如图 3.14 所示。从图中可以看出，在以往变矩器流场仿真分析中较常使用的 SST 模型具有最好的综合稳健性，k epsilon 模型排在中游，RNG k epsilon 模型排名较为靠后。

综上所述，基于系统复杂性分析的湍流模型稳健性研究，可以给出各种常用湍流模型稳健性水平的量化指标，由湍流模型构成的仿真系统稳健性、输出变量的 KS_{D0} 值、输出变量香农熵放大倍数 Sr 等指标分别从不同角度对湍流模型的稳健性做出了定量评价。本书共进行两种计算工况下各 3 000 次计算，每种湍流模型的抽样各 200 次，样本量受计算时间限制，从统计学的角度讲，当抽样次数继续增加时，分析结果可能发生改变。本书研究了 15 种湍流模型在变矩器较低涡轮转速和较高涡轮转速下的模型稳健性，仅从计算稳健性角度对不同湍流模型进行对比，不涉及湍流模型计算的精确度等方面。

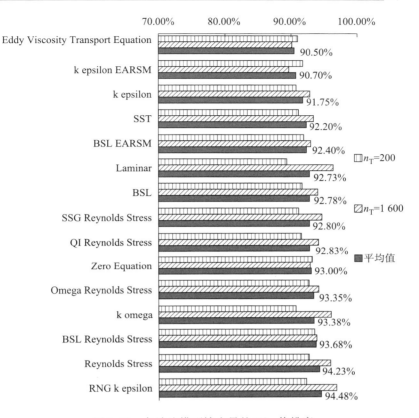

图 3.13　各湍流模型输出量的 KS_{D0} 值排序

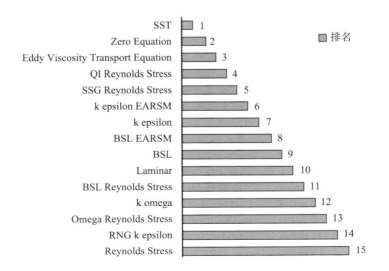

图 3.14　液力元件特性预测中湍流模型稳健性综合排名

另外需要说明的是，本节分析结果的适用性仅限于液力变矩器等液力元件流场仿真领域，不一定适用于其他的仿真领域。

3.2.2　全液相流动的液力元件性能计算

液力元件的三维流动计算从流动介质的形态划分，可以分为全充液时的全液相流动计算、不充液时的全气相流动计算（即空损工况），以及部分充液状态下的气液两相流动计算。本节首先分析全充液工况[7]。

以某型液力变矩器为例，取其性能计算工况分别为速比 $i = 0$、0.2、0.4、0.6 和 0.8，对其变矩性能和效率性能进行评估，其泵轮转速取 1 800 r/min。

在接近最高效率对应速比 $i = 0.6$ 工况的速度矢量轴面投影图（图 3.15）中可以看到，循环圆内从内环到外环速度分布大致呈等速流分布。入口冲击

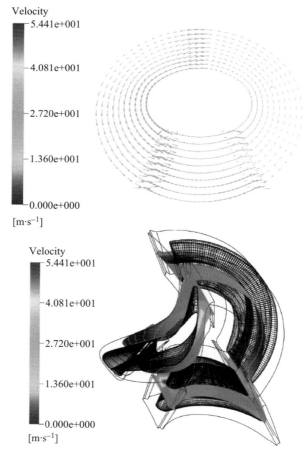

图 3.15　$i = 0.6$ 时速度矢量轴面投影及弦长 0.5 处速度分布云图

在各叶轮流道入口非工作面处较为明显，尤其对于导轮相对整个流场，该处速度梯度过大，流速较高。

在设计流线方向速度分布曲线（图3.16和图3.17）中，定义横坐标流线位置0~1为泵轮区、1~2为涡轮区、2~3为导轮区。由于泵轮吸收发动机输出的能量，动能增加，速度基本呈单调递增的分布规律，只是在入口和出口处有一定的波动；涡轮流速分布则受叶片几何形状影响，在流道回转处由于受到Coriolis力的作用、过流截面收缩以及流动旋涡的影响，流速达到局部极小值，而后处于平滑流动状态，并在受到出口分离影响前达到极大值；导轮流速在流体动能转化为机械能由涡轮轴输出后下降，在流道中部受到涡轮流道类似的机理作用下达到谷值，并在出口处等于泵轮入口流速，实现稳定的循环流动。

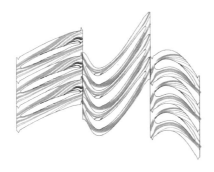

图3.16　弦长0.5处流线分布展开图

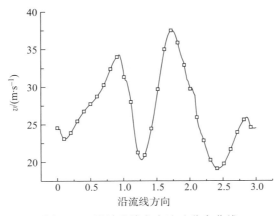

图3.17　设计流线方向流速分布曲线

图3.18说明了总压在各叶轮流道内的分布规律，各叶轮对应位置如图3.18所示，总体趋势是总压基本与径向坐标呈正比，总压（对应流体所携

带能量）最小值在泵轮入口处，而最大值则位于泵轮出口和涡轮入口的外环处（图3.19）。泵轮流道内总压梯度变化较均匀，从设计流线的入口到出口呈明显的线性分布，而涡轮和导轮内部流动受扭曲叶片影响较大，低压部分多集中在靠近内环一侧。

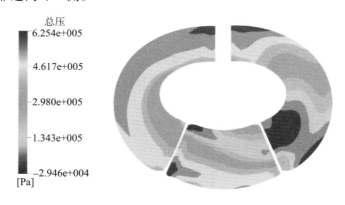

图3.18　流道总压均值轴面投影

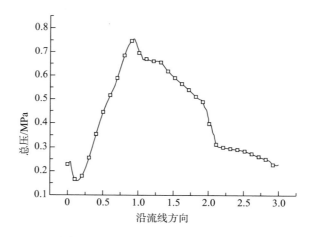

图3.19　设计流线方向总压分布曲线

由流道中湍流动能 k 和湍流动能耗散率 ε 沿设计流线的均值分布（图3.20）可以看出，作为黏性流动湍流强度的衡量指标，湍流动能的分布反映了各流道内流动的稳定程度，从图中可见泵轮和涡轮内部流动相对平稳，而导轮入口处由于涡轮与导轮间的转速差产生的入口冲击导致该处湍流动能出现突变，原始设计未能有效消除涡轮和导轮间的冲击损失（图3.21），进而影响了传动效率。湍流动能耗散率与湍流动能具有类似 $\varepsilon \propto k^{3/2}$ 的关系，因此趋势基本一致。

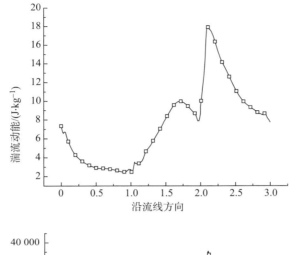

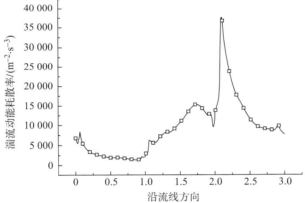

图 3.20　设计流线方向湍流动能及湍流动能耗散率分布

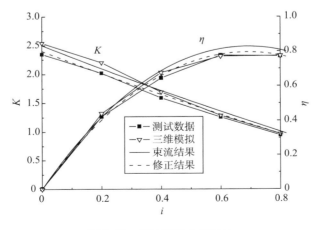

图 3.21　原始特性曲线对比

取入、出口处动量矩对时间导数之差即可求得对应叶轮转矩，数据对比如表 3.5 所示，其中速比 $i > 0.8$ 时为综合式液力变矩器的偶合器工况，本节不予考虑。

表 3.5 试验数据与数值模拟和束流计算数据比较

i	K 测试	η 测试	K 三维	η 三维	K 一维	η 一维	ΔK 三维	$\Delta \eta$ 三维	ΔK 一维	$\Delta \eta$ 一维
0	2.347	0.002	2.54	0	2.501	0	8.223%	—	6.562%	—
0.2	2.020	0.422	2.2	0.44	2.097	0.419	8.911%	4.265%	3.812%	-0.710%
0.4	1.587	0.645	1.69	0.676	1.717	0.687	6.490%	4.806%	8.192%	6.512%
0.6	1.257	0.776	1.286	0.771	1.357	0.814	2.307%	-0.644%	7.955%	4.897%
0.8	0.945	0.772	0.968	0.774	1.01	0.808	2.434%	0.259%	6.878%	4.663%

与束流理论结果相比，三维流场分析所得特性曲线更接近于试验数据（尤其是在高速比时），三维计算得到的变矩比与效率值和试验数据平均偏差分别为 5.673% 和 2.171%，而束流模型仿真结果与试验数据平均偏差为 6.679% 和 3.84%，需要多设定一个损失修正因子才能与试验数据比较贴合。

另外，虽然在低速比段束流仿真模型比流场分析更贴近试验数据，但这只是说明在一维层次的设计流线上束流模型可以预测液力变矩器的外特性，而要得到依据一维束流理论对应的叶片实体，还需要加入诸如内、外环角度设置的反势流假设等，这样实际得到的产品特性已经不能完全对应束流计算的特性了，而三维流场分析的对象正是最后得到的产品的全三维模型。

采用混合平面模型，同时对变矩器三个叶轮流场进行数值计算，不再需要单叶轮流道分析那样对流道入、出口边界条件（尤其是需要提前给定对应循环流量的入口速度）逐一设定，使得循环流量完全由流场数值模拟获取，避免了以往束流设计方法中入、出口的均布速度和压强分布假设，提高了分析精度。

流场计算与试验测试数据的偏差来源，主要在于交界面衔接处基于混合平面法的流动参量传递、流道壁面设置以及对泄漏和冷却流量等模型的简化处理。

3.2.3 全气相流动分析及空损抑制技术

液力缓速器是车辆主机械制动器的一种有效的辅助制动装置。液力缓速器制动时，由充油机构向工作腔中充入油液，油液随动轮旋转，在工作腔中做循环流动。油液冲击定轮叶片，将车辆动能转化为油液热能，并通过散热器降低油液的温度，由此降低车辆行车速度，达到缓速制动的目的[8]。

但当液力缓速器在非制动工况即空转时，由于液力缓速器循环流道中是充满空气的全气相流动，且空气与油液同属流体，同样会像油液一样产生制动转矩，即产生了空转功率损失（简称空损），而且液力缓速器的制动转矩与其转速的平方成正比，即动轮转速越高，其产生的制动转矩也就越大，这种制动作用降低了车辆的功率利用率，应该尽量避免。为有效抑制这种功率损失，可以增设扰流柱机构。并通过对比定轮安装扰流柱与未安装扰流柱两种情况，由三维流动性能预测计算出空转时空气对缓速器所施加的制动转矩，并分析扰流柱对气体流场扰动以及空损降低的作用。

液力缓速器动轮与定轮结构如图 3.22 所示，扰流柱安装在定轮上的分布如图 3.22（b）所示。

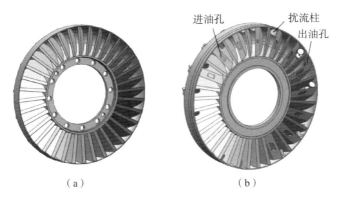

进油孔　扰流柱　出油孔

（a）　　　　　　　　　（b）

图 3.22　某液力缓速器叶轮的三维模型

（a）动轮；（b）定轮

扰流柱内部装有弹簧结构，当液力缓速器处于空转状态时，空气对扰流柱挡片冲击压力较小，不能克服弹簧力，使扰流柱挡片进入扰流柱腔体，如图 3.23（a）所示，可以起到阻碍空气流循环流动的作用；而当缓速器处于充油状态时，循环流动的油液会冲击扰流柱挡片，克服弹簧力，并压缩弹簧，使挡片压入扰流柱腔体，如图 3.24（a）所示，不会对制动油液的循环流动产生影响。

由于定轮上安装的扰流柱并不均布，要想准确地分析扰流柱对空损的降低效果，宜采用全流道做仿真分析。为提高计算效率，近似取扰流柱在定轮间隔排列的周期流道（图 3.23（b）），进行数值分析。为了便于比较扰流柱降低空损的效果，取不考虑扰流柱的周期流道（图 3.24（b））作为数值分析对比。

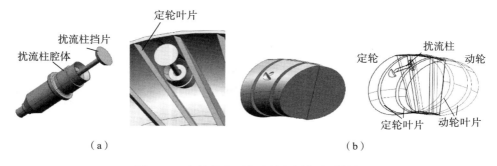

图 3.23　空转状态下扰流柱与周期流道结构
（a）空转状态下扰流柱结构；（b）空转状态下周期流道结构

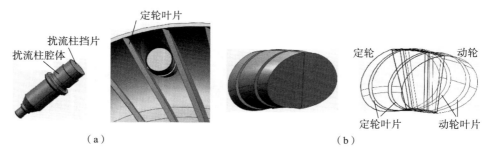

图 3.24　充油状态下扰流柱与周期流道结构
（a）充油状态下扰流柱结构；（b）充油状态下周期流道结构

在网格划分环节，对定轮采用几何适用性强的四面体非结构化网格，而对流道结构相对简单的动轮采用利于数值计算的六面体 O 形结构化网格，并对所关心的动、定轮之间的流动交互面区域与扰流柱区域进行了局部网格加密，得到一套质量较高的混合网格进行仿真计算，整套计算模型网格总数约为380 000，如图 3.25（a）所示。作为对比的定轮周期网格也采用六面体 O 形结构化网格，如图 3.25（b）所示。

CFD 数值计算液力缓速器空损的方法，与全充油下油液对缓速器制动性能仿真的研究相似。当液力缓速器动轮高速旋转时，叶轮与工作介质产生剧烈的相互作用，液力缓速器内部是复杂的三维湍流流场。忽略工作过程中工作介质温度的变化以及温差造成的能量耗散，且不考虑流体与叶轮间的流固耦合作用引起的流道变形。

为有效获取流场中细微涡流和边界层现象以及更为精确的计算结果，流道内壁与叶片表面近壁处速度场计算采用速度无滑移边界条件，湍流模型采

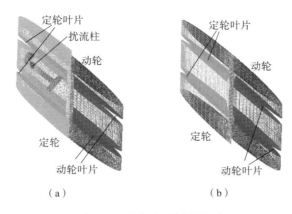

图 3.25　周期流道网格模型

（a）有扰流柱周期网格；（b）无扰流柱周期网格

用结合自动壁面函数的切应力输运 SST 湍流模型，使用全隐式多网格耦合算法对计算模型进行黏性流动计算，能精确地模拟分离现象，对流场中细微涡流的捕捉更有效[9]。

　　将液力缓速器动轮设置为正向旋转，定轮静止，将动、定轮流道网格置于动、静同轴旋转坐标计算域下。采用混合平面方法确定相应的数据交互性边界条件，流场分析采用循环周期边界条件。

　　将动轮旋转速度分别设置为 0、500 r/min、1 000 r/min、1 500 r/min、2 000 r/min、2 500 r/min、3 000 r/min、3 400 r/min，空转状态下 CFD 仿真结果如表 3.6 所示。

表 3.6　空转状态下 CFD 仿真结果

转速/(r·min⁻¹)	0	500	1 000	1 500	2 000	2 500	3 000	3 400
有扰流柱转矩 T/(N·m)	0	0.49	2.07	4.77	8.61	13.58	19.72	25.46
无扰流柱转矩 T/(N·m)	0	0.92	3.89	9.01	16.31	25.78	37.47	48.41

　　得到空转时有扰流柱与无扰流柱两组周期流道制动特性对比图，其中动轮制动转矩对比如图 3.26（a）所示；对应功率随转速的变化曲线，即空损与转速的变化曲线如图 3.26（b）所示。

　　可见有扰流柱与无扰流柱周期流道的空损差别较为明显，无扰流柱流道产生的空损较大。在动轮最高转速为 3 400 r/min 时，其空损数值达到 16.5 kW，而加装扰流柱的空损只有 8.4 kW，加装扰流柱后空损降低接近原来的一半。由此可以看出，扰流柱对于降低空损的作用较为明显。

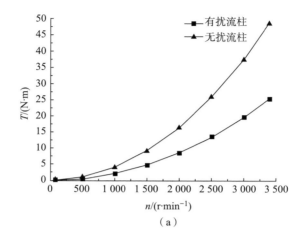

（a）

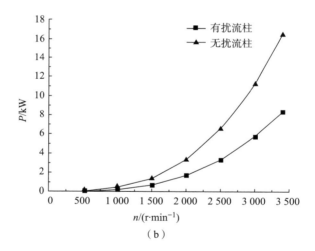

（b）

图 3.26　空转状态下周期流道制动特性对比

（a）空转状态下制动转矩对比；（b）空转状态下空损对比

　　对应的微观流场分布，以动轮转速在 3 400 r/min 时的流动状态加以说明。在有无扰流柱两种情况下，空气的循环流线分布如图 3.27 所示。

　　在无扰流柱情况下，空气的循环流动较为规则，仅在循环圆中心产生较强涡流，由于动轮高速转动，动轮叶片搅动空气使空气得到加速，因此从动轮入口到出口，空气速度明显递增，如图 3.27（a）中的 A、B 处；而在有扰流柱情况下，扰流柱挡片阻碍空气流动，如图 3.27（b）中的 C 处，使空气循环流速较低，高流速区仅为 B，并使空气流线分布杂乱，不仅在循环圆中

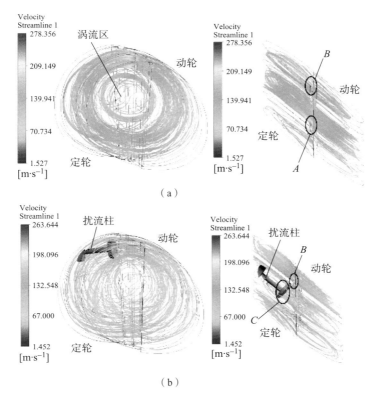

图 3.27   两种状态下的空气循环流线分布

（a）无扰流柱情况下；（b）有扰流柱情况下

心会产生涡流，扰流柱附近也会产生较强的紊流现象。

可见，扰流柱挡片可以减小气流的循环流面，相当于循环圆直径变小，起到改变空气环流的作用。扰流柱挡片降低空气的循环流速，减弱涡旋强度。扰流柱机构可以降低空气对叶片的冲击，减小空损带来的功率损失。

液力缓速器循环圆整体及流道轴面压力分布如图 3.28 所示，可见由于直接搅动空气，在动轮压力面根部出现高压区；同样，由于受到动轮流出的高速空气冲击，定轮压力面根部也出现高压区，并且无扰流柱循环流道压强值更大，高压区的分布也更广些。

从图 3.29 和图 3.30 可见，有扰流柱相比于无扰流柱的情况，其压力面压强值较低，并且叶片上高压区的分布也不如无扰流柱情况下的范围广。进一步证明扰流柱的存在降低了空气的流速，减弱了涡旋强度，降低了空气对叶片的冲击，减小了空损带来的功率损失。扰流机构对于降低空损是可行的。

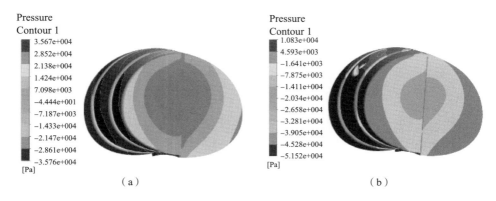

图 3.28　循环圆流道轴面压力分布

（a）无扰流柱情况下；（b）有扰流柱情况下

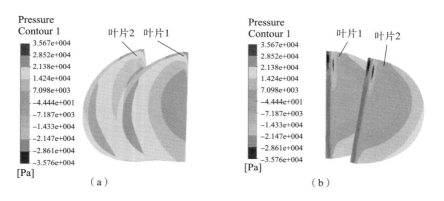

图 3.29　无扰流柱情况下定轮叶片压力分布

（a）定轮压力面压力分布；（b）定轮吸力面压力分布

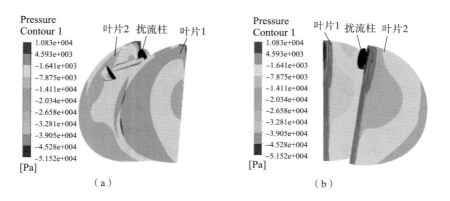

图 3.30　有扰流柱情况下定轮叶片压力分布

（a）定轮压力面压力分布；（b）定轮吸力面压力分布

3.3　气液两相流动分析

3.3.1　两相流型的判定方法

液力缓速器作为机械制动器有效的辅助制动装置，在特殊路况如陡峭山区下缓坡行驶时，能可靠地降低或保持高速重型车辆的行驶速度，减轻机械制动器磨损。对具有辅助制动装置的车辆制动系统，往往采用联合制动的工作方式。

与紧急制动时采用全充液工况不同，通常液力缓速器在参与制动时往往处于部分充液状态，尤其在常用的恒制动转矩控制工况中。而由于在部分充液过程中，液力缓速器内部流场是包含气体和液体的复杂气液两相流动，这样其制动性能的预测和计算与全充液工况相比显得更为复杂，这种复杂性一方面体现在由于流动状态并不遵循束流假设，导致经典欧拉束流理论难以对这种流动状态进行有效解释，即无法采用传统液力计算方法；另一方面表现为部分充液状态对应的制动转矩由充液率确定，但目前仅有试验研究[10]表明充液率越大，制动转矩越高，且在给定液力缓速器动轮转矩时，只能得到出口压力与充液率成正比，并据此推导得出制动转矩与充液率成正比的关系，难以获得充液率与制动转矩之间解析或拟合的函数关系。

充液率 q 是工作腔内充注液体体积 V_L 与工作腔容积 V 之比，即存在

$$q = V_L/V$$

在实际工作中，即便在所谓全充液工况下，液力缓速器内充液率往往也只能达到90%左右，其余则被液体中分离出的空气和水蒸气所占据。在现有的测试技术水平下难以获得准确的充液率，在工程上目前只能通过设定入口压强和出口压强来调整充液率，进而间接对制动转矩进行调节[11]。而基于CFD技术对其进行研究是可行途径，目前在研究中，对无内环的液力缓速器的边界条件进行设定，多采用强制指定气液分界面的假设，并规定液体流动入口及出口的方式。但这种假设也需要建立在对实际流动状态，尤其是气液两相流型有准确认识的基础之上。

为准确获取充液率与制动转矩的定量映射关系，了解二者之间的相互作用机理，针对无内环形式的液力偶合器，通过判定不同充液率下的气液两相流流型，合理确定混合入口及出口的边界条件的施加，并采用流场数值模拟方法对这一问题进行研究。对于这种发生在液力元件工作腔内的气液两相流

动现象，通常有两种方法来判断流型，一种方法是利用流型分布图，另一种则是利用基于半理论、半经验的各种流型转变临界条件的判断公式。由于液力缓速器这种特定的流道状态下的气液两相流没有现成流型分布图可以参照，所以采用修正的半经验公式来判断流型较为合适。

根据泰特尔的流型识别理论，气液两相流在由层状流型（波状分层流型或平滑分层流型）向波状流型及间歇状流型或环状流型的转换界限 Δ 为

$$\Delta = F^2 \frac{1}{C^2} \frac{\overline{u}_G \mathrm{d} \overline{A}_L / \mathrm{d} \overline{h}_L}{\overline{A}_G} < 1$$

式中，下标 L 代表液相；下标 G 代表气相；F 为修正的 Fr；$\overline{u}_G$ 为无因次气相真实流速；$\overline{A}_L$ 和 $\overline{A}_G$ 分别为液相和气相无因次过流截面积；$\overline{h}_L$ 为无因次液位高度；系数 $C = 1 - \overline{h}_L$。

对于液力缓速器的部分充液工况，根据束流理论估算出不同充液率下的无因次过流截面积、液位高度的参数，并由单相流的数值模拟计算得到各相的平均流速，进而求得各相的折算速度，然后可计算不同工作转速下的 Δ 值，如图 3.31 所示[12]。

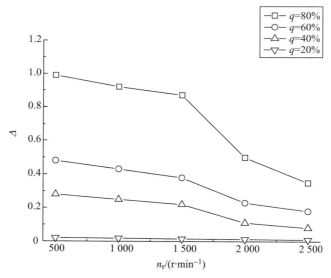

图 3.31 部分充液工况下的 Δ 值

总的来看，充液率越小，转速越高，则越有利于两相流动保持层状流型，当充液率 $q < 80\%$ 时，部分充液工况下的液力缓速器在工作转速范围内将保持层状流型。这是因为随着转速增加，循环流量和液流所受的旋转离心力也随之增大，从而使流动更趋向于分层流动；而充液率 q 的增加则使流场扰动更

容易将波状分层流动转变为段塞流动。

由于液力缓速器部分充液状态多为波状分层流动，且气相与液相间物理量通过称为自由表面的交互面传递，而对无内环叶栅内流动，当两相间分界面不能明确指定时，分析中通常采用非均一化模型。在制动特性研究中往往关心内特性（压力、速度、充液率等）与外特性（制动转矩）的变化规律，而这主要是由液相起支配作用，因此设定液相为主相、气相为附加相。

3.3.2　两相流动状态的 CFD 求解

当液力缓速器工作在部分充液工况时，内部流场为充满油液和空气的两相流动状态。基于 CFD 后处理对流道控制体内的油液容积率、速度以及压力分布图进行分析。

1. 容积率分布

部分充液工况下，液力缓速器内腔油道内主相油液的容积率分布如图 3.32 和图 3.33 所示，其中，外侧区域代表主相油液为 1，即完全被油液占据；内侧区域是主相油液为 0 的区域，即代表被气相空气占据。两相交界面处则处于两相混合交互渗透状态。

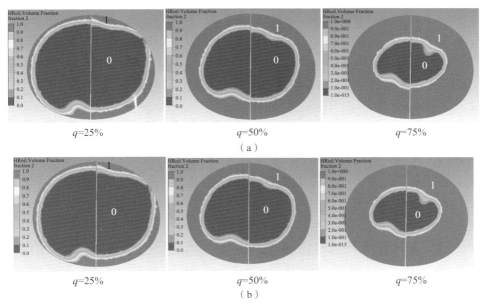

$q=25\%$　　$q=50\%$　　$q=75\%$

（a）

$q=25\%$　　$q=50\%$　　$q=75\%$

（b）

图 3.32　循环圆轴面容积率分布

（a）500 r/min；（b）1 000 r/min

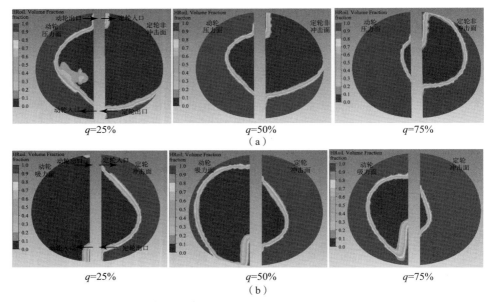

图 3.33　在输入转速为 500 r/min 时叶片表面容积率分布

（a）动轮压力面和定轮非冲击面容积率分布；（b）动轮吸力面和定轮冲击面容积率分布

图 3.32 所示为动轮转速在 500 r/min 和 1 000 r/min，充液率分别为 25%、50%、75% 时的循环圆轴面容积率分布情况。可见循环圆轴面上气液两相呈明显的分层流动特点，气相占据循环圆中心，而油液占据循环圆外环处。由于循环圆轴面受叶片搅动和冲击作用较小，因此在循环圆轴面两相分布图中没有明显的大面积两相渗透现象。而随着充液率的增加，气相占据体积逐渐向循环圆中心压缩。从图 3.32（a）、（b）的对比中发现，动轮转速的增加对两相容积率分布没有明显的影响。

图 3.33 以动轮转速 500 r/min 为例，对内流道叶片附近的两相容积率进行分析。其中图 3.33（a）为动轮压力面和定轮非冲击面两相容积率分布，可见由于动轮直接带动油液运动，压力面上油液分布占绝大多数，气相分布多靠近于定轮非冲击面。而定轮非冲击面入口处，有少量油液由于冲击作用从背面的定轮冲击面越过定轮叶片厚度部分到了非冲击面上，并且在较小充液率时（$q=25\%$），在动轮压力面上出现了气液两相混合的趋势。而随着充液率的增加，油液所占容积率明显从动轮压力面向定轮冲击面、从循环圆小径向循环圆大径的方向扩展。

图 3.33（b）为动轮吸力面和定轮冲击面容积率分布。由于动轮加速后流出的高速油液直接冲击在定轮冲击面上，因此定轮冲击面上大部分面积被油液占据，而动轮吸力面上大部分面积被空气占据。与图 3.33（a）中定轮非冲击面

在循环圆大径方向面积全被空气占据的现象有所不同，动轮吸力面与流道壁的交接处仍然有油液流动。这是由动轮高速旋转，流道内的油液在离心力的作用下循环流动造成的。而在动轮吸力面入口处，由于定轮出口的油液冲击作用，由少量油液从动轮压力面越过动轮叶片厚度方向到了吸力面上。随着充液率的增加，动轮吸力面和定轮冲击面的油液容积率均从循环圆外环向循环圆中心方向扩展。

2. 速度场分布

分析液力缓速器动轮转速分别为 500 r/min 和 1 000 r/min，$q = 75\%$ 时，部分充液工况下气相、液相在相对坐标系下的速度流线。由图 3.34（a）、（b）

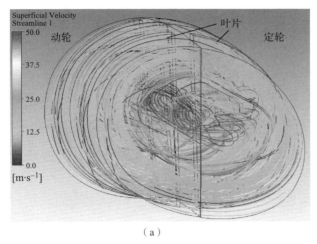

（a）

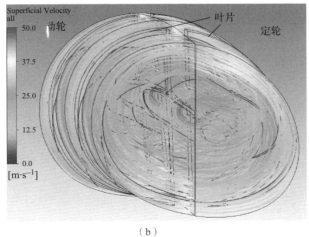

（b）

图 3.34　两相流动流线图

（a）500 r/min；（b）1 000 r/min

的对比中可发现，动轮转速对两相流线分布没有明显的影响，但动轮转速越大，两相流线的速度数值相应增大。

总体来看，气液两相流的速度流线与全充液工况下的分布情况类似，在循环圆流道中速度呈明显的循环流动趋势。不同的是，由于气液两相流动较为复杂，因此流线分布比单相流动流线分布更加紊乱。动轮高速旋转产生的离心力作用，使密度较大的液相主要分布在循环圆靠近外环处，而密度较低的气相部分集中在循环圆中心处。由前面分析可知，循环圆外环处速度较高，而循环圆中心处速度较低，因而外环液相流线的速度明显大于循环圆中心位置的气相速度，并且在循环圆中心的气相低速区域出现漩涡流动。另外，由流线分布图还可以发现，在流动过程中，有部分空气混入液相，但流速较低。

图 3.35（a）、（b）分别为动轮转速为 500 r/min 时，在相对坐标系下观测各充液率下的循环圆轴面油液和空气速度矢量的分布图。与前面油液容积率分析结论相同，气相速度矢量占据循环圆中心，而油液速度矢量占据循环圆外环处并具有循环流动特征。

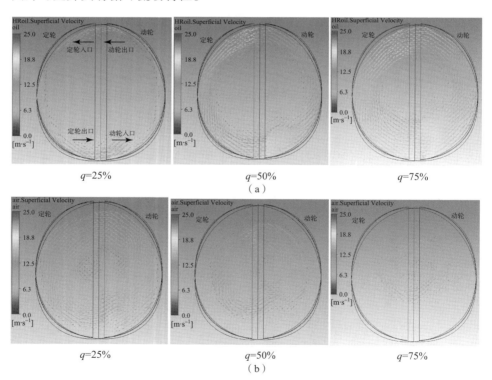

图 3.35　气液两相速度矢量图

（a）油液速度矢量图；（b）空气速度矢量图

与全充液工况绝对坐标系下的速度矢量不同，由于相对坐标系下不计算动轮牵连速度，因此在图中可见动轮和定轮内部流动趋势一致，即从入口到出口液流速度在叶片的摩擦阻力作用下均呈减小趋势，并且在各充液率下比较可以看出，充液率升高，则油液容积率从循环圆外环向循环圆中心扩展，而气相容积率占据循环圆面积相应逐渐减少，且由于液相处于循环圆外环处，因此液相的循环流速要大于气相的循环流速。在循环圆中心的气相低速区域出现旋涡流动，而在气、液相交互处，由于两相交互混合的相互抑制，两相的速度均较低。

3. 压力场分布

液力缓速器部分充液工况下循环圆整体及流道轴面压力分布如图 3.36 所示。高转速下的压力值明显大于低转速下的压力值。并且由于气相的存在，部分充液工况下循环圆中心处的低压区范围要大得多，低压区内循环圆径向的压力梯度非常小。但在液相中沿循环圆中心向外的压力梯度较大。

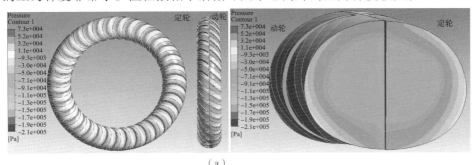

（a）

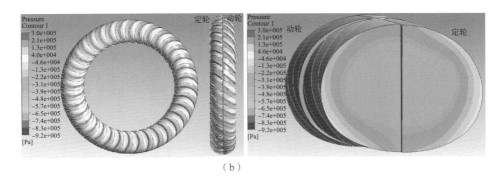

（b）

图 3.36 循环圆整体及流道轴面压力云图

（a）500 r/min；（b）1 000 r/min

图 3.37 以动轮转速 500 r/min 为例，对不同充液率下的内流道叶片压力分布进行分析。动轮压力面压力分布明显大于动轮吸力面，定轮冲击面压力分布明显大于非冲击面。而由于液流的冲击，在动轮压力面入口和定轮冲击面入口处产生高压区 A，而相应地在动轮吸力面和定轮非冲击面入口处产生负压区 B。

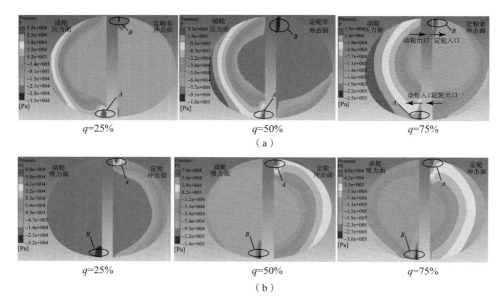

图 3.37　叶片表面压力分布
（a）动轮压力面和定轮非冲击面；（b）动轮吸力面和定轮冲击面

从整体上看，动轮吸力面和定轮非冲击面叶片低压区范围非常大，在较小充液率时动轮压力面和定轮冲击面靠近循环圆区域也处于低压区。对应分析可以发现，气相空气所占据的流道处，叶片均处于低压区，并且随着充液率的增加，由于气相所占体积减小，低压区范围逐渐减小。而液相所占据的循环圆外环处具有明显的压力层状分布现象，这是由于在液相中沿循环圆径向具有较高的压力梯度。

4. 制动特性

对液力缓速器三维内流场进行稳态数值计算的主要目的是总结出液力缓速器的制动外特性，即动轮转速、充液率及制动转矩的变化规律。图 3.38 所示为不同转速和充液率下 CFD 制动外特性的预测结果。

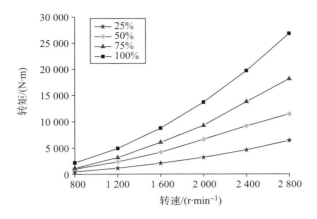

图 3.38　制动外特性预测结果

3.3.3　瞬态充液过程的 CFD 求解

随着 CFD 技术在液力元件设计上的应用，国内学者运用 CFD 技术对液力缓速器稳态制动过程进行了研究，仿真中假设液力缓速器内部流动足够稳定，且允许仿真迭代步数足够多到收敛至稳定流场。对液力缓速器整体制动性能的预测，一般是通过一定假设，将液力缓速器动态制动过程近似为不同额定工作转速下的稳态制动过程，从而实现对全转速范围下液力缓速器制动性能的仿真计算[12~14]。稳态 CFD 求解是一种假想的瞬态流场计算过程，通过给定一个假设的初始流场状态和时间步长进行迭代计算，充分迭代收敛后最终将得到一个稳定的流场，即稳态解，实际流场的收敛解与初始流场和时间步长无关。而稳态解的实际物理意义是在额定的边界条件下，内部流场在足够长的时间内充分稳定后的结果。

但液力缓速器实际工作时内部为物理参数随时间剧烈变化的瞬态流场，其具体体现在：

（1）当车辆紧急制动时，液力缓速器内部工作腔瞬时充油过程中，液力缓速器内部流场为气液两相体积率随时间急剧变化的复杂两相流流动。

（2）而当液力缓速器内腔充满油后，随着制动功能的启效，车辆行驶速度随制动时间非线性降低，而与传动系统连接的动轮转速也会相应发生变化，从而使液力缓速器内部流动状态与稳态分析有较大出入。

（3）液力缓速器具有进油口和出油口，目前液力缓速器的流场 CFD 仿真大多假设油液封闭在流道内，而在实际的制动过程中，缓速器腔体内同时进行充放油。因此有必要建立具备进油、出油口的流道，以 CFD 仿真分析进出油道口对液力缓速器内流场特性的影响。

综上所述，稳态的假设计算难以准确描述处于动态状态的液力缓速器内部流场，因此有必要对液力缓速器充油过程中的内部瞬态流场进行研究。本节将基于 CFD 技术，采用瞬态流场计算方法对液力缓速器制动过程进行三维动态特性数值仿真，提取液力缓速器随时间变化的内腔速度场、压力场分布云图等流场结果进行分析，并将制动外特性时变仿真结果与台架试验数据进行对比。

以某型液力缓速器为例进行仿真，循环圆大径 $D_1 = 380$ mm，循环圆小径 $D_2 = 220$ mm；动轮叶片数目 $Z_R = 20$，定轮叶片数目 $Z_S = 24$；循环圆的宽度 $B = 78$ mm，叶片角度 $\alpha = 30°$，叶片厚度 $\delta = 4$ mm。三维模型如图 3.39 所示。

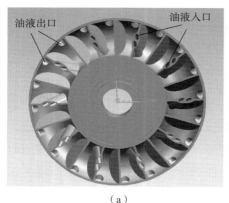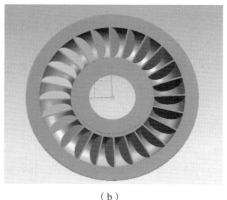

（a）   （b）

图 3.39 液力缓速器叶栅结构模型

（a）动轮；（b）定轮

与稳态计算模型相比，瞬态计算模型重点对充放油的油道进行了建模和网格划分。考虑到液力缓速器结构循环对称的特征和进、出油口分布特点，为减小计算量，液力缓速器流道模型为包含进、出油口和两个叶片的流道周期模型，通过给定周期性边界条件模拟整个叶轮流动情况（图 3.40）。由于液力缓速器动轮具有进、出油口，流道结构相对复杂，在网格划分环节对液力缓速器动轮采用几何适用性强的四面体非结构网格。而对于流道结构相对简单的定轮采用利于数值计算的六面体 O 型结构网格，并对所关心

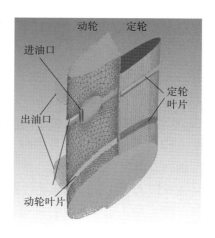

图 3.40 周期流道网格计算模型

的动、定轮之间的流动交互面区域进行局部网格加密，得到一套质量较高的混合网格进行仿真计算，整套液力缓速器数值计算模型网格总数约为 400 000。

瞬态计算中，对多相流的模拟采用的是欧拉 – 欧拉多相流模型中的非均一化模型，以及为有效获取流场中细微涡流和边界层现象以及更为精确的计算结果，采用切应力输运 SST（Shear Stress Transport）$k-\omega$ 湍流模型对液力缓速器模型进行分析。

在液力传动元件的内流场计算中，对稳态的流场计算采用多参考系模型或混合平面模型均可，而动态计算模拟可采用混合平面模型或滑移网格模型。从理论上说，动态模拟采用滑移网格模型最为精确，但是实际计算对比分析发现，滑移网格模型对边界条件和计算性能条件要求非常苛刻，宜在全流道模型上采用，而周期模型采用滑移网格法将会产生较多计算误差。全流道模型进行瞬态模拟对计算硬件的要求过高，因此应综合考虑计算精度和计算成本，本书采用混合平面模型对液力缓速器内部瞬态流场进行模拟。为了得到更好的收敛效果，采用根据动轮转速变化自适应的方法改变动态时间步长。

1. 初始和边界条件的确定

仿真中，液力缓速器动轮转速 n 作为缓速制动设计指标，通过函数表达式给定。参考某型大功率重型车用液力缓速器台架试验转速数据点采集结果，基于平稳缓速的设计原则，将离散数据点用二次函数的关系拟合得方程如下：

$$n = \begin{cases} 2\ 640 & (t \leqslant 0.4\ \mathrm{s}) \\ 42.8t^2 - 670.8t + 2\ 901.5 & (t > 0.4\ \mathrm{s}) \end{cases}$$

式中，n 为动轮转速；t 为制动时间。

充液的最初时刻，液力缓速器内腔为全气相工况。由于瞬态计算需要提供稳态初始流场，采用全气相工况（$q=0$），动轮转速 $n = 2\ 640$ r/min 的稳态流场充分迭代结果作为 $t=0$ 时刻的瞬态仿真计算初场。由于液力缓速器在动轮转速较低时所能提供的转矩较低，当缓速制动时间 t 大于 6 s，即动轮转速 n 低于 500 r/min 时，实际车用工况下，机械制动器已经开始工作将车辆完全制动。因此，对此后的液力缓速器动态工作状况不再研究。

仿真需要根据液力缓速器内腔容积及入、出口面积，确定出液力缓速器入、出口油液的流动速度。由于道路状况瞬息万变，为保证车辆能够实现快速制动，液力缓速器制动作用的启效时间必须足够短，例如部分液力缓速器液压控制系统将制动启效时间控制在 0.4 s 以内，仿真模型的入口流量必须满足在这段时间里充入足够多的油液，而出口流量满足将空腔内的空气排净。

$$Q_i = V/\Delta t \quad (i = 1,2)$$
$$v_i = Q_i/A_i \quad (i = 1,2)$$

式中，下标 $i = 1$ 时表示入口参数，$i = 2$ 时表示出口参数；Q_i 为入、出口所需流量；V 为工作腔体积；A_i 为入、出口流道截面积；v_i 为入、出口流速。通过计算得出液力缓速器入、出口流量和流速如表 3.7 所示。

表 3.7　液力缓速器入、出口流量和流速

项目	流量 $Q_i/(\text{L} \cdot \text{min}^{-1})$	流速 $v_i/(\text{m} \cdot \text{s}^{-1})$
入口（油液）	632.5	5.9
出口（空气）	632.5	1.4

假设在充液全过程中，入口保持恒定流速，液力缓速器控制系统通过控制出口阀的开度来对内腔充液率进行控制，当液力缓速器制动转矩超过额定设计指标时，通过增大出口流速来对其卸载。由此确定出口油液流速仿真条件为

$$v_2 = \begin{cases} 0 & (0 < t \leqslant 0.4 \text{ s}) \\ 2.4 \text{ m/s} & (T > 16\,000 \text{ N} \cdot \text{m}, \ t > 0.4 \text{ s}) \\ 2.0 \text{ m/s} & (T \leqslant 16\,000 \text{ N} \cdot \text{m}, \ t > 0.4 \text{ s}) \end{cases}$$

由于作为附加相气相的空气为可压缩流体，且对制动外特性影响较小，因此气相的流速可根据一定的经验值来确定。在仿真中，两相的入、出口流速均需要根据具体仿真条件适当进行修正。

2. 制动过程动态三维流场仿真分析

为了便于研究，以实际试验中液力缓速器的不同工况为依据，将液力缓速器制动过程分为两个阶段分别进行研究。从最初时刻开始充液到充液完成（0 ~ 0.4 s）称为充液阶段。从制动开始启效，动轮转速明显降低到油液充满内腔，直至动轮转速非线性降低到仿真结束（0.4 ~ 6.0 s）称为缓速阶段。

1）充液阶段流场动态特性分析

液力缓速器实际车用工况中，当车辆遇到突发紧急路况需要紧急制动时，驾驶员迅速踩制动踏板到最大行程，此时要求液力缓速器在短时间内紧急充液启效。目前，较为先进的液力缓速器控制系统从开始充油到液力缓速器充满一定油液，达到额定制动转矩制动效果的时间控制在 0.4 s 内。而由于时间短，液力缓速器未能完全启效，因此动轮转速基本不变。液力缓速器内部工作腔瞬时充油过程中，内部流场为气液两相体积率随时间急剧变化的复杂两相流流动。因此本节重点对液力缓速器制动阶段最初 0.4 s 充液过程进行数值模拟仿真分析。

（1）充液率变化。

图 3.41 所示为动轮在初始转速 $n_0 = 2\,640$ r/min 下制动时充液阶段液力缓速器充液率与时间的关系，可见随着充液时间的增加，液力缓速器工作腔中的油液比例逐渐递增，最高达 $q = 0.9$ 左右。而随着充液时间的延长，出口同时也开始甩出油液，因此充液率增长的速度逐渐减慢。当快接近全充液状态（$q = 1$）时，充液率随时间曲线斜率最小。

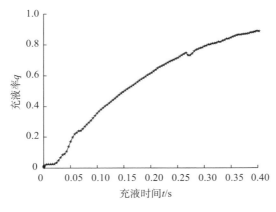

图 3.41　充液率与时间关系

不同充液时刻气、液两相体容积率的分布如图 3.42 所示，其中浅色代表

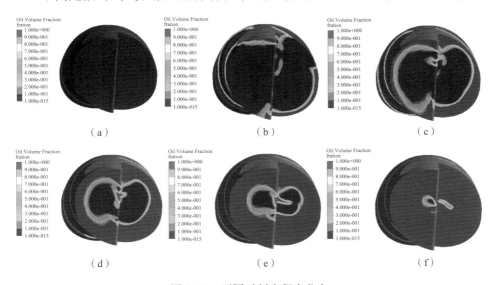

（a）　　　　　　　　　（b）　　　　　　　　　（c）

（d）　　　　　　　　　（e）　　　　　　　　　（f）

图 3.42　不同时刻容积率分布

（a）$t = 0$；（b）$t = 0.08$ s；（c）$t = 0.16$ s；（d）$t = 0.24$ s；（e）$t = 0.32$ s；（f）$t = 0.40$ s

液相，深色代表气相。在初始时刻 $t = 0$，液力缓速器内腔全部为空气，随着时间增加开始充油，液相开始逐渐充满内腔。当 $t = 0.40\text{ s}$ 时液相几乎完全占据内腔，只在循环圆中部有气泡形式存在的气相。

在中间时刻的两相共存工况时，由于离心力作用，密度较大的液相分布在靠近外环表面的流道空间，而密度较小的空气则分布在流道内部区域。计算结果显示，液力缓速器腔内的两相流动具有明显的气液两相分层流动特征。

（2）速度场分析。

图 3.43 所示为动轮初始转速为 n_0 时，充液阶段液力缓速器气液两相平均速率与时间的变化关系。由于瞬态计算的初场为动轮转速在 n_0 时的全气相工况稳定内流场，在充液的最初时刻，油液进入工作腔内对气相流动造成扰动，液力缓速器工作腔中的空气平均速率急剧降低，而油液平均速率稳定缓慢升高。随着充液时间的延长和油液容积率的增加，内部气液两相流动趋于稳定，油液速率随着充液时间延长继续增加，而空气速率则缓慢降低，并略有波动。当接近全充液工况（$q = 1$）时，油液平均速率达到一个极大值。从平均速率数值上看，油液的平均速率最开始比空气的平均速率值小，而随着充液时间延长和充液率增加，在 $t_1 = 0.15\text{ s}$ 时大于空气平均速率。

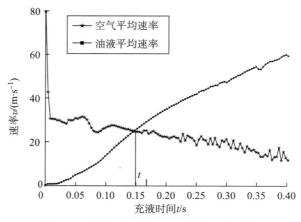

图 3.43　平均速率随充液时间的变化曲线

图 3.44 所示为充液阶段典型时间分布图循环圆轴面速度矢量。其中图 3.44（a）、（b）分别为相对旋转坐标系下液、气两相的速度矢量分布图。可以看出，液相主要分布在外环处，气相主要分布在循环圆中心处，随着第一阶段充液时间的增加，各自所占流道空间逐渐增加，且除 t_1 时刻外，液相速度均明显大于气相速度。而随着充液时间和充液量的增加，液相速度有增大

趋势，气相速度有减小趋势。由于受到流道阻力作用，在相对坐标系下动轮、定轮入口速度均大于出口速度，如图 3.44 所示。而在图 3.44（b）气相矢量图中，由于空气密度较小，受流道阻力影响不大，因此速度分布规律不如图 3.44（a）中明显。由于较高速的液相的影响作用，气相速度极大值依然出现在靠近外环的气、液相交互处。

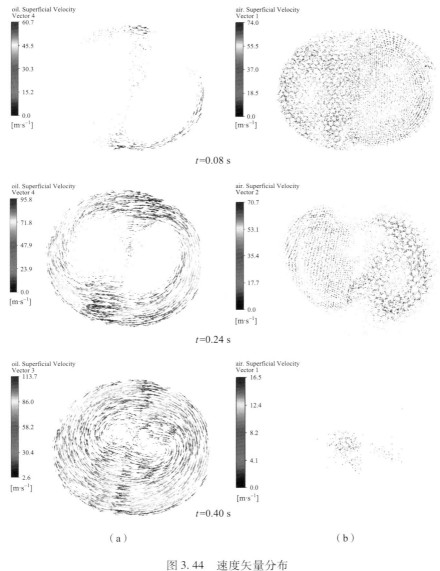

（a）   （b）

图 3.44　速度矢量分布

（a）液相速度矢量分布图；（b）气相速度矢量分布图

（3）压力场分析。

动轮初始转速为 n_0 时，充液阶段液力缓速器内腔总压随时间变化的曲线如图 3.45 所示。总压是静压和油液动能冲击产生的动压的总和。从图 3.45 中可见，动轮和定轮的腔内平均总压均随着充液时间增加正向递增。由于考虑了油液动能冲击产生动压的影响，而相对坐标系下的动轮腔内流速较定轮低，因此动轮总压小于定轮总压。

出口处的速度既有参与整个内腔流动的循环速度，又有向腔外排出油液的速度，由于受出口排出油液的影响，出口处平均总压最初 $t = 0.05$ s 时达到负值最大，而随着充液率的增大，出口处循环流动动能产生的冲击作用逐渐占主导，因此出口总压在 $t = 0.05$ s 后逐渐正向递增。入口处的流速随时间变化相对稳定，因此入口总压呈负方向平稳递增趋势。

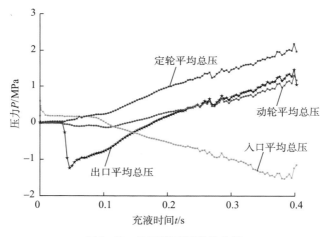

图 3.45   总压随时间变化曲线

液力缓速器部分充液工况下，$t = 0.24$ s 时流道叶片展开的总压分布云图如图 3.46 所示。其中图 3.46（a）为具有油道结构的动轮叶片总压分布云图，图 3.46（b）为无油道结构动轮叶片总压分布云图，图 3.46（c）为定轮叶片总压分布云图。从整体上可以看出，由于动轮叶片搅动油液高速流动，动轮叶片左边的压力面总压分布明显大于右边的吸力面总压分布。又因为在绝对坐标系下，动轮腔内油液具有动轮旋转的牵连速度，因此动轮叶片总压分布明显大于定轮叶片总压分布。

从图 3.46（a）、（b）中可以看出，动轮叶片面上，高压区域出现在叶片与流道内壁的接触处，低压区域出现在叶片靠近定轮的分界面处，且大体位于循环圆中心。因此，总压分布表现出从循环圆中心沿着流道内壁径向层状

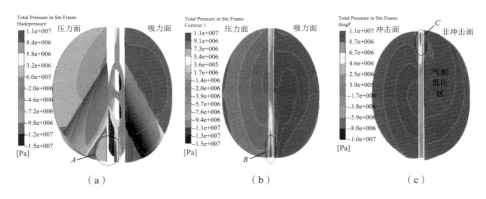

图 3.46   在 $t = 0.24$ s 时刻叶片总压分布云图

（a）油道结构动轮叶片；（b）无油道动轮叶片；（c）定轮叶片

递增分布的特征。由于油道的存在，具有油道结构的动轮叶片循环圆中心处的低压区范围要大一些，而无油道结构的动轮叶片总压层状分布特性更为明显。动轮叶片总压极大值位于定轮出口、动轮入口边缘 A 和 B 处，是由定轮流出的高速油液冲击产生的。由于油道凸起结构的存在，具有油道结构叶片总压极大值区域延伸到动轮压力面油道凸起结构前。由图 3.46（c）可见，定轮叶片冲击面由于受到从动轮流道流出的液流直接冲击，总压分布明显大于非冲击面的总压分布。由于循环圆中间气相的作用，定轮非冲击面低压区范围比较大，径向的总压梯度不明显。由于受到动轮流道高速流出的油液冲击，定轮叶片上总压极大值位于定轮入口边缘 C 处，从整体上看，定轮叶片高压也出现在叶片与流道内壁接触处，低压出现在循环圆中心区域，沿循环圆中心向外的总压逐次递增。

2）缓速阶段流场动态特性分析

当液力缓速器充液阶段结束，充液率已经接近但并未达到全充液工况（$q = 1$）时，腔内的压强和制动转矩均达到一个极值。由于此时动轮转速仍然较高，为了不使内腔压力和制动转矩过载，实际车用工况中通过增大排油阀开度进行放油，仿真中则采用增加出口流速的方式来实现，从而对液力缓速器起到泄压和保护，以防止制动转矩过大的作用。随后的过程中，随着液力缓速器制动启效作用愈加明显，动轮转速明显降低。此时通过继续减小排油阀开度，即仿真中减小出口流速，以增加液力缓速器内腔充液率来弥补因动轮转速降低导致的制动转矩不足，直到充液率达到全充液状态（$q = 1$）的单相流动工况，进而随着制动时间的增加，液力缓速器制动作用导致动轮转速持续非线性降低直至仿真结束。称该阶段的液力缓速器工作过程为缓速阶段，本节重点对该阶段流场特性进行分析。

（1）充液率变化。

缓速阶段充液率与时间的变化关系如图 3.47 所示，可见在 $t = 0.4$ s 时为了防止液力缓速器制动转矩过载，由于仿真出口流速迅速增大，随着时间的增加，腔内油液体积率随之迅速减小，液力缓速器工作腔中的油液从 $q = 0.9$ 左右迅速降低到在 $t = 0.8$ s 时刻的 $q = 0.75$ 左右。随后为了弥补动轮转速降低引起的转矩降低，仿真出口流速相应减小，腔内油液体积率开始逐渐增加。当 $t = 2.0$ s 时，逐渐达到全充液状态（$q = 1$）。

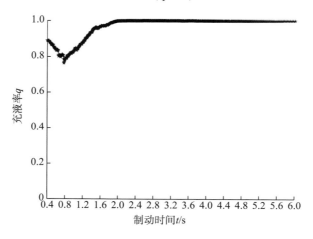

图 3.47　充液率和时间关系曲线

缓速阶段不同制动时刻气液两相容积率的分布如图 3.48 所示。由于离心力作用，密度较大的液相分布在靠近外环表面的流道空间，而密度较小的空气则分布在流道内部区域。可见在最初时刻，由于出口流速增加，由图 3.48（a）~（b）液相体积率明显减小。而图 3.48（d）~（f）与图 3.47 对应可见，由于出口流速降低充液率回升，液力缓速器内腔主要由液相占据主导地位，位于循环圆中心的气相随制动时间增加逐渐减少为气泡，并最终消失不见。液力缓速器内腔最终完全充满油液，达到全充液（$q = 1$）状态。

（2）速度场分析。

图 3.49 所示为液力缓速器制动时气液两相平均速率与时间的变化关系。从整体上看，油液的平均速率远大于空气的平均速率值，并随着制动时间的延长两者数值上趋于稳定。中间时刻，由于出口流动速度仿真边界条件的改变，油液容积率的减小导致油液平均速率降低，而空气容积率的增大相应导致空气平均速率曲线产生一个阶跃。可见在初始时刻 $t = 0.4$ s 左右时，由于

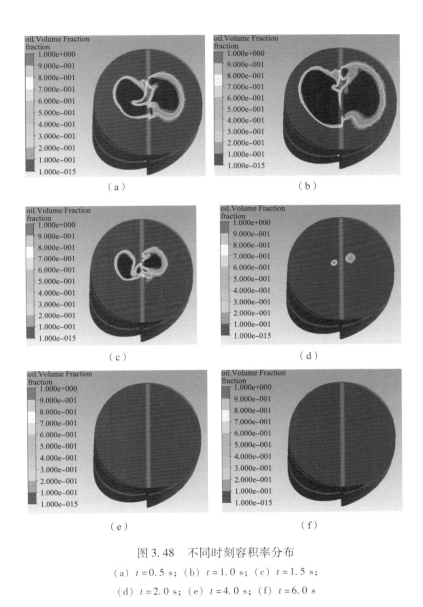

图 3.48　不同时刻容积率分布

（a）$t = 0.5$ s；（b）$t = 1.0$ s；（c）$t = 1.5$ s；
（d）$t = 2.0$ s；（e）$t = 4.0$ s；（f）$t = 6.0$ s

制动尚未启效，动轮转速较高，油液和空气的平均速率均达到各自的极大值。随着制动时间的延长和充液率的增加，制动作用开始启效，因而动轮转速相应降低。油液和气体的平均速率均随着时间增加而平稳降低，由于 $t = 2.0$ s 后接近全充液状态，气体只以气泡形式存在，因此空气速率在制动后期逐渐接近于零。

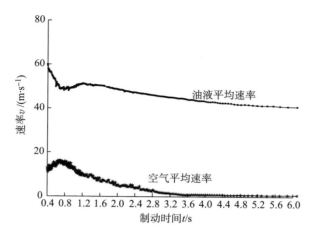

图 3.49   平均速率随制动时间的变化曲线

图 3.50（a）、（b）分别为 $t = 0.5$ s 和 $t = 1.0$ s 时刻相对坐标系下速度矢量分布图。与图 3.48 中对应可以看出，液相主要分布在外环处，气相主要分布在循环圆中心处。由于受到流道阻力作用，在相对坐标系下油液的速度极值分别出现在动轮、定轮入口靠外环的 A 和 B 处，而空气速度极值出现在定轮靠近入口 C 处，且油液速度极大值明显高于空气速度极大值。此外，由于边界层的阻碍效应，贴近流道壁面和两相交互处的油液速度值明显比流道中部的油液速度值偏低。

图 3.50（c）、（d）分别为 $t = 2.0$ s 和 $t = 4.0$ s 时刻绝对坐标系下的全充液状态速度矢量分布图。由于绝对坐标系下的计算结果考虑了动轮旋转的牵连速度因素，油液在动轮流道中受到动轮叶片搅动获得了动能，从而速度从动轮入口到出口呈明显递增趋势，而定轮腔内由于油液对叶片的冲击损失耗散大量动能，从定轮入口到出口油液速度呈递减趋势。循环圆中部的流速较低，油液在定轮腔内由于冲击回流形成涡旋流动。随着制动时间的增加和动轮转速的降低，流道内整体速度分布数值上明显降低。

（3）压力场分析。

缓速阶段液力缓速器内腔总压随时间变化曲线如图 3.51 所示。从图中可见，在最初 $t = 0.4$ s 时刻，出口流速的增大有效地对腔内进行了泄压，动轮和定轮的腔内平均总压均随着制动时间增加而迅速降低。而后在 $t = 2.0$ s，随着出口流速减小，腔内充液率相应增大，动轮和定轮的腔内平均总压逐渐回升。总体上可以看出，充液率越大，动轮转速越高，总压值越大。而相对坐

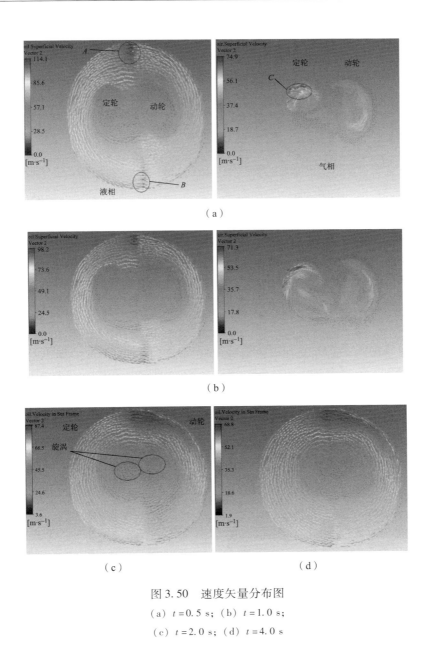

图 3.50 速度矢量分布图

(a) $t = 0.5$ s; (b) $t = 1.0$ s;

(c) $t = 2.0$ s; (d) $t = 4.0$ s

标系下的定轮腔内流速较动轮高，冲击产生动压更大，因此定轮总压大于动轮总压。随着制动时间的增加和动轮转速持续非线性降低，两者在数值上逐渐趋于相等。

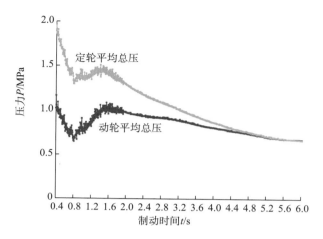

图 3.51　总压随时间变化曲线

　　液力缓速器不同制动时刻下动轮和定轮叶片压力分布展开云图分别如图 3.52 和图 3.53 所示。从整体上可以看出，动、定轮叶片面上，压力分布表现出从循环圆中心沿着流道内壁径向层状递增分布的特征。动轮压力面压力分布明显大于吸力面压力分布，而定轮冲击面压力分布明显大于非冲击面压力分布。动、定轮各自叶片上压力的极大值分别位于油液入口 A、B 处，且由于受动轮加速后的高速油液直接冲击作用，B 处定轮叶片压力极大值高于 A 处动轮叶片压力极大值。

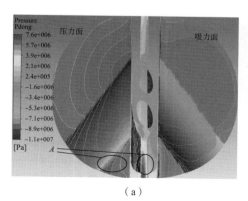

（a）

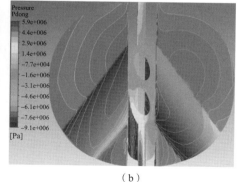

（b）

图 3.52　动轮叶片压力云图

（a）$t = 1.0$ s；（b）$t = 2.0$ s

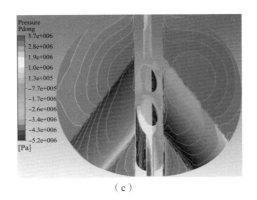

（c）

图 3.52　动轮叶片压力云图（续）

（c）$t = 4.0 \text{ s}$

由图 3.48 对应可知，$t = 1.0 \text{ s}$ 时刻腔内处于两相流动状态，气相大量在叶片背压面聚集。从图 3.52（a）和图 3.53（a）中可以看出，$t = 1.0 \text{ s}$ 时刻腔内中心气相区域压力值较小，因此气相区域和液相区域相比压力梯度不明显。在气相影响下，位于循环圆中心区域的动轮吸力面和定轮非冲击面低压区占据大部分叶片表面。从图 3.52（b）、（c）和图 3.53（b）、（c）中可以看出，$t = 2.0 \text{ s}$，$t = 4.0 \text{ s}$ 时刻的叶片压力分布梯度明显呈带状分布，由于此时油液已经充满流道，液力缓速器内腔处于全油液单相流动工作状态，压力数值上达到 MPa 数量级，并且随着制动时间的增加和动轮转速的降低，叶片上压力数值逐渐减小，因此 $t = 4.0 \text{ s}$ 的压力云图分布数值明显小于 $t = 2.0 \text{ s}$ 的压力云图分布数值。

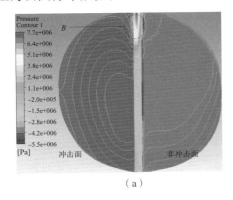

（a）

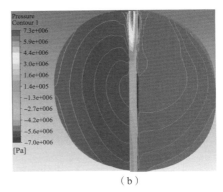

（b）

图 3.53　定轮叶片压力云图

（a）$t = 1.0 \text{ s}$；（b）$t = 2.0 \text{ s}$

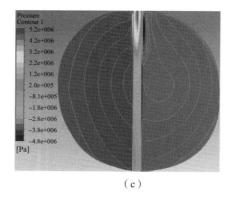

（c）

图 3.53　定轮叶片压力云图（续）

（c）$t = 4.0$ s

3）动态制动外特性与试验数据对比

对液力缓速器进行瞬态数值模拟的最终目的是需要对其时变制动外特性进行仿真和分析，图 3.54 所示为制动外特性仿真结果与试验曲线对比图。其中仿真结果为基于 CFD 仿真结果后处理提取的瞬态制动过程中的液力缓速器叶轮制动转矩随时间变化的曲线，试验数据来源于某研究对象的制动性能台架试验。

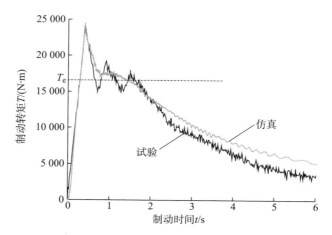

图 3.54　制动外特性仿真结果与试验曲线对比

从图 3.54 可以看出，在制动的最初阶段（$t \leqslant 0.4$ s），由于控制系统向液力缓速器腔内快速充油，液力减速制动转矩随着腔内油液体积率的增加迅速递增，并到达一个极大值。由于该型液力缓速器最大设计制动转矩为 $T_e = 16$ kN·m，在制动初期，动轮转速最高，液力缓速器的充油量如不加以控制，其产生的转矩会大大超过机件的承受能力而使液力缓速器毁坏。因此，随后为了防止液力缓速器制动转矩过载，排油阀开启，液力缓速器腔内的充液率急剧下降，转矩随之急剧下降。

随着制动作用开始启效，动轮转速逐渐降低，当 $0.4\ s<t\leqslant2.0\ s$ 时，仿真中液力缓速器腔内充液率逐渐增加对制动转矩进行补偿，因此转矩曲线变化相对平缓。而在台架试验中，通过排油阀的开启和关闭来调节液力缓速器内腔充液率，因此在该阶段试验曲线波动较为剧烈。当液力缓速器达到全充液的单相流动状态后（$t>2.0\ s$），随着动轮转速的降低，液力缓速器制动转矩呈非线性关系降低。

基于 CFD 瞬态流场计算方法，本节提出了液力缓速器三维瞬态特性数值计算方法，进行了动态特性仿真计算，通过给定时变的边界条件和准确的初始流场，构建了具有进、排油口流道的液力缓速器动态数值仿真模型。通过液力缓速器动态制动过程仿真计算，得到了较为合理的随制动时间变化的油液容积率、速度、总压等内流场流动特性以及制动外特性，并进行了分析。由于考虑了时间变量，CFD 瞬态数值模拟方法比稳态仿真方法更能真实地模拟车用紧急制动工况，为液力缓递器制动转矩的动态控制提供了理论依据。

参考文献

[1] 杨策，施新. 径流式叶轮机械理论及设计 [M]. 北京：国防工业出版社，2004.

[2] Launder B E, Spalding D B. The numerical computation of turbulent flows [J]. Computer Methods in Applied Mechanics & Engineering, 1990, 3 (2)：269 – 289.

[3] 李人宪. 有限体积法基础 [M]. 北京：国防工业出版社，2005.

[4] 屠基元. 计算流体力学：从实践中学习 [M]. 沈阳：东北大学出版社，2009.

[5] 刘城. 向心涡轮式液力变矩器叶栅系统参数化设计方法研究 [D]. 北京：北京理工大学，2015.

[6] Marczyk J. Measuring and Tracking Complexing [C]. Proceeding of the Sixth International Conference on Complex Systems, June 25 – 30, 2006. Bostn, MA, USA：New England Complex Systems Institute.

[7] 闫清东，魏巍. 液力变矩器传动性能的流场数值模拟 [C]. 第五届全国

博士生学术论坛机械工程学科论文集，2005（8）：189 – 192.

[8] 闫清东，邹波，魏巍，等. 液力减速器充液过程瞬态特性三维数值模拟 [J]. 农业机械学报，2012，43（1）：12 – 17.

[9] Wissink J G. DNS of separating low reynolds number flow in a turbine cascade with incoming wakes [J]. International Journal of Heat and Fluid Flow, 2003，24（4）：626 – 635.

[10] 荆崇波，胡纪滨，鲁毅飞. 车用液力减速器制动性能试验研究 [J]. 汽车技术，2005（12）：27 – 31.

[11] 王峰. 基于流场分析的液力减速器制动性能研究 [D]. 北京：北京理工大学，2007.

[12] 魏巍，李慧渊，邹波，等. 液力减速器制动性能及其两相流分析方法研究 [J]. 北京理工大学学报，2010，30（11）：1281 – 1284，1320.

[13] 王峰，闫清东，马越，等. 基于 CFD 技术的液力减速器性能预测 [J]. 系统仿真学报，2007，19（6）：1390 – 1392，1396.

4 液力元件叶栅系统流固耦合分析

随着液力元件在车辆传动系统，尤其是在高转速大功率车辆上得到越来越广泛的应用，其叶片及叶轮的强度、刚度和可靠性问题越来越突出。早期在分析液力元件结构强度问题时，一般参照水力机械的有限元强度计算方法，由于精确加载比较困难，往往采用近似简化加载的方法[1]。流体压力在计算中一般采用相似计算法或经验公式，将载荷简化为均布压力作用于叶片表面[2]，但这样处理无疑会对计算结果造成一定的偏差，且没有考虑流体与结构之间的耦合作用，尤其对液力缓速器这种在极限制动工况需要传递很大的制动转矩的液力元件，粗略地估算叶片的载荷难以满足对叶片强度分析的精度需求。

近年来，研究人员开始将流固耦合（Fluid - Solid Interaction，FSI）技术应用到液力元件结构强度分析领域。流固耦合是流体力学和固体力学交叉而生成的一门力学分支，研究固体在流场作用下的各种行为以及固体变形或运动对流场的影响。液力元件的实际使用工况和结构特点决定了其强度问题不应限定于单纯的简化加载有限元分析，基于流固耦合技术的液力元件强度分析方法以其精确性和合理性，已成为当前液力元件强度分析的主要方法。而液力元件三维流动设计需要综合考虑结构强度的约束和结构参数的合理取值范围，因此流固耦合分析技术在三维流动优化设计中，尤其是面向轻量化的多学科优化设计中占有极为重要的一环。

本章主要针对液力变矩器进行流固耦合分析研究，由于工程上铸造型叶轮在典型流动载荷作用下对叶片及叶轮的形变量往往可以忽略不计，而冲压焊接型液力元件的形变则相对明显，因此本章针对冲压焊接型式液力变矩器冲压叶轮，分别开展单向和双向流固耦合方法的研究对比，同时分析了其叶片表面拉延筋对叶轮刚、强度和性能的影响规律。

4.1 液力元件流固耦合分析特点

4.1.1 冲压叶轮结构形式

与铸造型叶轮不同，在车用液力变矩器中大规模使用的冲压焊接型叶轮，在选择采用不同厚度钣金材料时，面临流场载荷对叶轮充液后叶轮整体变形的现实问题。以某冲压焊接型液力变矩器涡轮为例，其结构具有典型的空间圆周循环布置的弯曲复杂流道的特征，叶片与内、外环之间为折边穿过内外环上的插接孔，然后折弯固定连接，并在叶片与内外环的拼接处局部焊接，如图4.1所示。

在讨论单向与双向流固耦合问题时，为节省分析计算成本，往往将模型做适当简化，如图4.1中A所示进行定性分析；而在进行细节变形分析时，再采用接近实际结构的模型B，开展折边与内外环的接触问题分析。考虑到计算量与叶轮结构循环对称的特点，对叶片数目为 Z 的叶轮，建立 $1/Z$ 周期单流道模型计算，然后循环拓展得到整个叶轮结构的应力与变形情况。

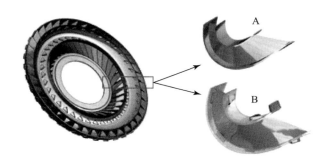

图4.1 涡轮结构单流道简化（A）与非简化（B）模型示意图

流固耦合方法对于流体与固体的交界耦合面重合度有着较高的要求，以确保计算数据在耦合面间的有效传递。耦合面重合度越高，计算过程越容易收敛，性能计算结果也就越精确。由于目前对叶轮流道内流场分析计算时主要采用周期模型，因此流道内油液与结构应同步划分周期模型并保持周期边界一致，以此保证结构的流固耦合面与油液流体的流固耦合面有较高的重合度。

4.1.2 流固耦合控制方程

流固耦合问题的求解，是通过建立控制方程的通用形式，结合给定参数、初始条件与边界条件统一求解。目前主要的求解方法有两种，一种是直接耦合式解法，另一种是分离解法。

直接耦合式解法把流固耦合的流体与固体的控制方程在同一矩阵内求解，如下式：

$$\boldsymbol{F}(\boldsymbol{x}) = \begin{bmatrix} F_{\mathrm{f}}[\boldsymbol{x}_{\mathrm{f}}, d_{\mathrm{s}}(\boldsymbol{x}_{\mathrm{s}})] \\ F_{\mathrm{s}}[\boldsymbol{x}_{\mathrm{s}}, \tau_{\mathrm{f}}(\boldsymbol{x}_{\mathrm{f}})] \end{bmatrix} \qquad (4-1)$$

式中，下标 f 表示流体，s 表示固体；$\boldsymbol{x}_{\mathrm{f}}$ 为流体方程待求向量；$\boldsymbol{x}_{\mathrm{s}}$ 为结构方程待求向量；F_{f} 为流体控制方程，即第 3 章提及的 N – S 方程和连续性方程；F_{s} 为结构控制方程，即基于有限元法的结构运动方程。其基本形式为 $\boldsymbol{M}_{\mathrm{s}}\ddot{r} + \boldsymbol{C}_{\mathrm{s}}\dot{r} + \boldsymbol{K}_{\mathrm{s}}\gamma = \boldsymbol{Q}_{\mathrm{s}}$，其中 r 为位移矢量，$\boldsymbol{M}_{\mathrm{s}}$ 为结构质量矩阵，$\boldsymbol{C}_{\mathrm{s}}$ 为阻尼矩阵，$\boldsymbol{K}_{\mathrm{s}}$ 为刚度矩阵，$\boldsymbol{Q}_{\mathrm{s}}$ 为外界载荷激励[3,4]。同步求解流体与结构的控制方程虽然在理论上较为理想，但由于同步求解的收敛难度较大且计算量大，目前并不适合计算规模较大的工程问题。

分离解法不需要同时求解流体与结构的控制方程，而是按设定顺序在不同求解器中分别求解流体控制方程与结构控制方程，并通过流固耦合面把流体域和结构域的计算结果数据相互传递，依次求解直到流体与结构都收敛得到最终结果，即在流体中求解 $x_{\mathrm{f},i}$，且在流体方程中包含结构位移变量 $d_{\mathrm{s},i}$：

$$F_{\mathrm{f}}[x_{\mathrm{f},i}, d_{\mathrm{s},i}] = 0 \qquad (4-2)$$

在结构方程中求解 $x_{\mathrm{s},j}$，且在结构方程中包含流体应力变量 $\tau_{\mathrm{s},j}$：

$$F_{\mathrm{s}}[x_{\mathrm{s},j}, \tau_{\mathrm{s},j}] = 0 \qquad (4-3)$$

这种计算方法虽然有时间滞后性和耦合面上能量不完全守恒等缺点，但其可以最大限度地利用已有的流体力学和固体力学的计算方法与程序，并使计算量减少，适合求解实际大规模工程问题。

4.1.3 流固耦合面数据传递及其分析特点

流固耦合中的数据传递是指将流体计算结果和固体结构计算结果通过流固耦合面相互传递。但是由于流体与结构的求解要求不同，两者的网格无法一一完全对应，因此需要数据传递前的插值运算。用 C_{fs}、C_{sf} 表示流体与结构之间的映射，则有

$$\begin{cases} C_{\mathrm{fs}}: \{x_{\mathrm{f},i} \,|\, i \in F\} \ \Rightarrow \ \{x'_{\mathrm{s},j} \,|\, j \in S\} \\ C_{\mathrm{sf}}: \{x_{\mathrm{s},j} \,|\, j \in S\} \ \Rightarrow \ \{x'_{\mathrm{f},i} \,|\, i \in F\} \end{cases} \qquad (4-4)$$

式中，$x_{\mathrm{f},i}$ 为流体节点上的物理量；$x'_{\mathrm{s},j}$ 为流固耦合面上结构插值传递后的物理量；$x_{\mathrm{s},j}$ 为结构节点上的物理量；$x'_{\mathrm{f},i}$ 为流体节点上差值传递后的物理量。

流固耦合同时遵循最基本的守恒原则，在流固耦合面处满足方程：

$$\begin{cases} \boldsymbol{\sigma}_{\mathrm{f}} \cdot \boldsymbol{n}_{\mathrm{f}} = \boldsymbol{\sigma}_{\mathrm{s}} \cdot \boldsymbol{n}_{\mathrm{s}} \\ d_{\mathrm{f}} = d_{\mathrm{s}} \end{cases} \qquad (4-5)$$

式中，σ_{f} 为流体节点上的应力；σ_{s} 为结构节点上的应力；$\boldsymbol{n}$ 为流固耦合面法向矢量；d_{f} 为流固耦合面上流体的位移；d_{s} 为流固耦合面上结构的位移。

接触问题属于不定边界非线性问题，其中既有由接触面积变化而产生的非线性因素，又有由接触压力分布变化而产生的非线性因素，以及由摩擦作用产生的非线性因素。

两个互相接触的物体，随着其载荷大小的不同，无论是接触面积还是接触压力分布，都会发生显著的变化，即随着载荷增大，法向接触压力分布的变化是非线性的，而其切向压力分布由于摩擦作用将会更加复杂。由于这种表面非线性和边界的不定性，接触问题的求解是一个典型的、反复迭代交互的问题。

如图 4.2 所示，其区分区域分别用 Ω_1 和 Ω_2 表示（$\Omega = \Omega_1 + \Omega_2$），定义结构力学的边界为 $S^{(a)} = S_p^{(a)} + S_u^{(a)} + S_c^{(a)}$，其中 $a = 1$，2，分别表示两个接触物体，而 $S_p^{(a)}$ 表示指定力边界、$S_u^{(a)}$ 表示指定位移边界、$S_c^{(a)}$ 表示可接触边界。δ 表示接触体的初始间隙，负值表示过盈。令 $P_c = \{P_t, P_n\}^{\mathrm{T}}$ 表示接触面上的压力。接触面局部坐标系用 $o-t-n$ 表示，则接触的状态三类特征行为可以表示为：

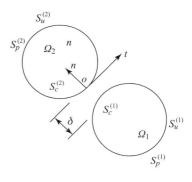

图 4.2　接触示意图

（1）分离状态：

$$\mathrm{d}u_n^{(1)} - \mathrm{d}u_n^{(2)} + \delta = 0,\ P_n < 0 \qquad (4-6)$$

（2）粘连状态：

$$\mathrm{d}u_n^{(1)} - \mathrm{d}u_n^{(2)} + \delta = 0,\ P_n < 0 \qquad (4-7)$$

$$|\mathrm{d}u_n^{(1)} - \mathrm{d}u_n^{(2)}| = 0,\ |P_t| < -\mu P_n \qquad (4-8)$$

（3）滑动状态：

$$\mathrm{d}u_n^{(1)} - \mathrm{d}u_n^{(2)} + \delta = 0, \ P_n < 0 \tag{4-9}$$

$$|\mathrm{d}u_n^{(1)} - \mathrm{d}u_n^{(2)}| > 0, \ |P_t| = -\mu P_n \tag{4-10}$$

式中，$\mathrm{d}u_t^{(a)}$ 为接触面切向增量位移；$\mathrm{d}u_n^{(a)}$ 为法向增量位移；P_t 为切向力；P_n 为法向力；μ 为流固耦合中的数据传递系数，是指将流体计算结果和固体结构计算结果通过流固耦合面相互传递的程度。

流体与结构的求解网格并不重合，需要在流体和结构两套网格数据间传递数据插值运算，这个数据传递过程主要包括单元匹配和插值计算[5]。本书采用桶式搜索匹配算法（Bucket Mapping）与保形插值法（Profile Preserving）（图4.3）在流体与结构间进行数据传输，利用桶式算法划分源网格到一个桶空间中，而这个桶空

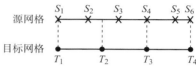

图 4.3 保形插值法

间就是网格中的一组单元，并以此计算源网格与目标网格间的匹配权重系数。

在保形插值法中，为保证目标网格节点 T_i 与源网格节点 S_i 间的数据传递，由 S_i 在源网格面进行插值。传递数据为

$$f_{\tau_i} = \sum_{i=1}^{n} w_i f_{s_i} \tag{4-11}$$

式中，n 为源网格桶内的节点数；w_i 为匹配权重系数；f_{τ_i} 为目标网格节点接收到的变量值；f_{s_i} 为源网格节点上的变量值。此耦合求解方法通过分别求解流场与结构方程，可以使流场分析与结构变形的计算同时进行，提高计算效率。

4.2 简化模型流固耦合分析

4.2.1 单向流固耦合分析

为考虑单向和双向流固耦合方法对性能计算结果影响的差异，下面针对不考虑细节拉延筋和叶片与内外环折边连接结构的叶轮简化模型，根据不同的流固耦合分析流程，对两种方法的差异和影响进行对比[6]。

单向流固耦合本质上为结构静力学问题，流场数值计算结果和叶栅结构的有限元结构强度分析计算在时间上是两个相互独立的过程。由 CFD 流场计算所得对应工况下的流体压力载荷作用在叶轮结构的流固耦合面，通过网格插值映射转化为相应的结构载荷，施加到叶栅结构有限元模型，进行叶栅结构的静力学有限元计算。分析流程如图4.4所示。

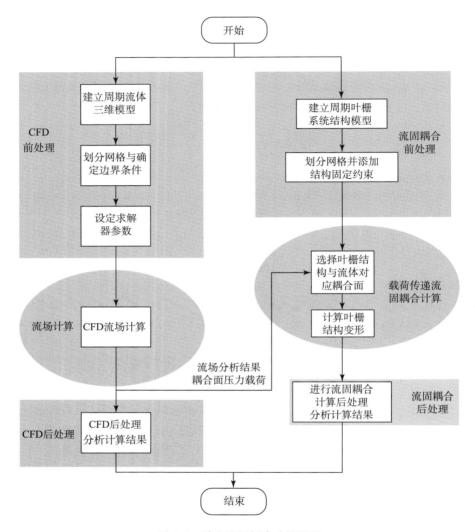

图 4.4　单向流固耦合分析流程

　　为使计算更接近变矩器的实际工作情况，在计算时需要为泵轮与涡轮施加必要的约束（图 4.5）。变矩器的泵轮与泵轮毂为焊接连接，而泵轮毂刚度较大，假设在工作中的变形量可以忽略，则将泵轮与泵轮毂连接处定为固定约束。泵轮同时与罩壳通过螺栓连接，罩壳结构刚性较大，在工作时视为变形量可以忽略，所以对泵轮外环与罩壳连接处施加轴向位移为 0 的位移约束。

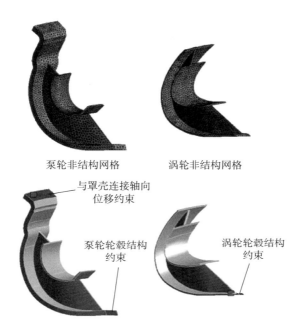

泵轮非结构网格   涡轮非结构网格

与罩壳连接轴向
位移约束

泵轮轮毂结构
约束

涡轮轮毂结构
约束

图 4.5　液力变矩器泵轮与涡轮叶轮网格划分和边界约束

涡轮毂与轴相配合且刚度较大，轴向由轴承约束，认为其在工作中的变形可以忽略。涡轮与涡轮毂之间为铆钉铆接，认为在连接处变形为 0。涡轮与涡轮毂连接处施加固定约束，约束后涡轮相当于"悬臂"结构。叶轮结构示意图如图 4.6 所示。

泵轮转速取最大转速为 1 200 r/min。液力变矩器传动比为 $i = n_T/n_P$，其中 n_T 为涡轮转速，n_P 为泵轮转速，速比 i 代表了相同泵轮转速下的不同工况。在各速比工况下涡轮转速分别为：0（$i = 0$），120 r/min（$i = 0.1$），240 r/min（$i = 0.2$），…，960 r/min

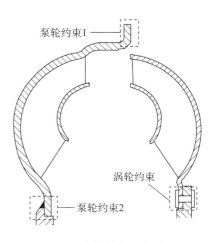

图 4.6　叶轮结构示意图

（$i = 0.8$）。$i = 0.8$ 以后认为变矩器进入偶合器工况，本书不考虑此情况。冲压叶轮钢板材料为 08 号碳素结构钢，密度为 7 850 kg/m³，杨氏模量为 206 GPa，泊松比为 0.3，屈服强度为 195 MPa，抗拉强度为 325 MPa。泵轮外环钢板厚度为 5 mm，泵轮叶片、泵轮内环和涡轮钢板厚度均为 2 mm。本节中叶轮结构模型取与流场接触的外环、叶片、内环为流固耦合面，计算结果如

图 4.7 所示。

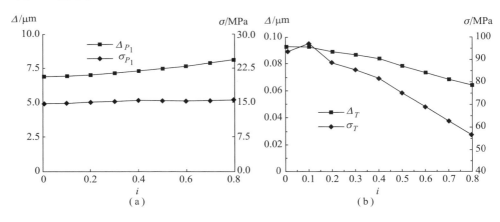

图 4.7　泵轮与涡轮最大变形量和最大等效应力图

(a) 泵轮；(b) 涡轮

　　取最大变形量 Δ 与最大等效应力 σ 两个极限值作为评价标准，来估量变矩器的变形以及强度校核效果。可见，在转速不变的情况下，泵轮的最大变形量与最大等效应力在各个工况下变化较小，这是因为泵轮旋转所产生的离心应力由于转速不变而没有明显变化，维持在一个相对稳定的程度，而由于油液吸收了泵轮传递的部分机械能，导致泵轮的变形量较空转时有所减小。

　　与泵轮相比，在变矩器涡轮发生变形较大，这与其"悬臂"结构形式有关。最大等效应力在起动工况下有较大值，随后随速比的升高而逐渐降低，二者有相同的变化趋势。随着速比的升高，涡轮转矩逐渐下降，流体作用在耦合面上的压力逐渐降低，最大变形量与最大等效应力也逐渐降低。涡轮所受离心应力随涡轮转速的升高而升高，在本算例中，$i = 0.8$ 工况时离心应力达到最大。离心应力与流体压力载荷相比，其对涡轮的变形量与应力影响偏小。

4.2.2　双向流固耦合分析

　　双向流固耦合计算中，由 CFD 流场计算所得对应工况下的流体压力载荷，将其作用于叶轮结构的流固耦合面上，通过网格插值映射转化为相应的结构载荷，并作用于叶栅结构有限元模型上，进行叶栅结构的静力学有限元计算；再将计算出的变形量传递给流体网格，使流体以变化后的网格继续进行流场计算[6]。

双向流固耦合分析由于考虑了流体与固体的相互作用，所以较单向流固耦合分析更接近真实的工作情况，分析流程如图 4.8 所示。在双向流固耦合求解过程中，流体计算与结构计算顺序迭代进行。液力变矩器双向流固耦合分析时流场计算先开始，然后两者顺序迭代计算。流场计算与结构计算具有相同的计算步长，在每一个迭代计算步内，流体将计算出的流体压力载荷传递给结构，由结构有限元计算出变形量并传递给流场，继续迭代计算直到流场参数及固体变形量满足收敛准则。

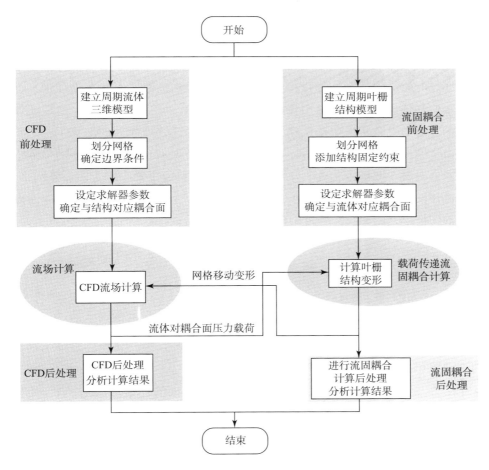

图 4.8　双向流固耦合计算流程

单向流固耦合是在耦合计算方面对流固耦合计算进行简化，即流体载荷单向单次作用于结构，而未考虑结构变形对流场的影响，理论上无法完整分析出结构在耦合时间内的工作特性；而周期流道是从计算量的方面对流固耦合进行简化，只计算单个叶片与流道结构，由于叶轮约束的简化，无法计算出完整结构的变形与应力分布。

为解决这一问题，本节以某叶轮为例建立了由内环、外环与叶片组成的全流道完整冲焊型叶轮模型，这里将铸造型导轮视为刚体，采用基于弹簧光顺动[7~9]网格模型的瞬态双向流固耦合技术，分析叶轮变形与应力分布。双向瞬态流固耦合能够计算叶轮内部流动状态与结构间的交互响应，为冲焊型液力变矩器结构强度校核与多学科优化设计提供理论依据。在开展液力元件双向瞬态流固耦合分析时，需要解决的关键技术问题有处理网络动态更新的动网格技术以及质量判断、叶轮在瞬态流固耦合分析时的应力分布、压力脉动分析方法。

1. 动网格技术与网格质量判断

冲焊叶轮流固耦合计算过程中，叶栅结构受到油液压力载荷而变形，并将变形位移传递给流场计算中流体的流固耦合面，导致网格变形。实现流体网格的变形与更新所采用动网格技术，可以在保证计算收敛的前提下，防止发生由于网格变形而导致网格体积为负的负网格现象。由于四面体网格较六面体网格更易于网格运动更新，所以动网格技术目前主要应用于四面体网格。判断流体网格是否发生负网格现象的主要依据为计算网格的正则性，即通过下式的网格单元的面与体向量的计算判定正则性：

$$Q_1 = \frac{A_i \cdot f_i}{|A_i| \cdot |f_i|} \tag{4-12}$$

$$Q_2 = \frac{A_i \cdot c_i}{|A_i| \cdot |c_i|} \tag{4-13}$$

式中，A_i 为单元的面向量；f_i 为网格单元中心到面中心向量；c_i 为网格单元中心到邻近网格单元中心向量；Q_1，Q_2 为归一化的点乘，分别代表单元本身的正则性和邻近单元的正则性。合理的 Q_i 值为 0~1，1 为网格单元质量最好，0 为最差，小于 0 则为负网格。取四面体单元每一面的计算结果最小值，作为当前网格单元的正则值，用以判断网格质量。冲焊型液力变矩器流固耦合计算为保证计算收敛准确性，应保证单元正则值高于 0.3。

动网格计算中网格的运动更新过程可以用多种模型计算。针对冲焊型液力变矩器流固耦合计算中流体网格的运动更新，在保证计算收敛和较少计算消耗时间的前提下，选择弹簧光顺模型。在弹簧光顺模型中，假设网格单元的边为连接节点的弹簧，以节点的位移为输入，依据弹簧胡克定律，经过迭代计算可以得到使各节点上的合力等于零的新网格节点位置。

$$F_i = \sum_j^{n_i} k_{ij}(\Delta x_j - \Delta x_i) \qquad (4-14)$$

式中，Δx_i，Δx_j 为节点 i 与其邻近节点 j 的位移；n_i 为节点 i 所连接的节点数；k_{ij} 为节点 i 与相邻节点 j 之间的弹簧常数。

$$k_{ij} = \frac{1}{\sqrt{|x_i - x_j|}} \qquad (4-15)$$

在平衡状态，作用在节点上的合力为 0，其迭代式为

$$\Delta x_i^{m+1} = \frac{\sum_j^{n_i} k_{ij} \Delta x_j^m}{\sum_j^{n_i} k_{ij}} \qquad (4-16)$$

对所有内部网格内信息扫掠更新，收敛后获得网格更新位置：

$$x_i^{n+1} = x_i^n + \Delta x_i^m$$

流固耦合计算为全流道模型，流场采用非结构网格划分流场网格，网格总数为 183 万单元。流场模型取与结构对应的流固耦合面，流场不同叶轮之间为数据交互面，通过插值实现数据交互。

瞬态流固耦合计算步长应能满足瞬态流场计算需要，并能充分反映出结构的响应，步长估计计算公式为

$$\Delta t = \frac{1}{f_1} \qquad (4-17)$$

式中，Δt 为计算步长；f_1 为叶轮一阶模态。

2. 变矩器叶轮结构应力与分布

在起动工况下，叶轮变形量分布如图 4.9 所示。图中点 1 为起动工况速比 $SR = 0$（$n_P = 1\,200$ r/min，$n_T = 0$ r/min）时的最大变形位置；点 2 为速比 $SR = 0.8$（$n_P = 1\,200$ r/min，$n_T = 960$ r/min）时的最大变形位置。

由于涡轮受来自泵轮高流速油液的冲击，其最大变形发生在流道入口叶片与叶轮外环连接处；涡轮外环与涡轮毂为铆接，认为涡轮毂为刚性零件，不发生变形，变形量随着涡轮径向尺寸逐渐升高。涡轮变形对叶片的影响主要集中在叶片入口处。由于结构形式与约束条件不同，泵轮的变形量分布与涡轮有明显区别，泵轮的最大变形区域主要位于叶片与内环的连接处。变形总体分布为沿着径向尺寸升高后降低，泵轮外环外缘与视为刚体的罩壳连接，外环内缘与视为刚体的泵轮毂焊接固连，两处位置忽略变形。可见泵轮变形

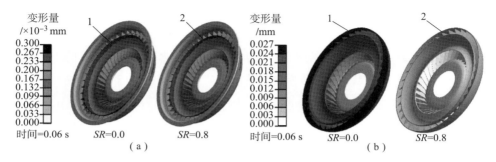

图4.9 泵轮与涡轮变形分布

（a）泵轮；（b）涡轮

主要发生在叶片出口处，入口变形较小。

为表征最大变形与最大等效应力在固定速比下总计算时间内的均值与波动幅值，采集每一计算步长的样本值，计算最大变形量与最大等效应力的均方根值（RMS）和均方根误差（RMSE）。X_{RMS} 为总计算时间内的计算均值，RMSE 为变量在计算时间内的波动幅值，N 为计算总步数。

$$X_{RMS} = \sqrt{\frac{\sum_{m=1}^{N} X_m^2}{N}} \tag{4-18}$$

$$RMSE = \sqrt{\frac{\sum_{m=1}^{N} (X_{RMS} - X_m)^2}{N}} \tag{4-19}$$

变矩器涡轮与泵轮双向流固耦合计算最大变形量及其波动幅值如图4.10

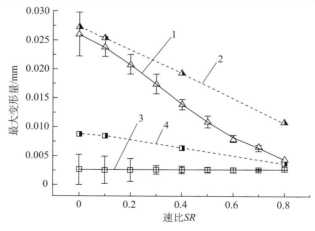

图4.10 叶轮最大变形量与波动幅值

中曲线 1、3 所示，曲线 2、4 为涡轮与泵轮单向流固耦合计算最大变形量值。结果显示，叶轮的变形量随时间波动而不是单向流固耦合的常数值，两种计算方法的结构变形量随速比的变化趋势一致。涡轮在速比 $SR=0$ 下产生最大变形，最大变形量接近于叶片厚度的 1.3%，涡轮转速升高到 $SR=0.8$ 偶合工况点时变形量最小；由于油液的压力脉动现象，变形量随时间存在微小的波动。随着速比升高，叶片所受到的油液载荷下降，涡轮的变形量与变形波动幅值下降，和涡轮转速变化呈反比趋势。泵轮叶轮外环结构较厚，受载荷作用影响较小，变形主要由叶轮自身离心力载荷造成；涡轮转速的升高影响了泵轮最大变形量的波动幅值，随速比升高波动值降低。

图 4.11 中点 1 为叶轮起动工况速比 $SR=0$ 时的最大应力位置；点 2 为速比 $SR=0.8$ 时最大应力位置。在起动工况下，涡轮最大等效应力集中于叶轮外环与涡轮毂连接附近的冲压圆弧处。由于涡轮的"悬臂"结构，叶轮在与涡轮毂连接的圆弧处钢板内部相互挤压出现应力集中。在内环和叶片出口也有较高应力，外环入口处应力最低。随着速比升高，其应力值下降并且应力区域沿径向缩小。泵轮在叶栅区域整体应力分布较均匀，仅在叶片的入、出口与外环交界处小范围出现应力集中。

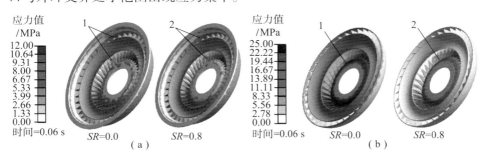

图 4.11 泵轮与涡轮应力分布
(a) 泵轮；(b) 涡轮

图 4.12 中曲线 1 和 3 所示为涡轮与泵轮在双向流固耦合计算中最大等效应力值及其波动幅值。曲线 2 和 4 分别为涡轮与泵轮单向流固耦合计算最大等效应力值。

其中涡轮最大应力值出现在速比 $SR=0$ 起动工况，泵轮的平均最大应力值在 10.5 MPa 附近波动，且其值受涡轮转速的变化影响较小。泵轮应力波动幅值随着涡轮转速升高而减小，其应力波动幅值始终在 0.02 MPa 以下。两种耦合方法的应力值随速比的变化趋势一致。应力与应力波动幅值的趋势和变形量的趋势相同，即应力值与其波动幅值和涡轮转速呈反比趋势。

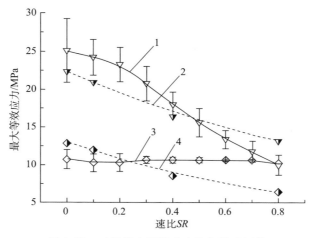

图 4.12   叶轮最大等效应力值与波动幅值

采用弹簧光顺模型动网格技术可实现冲焊型液力变矩器全流道瞬态双向流固耦合计算，通过网格变形保证计算收敛。流固耦合计算原始特性与试验数据误差在满足要求范围内，验证了流固耦合分析在流场计算结果的合理性。通过全流道双向瞬态流固耦合分析，得到叶轮整体变形与应力分布位置。给定速比工况下冲焊叶轮的变形量与应力值不是单向流固耦合计算所得的常数值，而是随时间产生小幅度波动。本算例冲焊涡轮最大变形量约为叶片厚度（2 mm）的 1.3%，泵轮变形较小。涡轮主要由于油液冲击发生变形，而泵轮的变形因素主要为自身离心力。涡轮与泵轮约束形式不同，涡轮在叶轮外环与涡轮毂连接处产生应力集中，泵轮应力分布较为均匀。冲焊涡轮所受变形与应力及其波动幅值随涡轮速比 i 的升高而降低。最大变形量与最大等效应力有一致性。

3. 液力变矩器流固耦合压力脉动分析

液力变矩器是一种广泛应用于传动领域的液力元件，其叶轮内部流场压力脉动是引起叶轮工作不稳定的主要因素之一。变矩器内流动复杂，尤其在起动工况时泵轮、涡轮较大的转速差引起的非定常流动现象较为明显。结合流固耦合方法分析压力脉动与叶轮振动的内在联系目前尚未开展研究[10]。

本节采用流固耦合计算方法，耦合计算单位时间步内流场特性与结构特性，考虑了冲焊型液力变矩器叶轮振动变形对流场的影响。采用动态网格保证叶轮振动变形时结构与流体交界面网格数据传递。通过该方法能够分析研究叶轮在更接近实际工作情况下的时域与频域载荷脉动激励和叶片振动响应的内在联系，为进一步分析油液非定常流动状态和疲劳失效提供理论依据。

液力变矩器实际工作中叶片所受载荷是工作面与背面的压力差：

$$\Delta P = P_{p} - P_{s} \qquad (4-20)$$

式中，P_{p} 为叶片工作面监测点所受压力；P_{s} 为背面监测点所受压力；ΔP 为该监测点叶片载荷。

为分析叶片压力载荷脉动，仿真计算中在叶片表面设置监测压力载荷值与振动幅值的监测点，根据监测位置的不同，监测点主要分为两部分（图 4.13）。

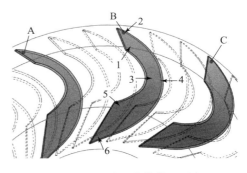

图 4.13　叶片压力载荷监测点

第一部分为叶片监测点，点 1～6 为 6 组监测点，每一组两个监测点分别位于叶片压力面与吸力面，且两点共处于同一表面法向量。两点压力差为该点压力面沿其曲面法向作用的压力载荷，下面用"点"来代表监测点组。上述监测点可以得到计算总时长中沿叶片方向从入口到出口压力载荷变化，以此分析其压力载荷波动及对应位置叶片的振动。

第二部分为叶轮圆周监测点，叶片压力面上监测点 A 与 C 在点 2 两侧均布，监测点 B 与点 2 重合。此监测点可以得到在计算总时长中叶片入口处压力载荷沿叶轮圆周方向变化，以此分析叶轮周向压力载荷波动。

为表征叶轮整体变形趋势，图 4.14 为不同工况速比下总计算时间内的最大变形量的均方根值（RMS）。T_{R} 为涡轮最大变形量均方根值；P_{R} 为泵轮最大变形量均方根值。可见，随速比升高即涡轮转速升高，涡轮的变形量明显下降，而泵轮变形量较小，故本节主要以涡轮为分析对象。

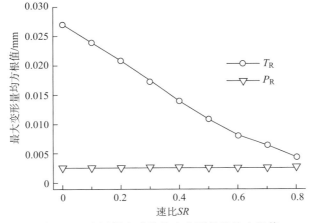

图 4.14　流固耦合叶轮最大变形量的均方根值

1）涡轮时域周向压力载荷脉动

对比起动工况与高效率工况下涡轮周向监测点压力载荷时域脉动幅值，起动工况时速比 $i=0$，叶轮负荷较高；高效工况时 $i=0.7$，样机效率达到最高。速比 $i=0.8$ 时变矩比为 1，液力变矩器进入偶合器工况。选取起动工况（$i=0$）与高效工况（$i=0.7$）作为分析对象工况，研究非闭锁工况下，各监测点压力脉动随涡轮转速即工况变化的趋势和特点。起动工况，$i=0$ 时，3 个监测点在压力载荷脉动幅值基本相同，如图 4.15（a）所示。高效工况 $i=0.7$ 时，3 个监测点压力载荷脉动幅值均有明显下降，如图 4.15（b）所示。

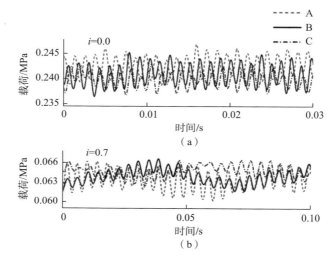

图 4.15　不同工况速比叶轮周向压力载荷脉动

（a）$i=0$ 工况；（b）$i=0.7$ 工况

由以上分析可知，起动工况速比下各监测点压力载荷脉动幅值基本相同；随工况速比升高，泵轮与涡轮之间转速差缩小，涡轮受泵轮出口油液冲击效应减弱，压力载荷脉动幅值随之减小。由于周向各监测点载荷脉动幅值差别较小，故可根据单叶片来表征全部叶片的载荷脉动与振动响应。

以载荷脉动为激励的叶片振动响应如图 4.16、图 4.17 所示，压力载荷如图 4.16 所示，监测点 1 与点 2 处于涡轮叶片入口处，载荷波动较高；点 2 为叶片与外环连接处，所受冲击最大；点 3 与点 4 位于叶片中段，受油液冲击较小；点 5 与点 6 位于涡轮叶片出口处，载荷与波动幅值均较小。叶片变形响应如图 4.17 所示，点 1 与点 2 处振动幅值较高，其他位置振动幅值沿叶片入口到出口逐渐衰减。出口处监测点 6 振动幅值已减弱，下降约 81.5%。振动响应变化趋势与叶片载荷变化趋势相同，振动幅值与载荷脉动幅值沿叶片入口到出口逐渐衰减。如图 4.18 和图 4.19 所示，工况速比 $i = 0.7$ 下压力载荷脉动明显减弱，各点变形响应也随载荷脉动的减弱而减弱。

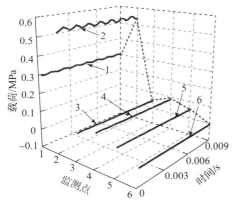

图 4.16　工况 $i = 0$ 叶片压力载荷

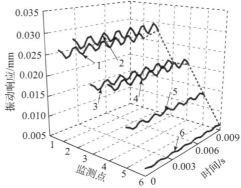

图 4.17　工况 $i = 0$ 叶片变形响应

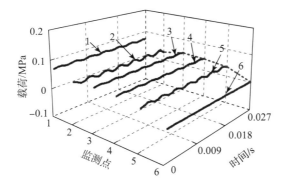

图 4.18　工况 $i = 0.7$ 叶片压力载荷

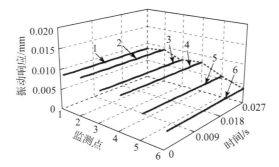

图 4.19　工况 $i = 0.7$ 叶片变形响应

图 4.20 表示时域下工况变化对监测点 2 的载荷脉动与涡轮振动的影响，P_{max} 为压力载荷峰值；$A_{P_{max}}$ 为最大载荷脉动幅值；S_{max} 为叶轮振动峰值；$A_{S_{max}}$ 为叶轮振幅。根据以上分析可知，由于油液的冲击，涡轮叶片所受压力载荷脉动幅值最高位置为叶片入口与外环连接处，压力载荷脉动沿叶片入口到出口逐渐减弱；同时以载荷作为激励，叶片振动幅值随之减弱。随着工况变化，速比升高，泵轮与涡轮间转速差逐渐缩小，载荷脉动幅值与叶片变形响应明显减弱。

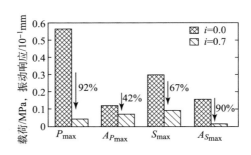

图 4.20　工况变化对监测点 2 的载荷脉动与叶轮振动时域影响

2）涡轮频域周向压力载荷脉动

为分析压力载荷脉动与涡轮的振动关系，研究两者在频域内的激励与响应的关系，需要计算涡轮振动模态。表 4.1 为与流固耦合计算采用相同结构设定计算的涡轮前 5 阶模态。

表 4.1　涡轮前 5 阶模态

阶数	1	2	3	4	5
频率/Hz	646.4	648.3	891.8	1 082.1	1 084.9

对压力脉动载荷采用快速傅里叶方法（FFT）进行频域转换，得到叶轮载荷脉动的频率特性。各点在不同工况时的压力载荷脉动频域特性[10~11] 如图 4.21 和图 4.22 所示。

起动工况 $i=0$ 下各个监测点频率相位一致，约为 820 Hz，最高脉动幅值频率 820 Hz 位于叶轮第 2 阶与第 3 阶模态之间。其中监测点 2 载荷脉动频域幅值最高为 9.96 kPa，监测点 1 的幅值为 3.89 kPa，其余各点脉动频域幅值较低。当速比升高到 $i=0.7$ 工况时，可见各个监测点载荷脉动峰值相位虽较接近，入口处点 1 与点 2 频率相位前移至 740 Hz，靠近叶轮第 2 阶模态，但由于叶轮间转速差减小，监测点 1 与点 2 的脉动峰值明显减弱。由频域分析可

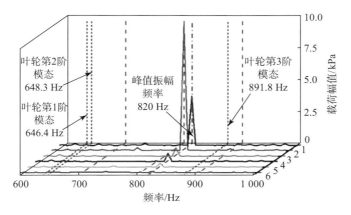

图 4.21　工况 $i = 0$ 各监测点压力载荷脉动频域

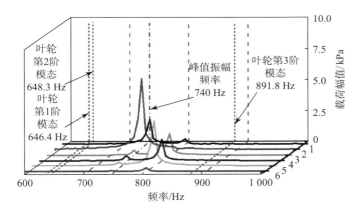

图 4.22　工况 $i = 0.7$ 各监测点压力载荷脉动频域

知，油液载荷峰值振幅频域在叶轮 2 ~ 3 阶模态之间是叶轮振动的主要原因，随涡轮转速升高，涡轮载荷峰值频率降低且载荷幅值下降。

通过对简化模型（即不考虑细节拉延筋和叶片与内外环折边连接结构）的单向及双向流固耦合两种分析方法的对比，可以得到如下结论：

（1）通过单向与双向流固耦合计算，分析两种方法下三维流场计算结果。由于双向流固耦合考虑了结构与流场的相互影响，故更符合变矩器实际工作情况。

（2）计算出各个工况下泵轮与涡轮的变形量和等效应力的数值及作用位置。泵轮变形量较小，涡轮变形量较大，并且变形量与应力值都随着速比的升高而降低。

（3）结构对流体的影响主要体现在叶轮变形对变矩比与泵轮转矩系数的

影响。双向流固耦合计算时，流场分析考虑结构变形后，由于流道结构变化对油液流动入出口角的影响，导致与不考虑结构影响的条件下所得结果相比，泵轮转矩系数升高，变矩比下降。

（4）综合考虑实际强度分析要求，单向流固耦合计算量小，且较双向流固耦合相比有一定的强度裕度。为防止因材料的缺点、工作的偏差、外载荷的突增等因素所引起的后果，单向流固耦合分析可以满足强度校核的需要。

4.3　非简化模型流固耦合分析

4.3.1　折边结构对性能的影响

1. 冲焊型液力元件折边结构特征

冲焊型液力变矩器内环、外环、叶片为等厚钢材钣金冲压而成，目前三者的主要连接方式有两种：一种是焊接方式，一种是折边插接方式。焊接式冲压液力变矩器：叶片与内环、外环采用直接焊接的方式连接，连接强度与焊点的位置、焊接的效果有关。折边插接式冲压液力变矩器：叶片在冲压成型时留有与内、外环拼插用的折边，内、外环对应叶片折边位置留有拼插孔，装配时叶片与内、外环同时拼插在一起，然后将叶片折边折弯，与内、外环拼接，依靠机构保证变矩器叶栅系统结构的装配固定。

本节以某型号冲焊型液力变矩器为例，其泵轮有 41 个叶片，叶片与内环采用两折边固定，叶片与外环间通过插槽焊接固定，具体结构形式如图 4.23 所示；涡轮有 37 个叶片，叶片与内环采用两折边固定，叶片与外环采用四折边固定，如图 4.24 所示。其导轮为铸造成型，这里主要讨论钣金冲压叶栅系

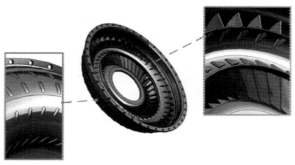

图 4.23　Y430 泵轮叶栅系统结构示意图

图 4.24 某涡轮叶栅系统结构示意图

统结构的流固耦合仿真计算，故对导轮不做讨论。

冲焊型液力变矩器泵轮与涡轮叶栅系统非简化结构由三部分装配而成：叶片通过边缘伸出的折边弯曲与内、外环固定，叶片与内、外环之间存在接触问题，具体接触位置如图 4.25 所示。

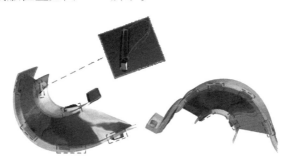

图 4.25 泵轮与涡轮叶片内、外环装配接触示意图

变矩器泵轮叶片与内、外环间共存在 6 个接触对，涡轮叶片与内、外环间也存在 6 个接触对。由于叶片与内、外环在变矩器工作时同时存在着变形，所以将接触形式选择为柔性接触。

以涡轮叶片与内环第一连接折边为例，可知折边与内环孔壁为面面接触，且由于折边与内环孔壁相对移动较小，所以假设为绑定接触。接触对"目标面"与"接触面"的选择需要考虑接触对之间两实体的接触面积，由于装配工艺需要，内、外环上的孔壁面积要大于与其接触的叶片折边的面积，所以选择叶片折边为接触面，选择内、外环上孔壁为目标面。

对于接触刚度的选择，需要考虑叶片折边与内、外环固定折边孔壁之间的互相穿透。在数学计算上为保持计算平衡，接触对之间要有一定的相互穿透值。但叶片与内、外环孔之间实际是没有相互穿透的，所以小的穿透值计算精度高，接触刚度应该大。但太大的接触刚度会产生收敛困难，模型可能会振荡，导致接触表面互相跳开。因此在保证收敛的前提下，应尽量提高接触刚度。经多次计算，选择设定接触刚度为 1。接触计算方程选择增强拉格朗日法（Augmented Lagrange），增强拉格朗日法是为了找到精确的拉格朗日乘子而对罚函数修正项进行反复迭代，与罚函数的方法相比，拉格朗日法不易引起病态条件，对接触刚度的灵敏度较小，适于本书中的接触计算。

2. 考虑折边结构泵轮流固耦合计算结果

图 4.26 考虑折边的装配体泵轮单向流固耦合计算结果中，Δ_P 为考虑折边的装配体泵轮单向流固耦合计算所得最大变形量，σ_P 为其最大等效应力。由各个工况下泵轮流固耦合分析结果可知，泵轮叶栅系统结构的变形量较小。本算例中变矩器为向心式三元件液力变矩器，泵轮与泵轮毂为焊接而成，假设变形量最小为 0，沿泵轮径向变形量逐渐增大。泵轮出口处油液压力较大，由于泵轮出口处叶片与内、外环无接触固定，所以受油液冲击后变形较大。随着速比的升高，泵轮的最大变形量变化较小，泵轮最大应力没有发生明显变化。应力较大值主要集中在外环靠近泵轮轮毂处及叶片与内、外环连接处。由于采用拼插式连接，故应力主要集中在叶片的固定爪与内、外环的叶片固定孔处。

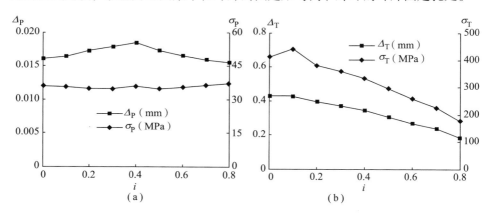

图 4.26　考虑折边的装配体泵轮与涡轮单向流固耦合计算结果
（a）泵轮；（b）涡轮

图 4.27 所示为涡轮在各个速比工况下无油液载荷作用空转时自身离心力使涡轮产生的变形与应力。随着速比的升高，涡轮转速升高，离心载荷对涡轮的作用越来越明显，且在离心载荷作用下的涡轮变形与应力随转速单调升高。与油液载荷造成的变形和应力相比，涡轮自身离心力造成的变形和离心应力在涡轮总变形量与应力值中所占比例较小，对涡轮叶栅系统的强度分析

不会造成明显影响。

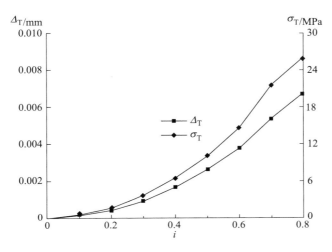

图 4.27 涡轮无载荷时离心力变形与离心应力

本节分析中所采用的实际结构模型，考虑了拼接式叶轮结构的装配关系，设定了叶片与内、外环之间的接触对。通过流固耦合计算分析叶轮应力分布与变形情况，并对比简化模型计算结果，可得到如下结论：

（1）分析流固耦合计算结果，在叶片与内、外环连接处，即叶片折边与内、外环上的插接孔处出现应力集中。由于考虑装配关系后，叶片折边与内、外环上的插接孔为叶轮结构的主要接触对，接触面积小，单位面积载荷高，造成了连接处的应力集中。

（2）分析泵轮与涡轮在各速比工况的变形与离心应力。由于设定泵轮转速不变，泵轮变形与离心应力不发生变化；而涡轮的变形和离心应力随着涡轮转速的升高而升高，但远小于油液载荷造成的叶轮的变形与应力。

（3）分析表明，叶轮变形趋势与简化模型相同，仅在叶片与内、外环的装配折边处出现应力集中。

4.3.2 拉延筋结构对性能的影响

1. 冲焊型液力元件拉延筋结构特征

泵轮与涡轮叶片拉延筋（加强筋）的形状、位置如图 4.28 和图 4.29 所示，图 4.30（a）为附带拉延筋叶片的横截面图，图 4.30（b）为叶片与 XOZ 面相交投影曲线图，具体尺寸如表 4.2 所示，形式为圆形冲压拉延筋。叶片

钢板厚度 $t = 2$ mm，冲压深度 $H = 0.8t = 1.6$ mm，半径 $R = 2t = 4$ mm，凸模半径 $r = 1.5t = 3$ mm，拐角半径 $R_2 = 2.5t = 5$ mm，拉延筋长度 $L = 75\%L_0$，L_0 为叶片中间流线长度。

图 4.28　泵轮叶片拉延筋的形状和位置　　　图 4.29　涡轮叶片拉延筋的形状和位置

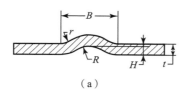 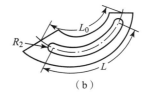

（a）　　　　　　　　　　　　　　（b）

图 4.30　拉延筋的形式和尺寸

表 4.2　拉延筋的形式与尺寸

设计参数	t	H	B	R	r	R_2	L
尺寸/mm	2	0.8t	5t	2t	1.5t	2.5t	75%L_0

2. 叶片拉延筋对液力变矩器原始特性的影响

叶片附带拉延筋，会使叶栅系统的流道空间发生变化。对附加加强筋的叶栅系统提取内部流道，划分网格并添加与原来未冲压拉延筋叶栅系统所提取的流道模型相同的边界条件。泵轮转速为 1 200 r/min，速比从 $i = 0$，$i = 0.1$…逐次增加到 $i = 0.8$，涡轮转速从 0 随速比增加到 960，对各个工况下的稳态流场进行分析。

以原叶片与冲压出拉延筋叶片的两叶栅系统结构流场分析做对比，如图 4.31 所示，分析冲压出拉延筋后对原变矩器原始特性的影响。

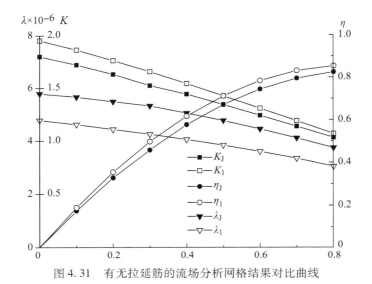

图 4.31　有无拉延筋的流场分析网格结果对比曲线

对比有无拉延筋的液力变矩器流场，分析得到液力变矩器原始特性，图 4.31 中 K_J 为附带拉延筋叶片变矩器流场分析计算所得变矩系数，η_J 为其计算效率，λ_J 为其泵轮转矩系数。K_1 为无拉延筋的变矩器流场分析计算所得变矩系数，η_1 为其效率，λ_1 为其泵轮转矩系数。

分析两种叶栅系统结构下变矩比、效率、泵轮转矩系数。由计算结果可知，附带拉延筋的液力变矩器变矩系数、效率有所下降，泵轮转矩系数升高。

3. 拉延筋布筋方向对冲焊型液力变矩器内流特性影响规律

开设拉延筋后叶片结构发生变化，叶轮内部流道结构改变，导致流道内油液流动相比于未开设拉延筋叶片时发生改变，进而影响变矩器原始特性与叶片表面载荷分布，因此有必要研究拉延筋对变矩器内油液内流特性及叶片载荷的影响[11]。

冲焊型液力变矩器的泵轮与涡轮叶片为钣金冲压而成，为研究拉延筋的布筋形式对其内流特性和叶片载荷的影响，分别以单叶轮的叶片开设拉延筋、两叶轮同时开设拉延筋的两种情况进行流场分析计算。为明确区分不同拉延筋形式，需要在叶片表面建立用于区分拉延筋布筋形式的坐标系。如图 4.32 所示，以泵轮叶片表面为例，$\boldsymbol{\sigma}_{PC}$ 为泵轮叶片凸面筋线上的法向向量，$\boldsymbol{\tau}$ 为筋线的切向单位向量，$\boldsymbol{\nu}$ 为垂直于 $\boldsymbol{\sigma}_{PC}$ 与 $\boldsymbol{\tau}$ 的单位向量，同理 $\boldsymbol{\sigma}_{TC}$ 为涡轮叶片凸面筋线上的法向向量。定义 $\boldsymbol{\sigma}_{PL}$ 为泵轮叶片上开设拉延筋的凸模方向，$\boldsymbol{\sigma}_{TL}$ 为涡轮叶片上开设拉延筋的凸模方向。

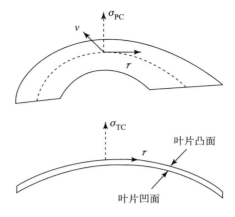

图 4.32 叶片表面拉延筋方向示意图

叶片开设拉延筋的叶片模型如图 4.33 所示。考虑拉延筋的开设位置及开设方向,共有 9 种不同的布筋情况(表 4.3),以无拉延筋的叶片为参照来分析拉延筋对变矩器内流特性和叶片表面载荷的影响。其中泵轮与涡轮叶片为冲压制造,导轮叶片为铸造成型。

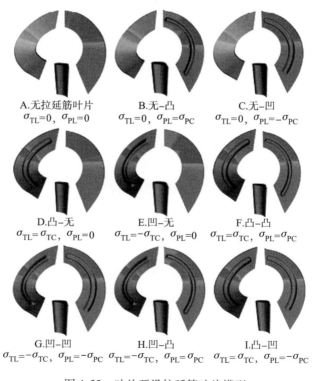

A.无拉延筋叶片
$\sigma_{TL}=0,\ \sigma_{PL}=0$

B.无-凸
$\sigma_{TL}=0,\ \sigma_{PL}=\sigma_{PC}$

C.无-凹
$\sigma_{TL}=0,\ \sigma_{PL}=-\sigma_{PC}$

D.凸-无
$\sigma_{TL}=\sigma_{TC},\ \sigma_{PL}=0$

E.凹-无
$\sigma_{TL}=-\sigma_{TC},\ \sigma_{PL}=0$

F.凸-凸
$\sigma_{TL}=\sigma_{TC},\ \sigma_{PL}=\sigma_{PC}$

G.凹-凹
$\sigma_{TL}=-\sigma_{TC},\ \sigma_{PL}=-\sigma_{PC}$

H.凹-凸
$\sigma_{TL}=-\sigma_{TC},\ \sigma_{PL}=\sigma_{PC}$

I.凸-凹
$\sigma_{TL}=\sigma_{TC},\ \sigma_{PL}=-\sigma_{PC}$

图 4.33 叶片开设拉延筋叶片模型

表4.3 叶片开设拉延筋不同布筋情况

编号	拉延筋开设位置	拉延筋凸模方向
A	无拉延筋叶片	无拉延筋：$\sigma_{TL} = 0$，$\sigma_{PL} = 0$
B	单叶轮：泵轮叶片	无－凸：$\sigma_{TL} = 0$，$\sigma_{PL} = \sigma_{PC}$
C	单叶轮：泵轮叶片	无－凹：$\sigma_{TL} = 0$，$\sigma_{PL} = -\sigma_{PC}$
D	单叶轮：涡轮叶片	凸－无：$\sigma_{TL} = \sigma_{TC}$，$\sigma_{PL} = 0$
E	单叶轮：涡轮叶片	凹－无：$\sigma_{TL} = -\sigma_{TC}$，$\sigma_{PL} = 0$
F	双叶轮	凸－凸：$\sigma_{TL} = \sigma_{TC}$，$\sigma_{PL} = \sigma_{PC}$
G	双叶轮	凹－凹：$\sigma_{TL} = -\sigma_{TC}$，$\sigma_{PL} = -\sigma_{PC}$
H	双叶轮	凹－凸：$\sigma_{TL} = -\sigma_{TC}$，$\sigma_{PL} = \sigma_{PC}$
I	双叶轮	凸－凹：$\sigma_{TL} = \sigma_{TC}$，$\sigma_{PL} = -\sigma_{PC}$

由图 4.34 可知，单叶轮开设拉延筋对变矩器的变矩比和效率的影响很小，但较无拉延筋（A 型）情况变矩比和效率均呈下降趋势。在起动工况时，B 筋型变矩比下降最高，较无拉延筋 A 型叶片下降达到 2.41%。由图 4.35 可见，开设拉延筋对液力变矩器泵轮转矩系数影响较为明显，其中 B 筋型叶片较 A 筋型无拉延筋叶片在起动工况时泵轮转矩系数升高 0.56%，在 $i = 0.8$ 近耦合器工况时下降 2.70%。具有 C、D、E 筋型叶片的变矩器泵轮转矩系数均较 A 型叶片下降，其中 C 筋型在起动工况下降最多，达到 4.26%。

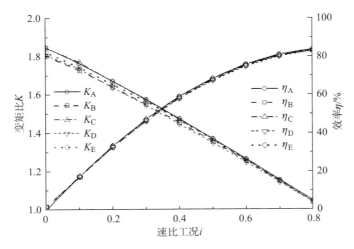

图 4.34 单叶轮开设拉延筋不同筋型下各个工况的变矩比和效率

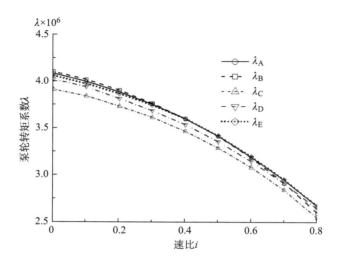

图 4.35　单叶轮开设拉延筋不同筋型下各个工况的泵轮转矩系数

由上述计算分析可知，单叶轮开设拉延筋，B 筋型即拉延筋凸模方向与泵轮叶片凸面法向一致时变矩器在低速比工况下泵轮转矩系数升高，其他筋型情况会造成泵轮转矩降低。

分析计算泵轮与涡轮叶片同时开设拉延筋的情况，计算结果如图 4.36、图 4.37 所示。由计算结果可知，在双叶轮开设拉延筋 F、G、H、I 筋型时变矩比均有小幅下降，其中 F 筋型情况下降较为明显，变矩比下降 4.12%；G 筋型情况变矩比下降最小，下降 0.98%。

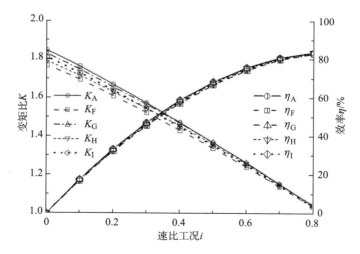

图 4.36　双叶轮开设拉延筋不同筋型下各个工况的变矩比和效率

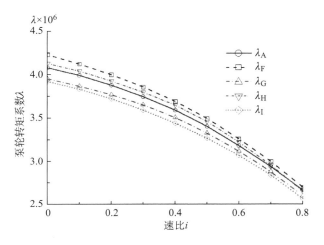

图 4.37　双叶轮开设拉延筋不同筋型下各个工况的泵轮转矩系数

双叶轮叶片开设拉延筋对变矩器泵轮转矩系数的影响较大，F 筋型情况泵轮转矩系数有较大增加，在变矩器起动工况时较 A 筋型情况增加 3.67%，H 筋型情况的泵轮转矩系数增加幅度较小，达到 1.19%。G、I 筋型与 A 筋型相比泵轮转矩下降，分别下降 3.15% 和 3.89%。F 和 H 筋型情况中泵轮叶片拉延筋凸模方向与泵轮叶片凸面法向一致，这一计算结果与单叶轮开设拉延筋时 B 筋型计算结果趋势相同。

分析可知，在双叶轮开设拉延筋的情况下，泵轮叶片拉延筋凸模方向与泵轮叶片凸面法向一致时，与无拉延筋情况相比会导致泵轮转矩系数上升，且涡轮叶片开设拉延筋，当其凸模方向与涡轮叶片凸面法向一致时泵轮转矩系数增加幅度最大。

为更直观地表示拉延筋对冲压型变矩器叶片表面的载荷影响，取叶片表面中间流线进行考察，如图 4.38 所示。用无因次量表示叶片表面中间流线位置，其中 0 为叶片入口，1 为叶片出口。

由于变矩器在速比 $i=0$ 时起动工况下转矩较大，所以主要讨论在起动工况下拉延筋对叶片载荷的影响。分析对比 9 种筋型条件下沿叶片表面中间流线分布的压力载荷。

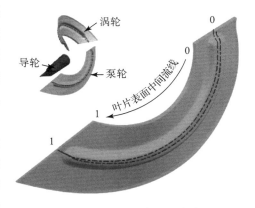

图 4.38　叶片表面中间流线位置

如图4.39（a）所示，单叶轮开设拉延筋，泵轮叶片载荷幅值随着叶片中间流线位置的升高出现不均匀变化，与A筋型叶片载荷相比，D、E筋型的叶片载荷与无拉延筋A筋型载荷范围基本重合，而B筋型叶片载荷较高，C筋型叶片载荷则有明显下降。

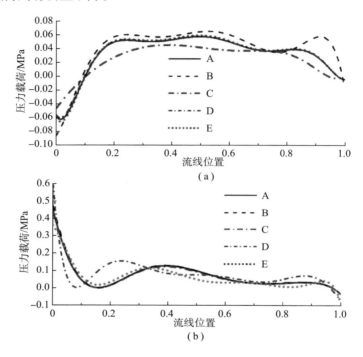

图4.39　单叶轮开设拉延筋泵轮与涡轮叶片中间流线压力载荷
（a）泵轮；（b）涡轮

如图4.39（b）所示，单叶轮开设拉延筋涡轮叶片载荷幅值变化情况如下，无拉延筋（A筋型）与B、C、E筋型相比，载荷范围基本重合，D筋型叶片载荷高幅值区域向叶片入口方向移动，且在叶片入口处出现较大的载荷波动。

如图4.40（a）所示，与无拉延筋（A筋型）相比，泵轮叶片在F、H筋型情况下叶片载荷升高，在G、I筋型情况下叶片载荷下降，趋势与单叶轮开设拉延筋的计算结果一致。如图4.40（b）所示，双叶轮开设拉延筋时涡轮叶片上的油液载荷变化比较明显，F、I的载荷高幅值区域都向叶片入口处移动，且在入口处发生较大的载荷波动，计算结果与单叶轮开设拉延筋一致。

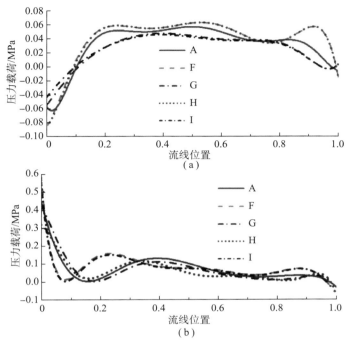

图 4.40　双叶轮开设拉延筋泵轮与涡轮叶片中间流线压力载荷

（a）泵轮；（b）涡轮

4. 拉延筋对结构性能影响

　　叶片开设拉延筋后，叶片表面油液的流速与油液对叶片的压力载荷均会受到一定影响。以速比 $i = 0$ 为例，如图 4.41 和图 4.42 所示，取是否开设拉延筋的两种叶片构成的变矩器内流体中间流面的展开图，顺序为泵轮、涡轮

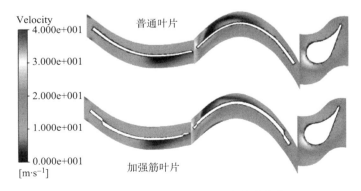

图 4.41　变矩器中间流面油液流速分布

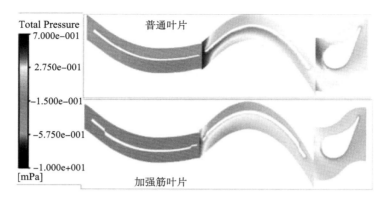

图 4.42 变矩器中间流面油液压力分布

和导轮。对比两种叶片对油液流速的影响，开设加强筋的叶片由于其叶片表面的流速高于普通叶片，尤其是在泵轮的出口和涡轮的入口处，由于加强筋结构的作用，提高了叶片工作面和非工作面的表面流速。由于附加加强筋叶片表面的油液流速升高，造成了叶片表面油液压力降低，在泵轮叶片的非工作面和涡轮入口的工作面等油液流速升高的区域压力下降明显。普通叶片表面最高压力为 0.474 2 MPa，开设加强筋后叶片表面最高压力为 0.382 3 MPa，最高压力下降 19.38%。

分别取 $i = 0$ 工况下泵轮叶片、涡轮叶片、导轮叶片的表面压力分布图（图 4.43），观察叶片表面压力分布。

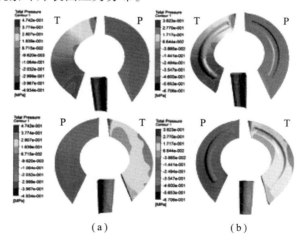

（a）　　　　　　　　　　　　（b）

图 4.43 速比 $i = 0$ 工况下叶片表面压力分布
（a）普通叶片；（b）加强筋叶片

分析速比 $i=0$ 工况下叶片表面压力分布，可见叶片附带拉延筋结构后，由于叶片表面流速的增加，叶片表面所受压力下降，普通叶片表面在入口和出口处出现高压区，开设拉延筋后高压区范围减小。对于涡轮叶片，叶片与内外环连接处的压力降低，高压区范围减小。

5. 开设拉延筋叶片的叶轮结构流固耦合分析

分别对各个工况下液力变矩器开设拉延筋的叶栅系统进行流固耦合分析。由分析可以得到各个工况下泵轮与涡轮的最大变形量和最大应力值。

图 4.44 中 Δ_{P_J} 为开设拉延筋后泵轮单向流固耦合计算所得最大变形量，σ_{P_J} 为其最大等效应力。分析附带拉延筋的叶栅系统泵轮的流固耦合结果，从图 4.44 中可以看出，泵轮转速不变，随着速比的升高及涡轮转速的升高，最大变形量与最大等效应力均未出现较大变化。最大变形量与最大等效应力随速比升高而轻微升高，在速比 $i=0.6$ 工况以后维持不变。对比分析有无拉延筋两种叶栅系统结构的各个工况下泵轮流固耦合结果，有拉延筋叶栅系统的涡轮的最大变形量与最大等效应力值整体均有显著下降，液力变矩器泵轮叶栅系统受力得到明显改善。分析由涡轮各个工况下流固耦合分析所得最大变形量与最大等效应力值，在速比 $i=0$ 工况下最大变形量与最大等效应力值较大，在 $i=0.1$ 工况时两者有显著下降。随着涡轮转速的升高，最大变形量与最大等效应力值变化较小，并随着速比的升高有轻微的下降。对比分析有无拉延筋两种叶栅系统结构的各个工况下流固耦合结果，有拉延筋叶栅系统的涡轮的最大变形量与最大等效应力值整体均有显著下降。液力变矩器涡轮叶栅系统得到明显改善。

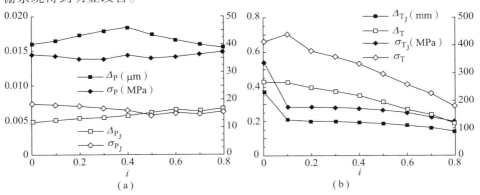

图 4.44 泵轮与涡轮有无拉延筋叶栅系统流固耦合分析结果对比

(a) 泵轮；(b) 涡轮

本节对叶片附有拉延筋结构的叶轮进行单向流固耦合分析，对比与无拉延筋普通叶片的流固耦合结果之间的差异。叶片开设拉延筋结构对变矩器流场特性和结构特性都有一定的影响。叶片拉延筋结构增加了叶片工作面的表面积，使得变矩器工作时油液与叶片间摩擦损失增加，造成效率下降。拉延筋结构增加了叶片表面的流速，表面载荷减小，使叶片最大变形量与最大等效应力下降，改善了叶轮结构特性。

参考文献

[1] 陈国强，王乘，姬晋廷. 轴流式水轮机叶片刚度和强度有限元分析 [J]. 机械强度，2003，25（6）：690–693.

[2] 韩东劲. 调速型液力偶合器叶轮强度的有限元分析 [J]. 煤矿机电，2001（6）：20–23.

[3] 卢秀泉. 调速型液力偶合器流固耦合与振动特性研究 [D]. 长春：吉林大学，2012.

[4] 裴吉. 离心泵瞬态水力激振流固耦合机理及流动非定常强度研究 [D]. 镇江：江苏大学，2013.

[5] Saeed, Moaveni. 有限元分析——ANSYS 理论与应用（第四版）[M]. 李继荣，等，译. 北京：电子工业出版社，2015.

[6] 刘博深. 冲焊型液力变矩器叶轮强度流固耦合分析方法研究 [D]. 北京：北京理工大学，2013.

[7] 闫清东，刘博深，魏巍. 基于动网格的冲焊型液力变矩器流固耦合分析 [J]，华中科技大学学报（自然科学版），2015，43（12）：37–41.

[8] Stein K, Tezduyar T E, Benney R. Mesh moving techniques for fluid-structure interactions with large displacements [J]. Journal of Applied Mechanics，2003，70（1）：58–63.

[9] K, Tezduyar T E, Benney R. Automatic mesh update with the solid-extension mesh moving technique [J]. Computer Methods in Applied Mechanics and Engineering，2004，193（21/22）：2019–2032.

[10] 闫清东，刘博深，魏巍. 液力变矩器流体–固体耦合压力脉动分析 [J]，兵工学报，2016，37（4）：577–583.

[11] 闫清东，刘博深，魏巍. 拉延筋对冲焊型液力变矩器内流特性影响规律研究 [J]，液压与气动，2015（7）：120–124.

5 液力元件性能设计优化

液力元件的三维流动集成优化设计系统中，集成了全参数化建模和三维黏性湍流流场分析、试验设计、近似模型以及优化算法，实现了液力元件的基本设计理论与 CAD、CFD、DOE、RSM 等现代设计和分析技术的高度融合，全面揭示了叶栅系统内部流场的复杂物理本质，消除或减少了传统束流理论设计中对流动状况所做的大量假设，实现了基于三维流动设计技术的叶栅系统优化设计，对应三维流动设计流程如图 1.3（b）所示。

液力元件叶栅系统优化设计的着眼点是力图使动力性和经济性均达到理想水平，在数学上是一个典型的最优控制问题，其求解对象是叶栅的流速分布，目标函数是一个性能泛函[1]。实现解析方法具有两个难点：一是叶栅表面流速分布与叶型几何参数间的函数关系未知；二是较难应用极大值原理[2]。

这些不可避免地在以一维束流设计方法为代表的解析形式设计方法中，要对冲击、尾迹、环流等复杂流动现象所带来的能量损失估计采用大量假设，导致干扰设计的不确定因素过多。为深刻揭示流动本质，尽量消除设计假设，由数学过程代替经验设计，使设计过程更加严密、精确，本章在前面几章的研究成果基础上提出并构建一套三维流动设计的液力元件叶栅系统设计优化方法。

液力元件三维优化设计具有如下特点：

（1）变量多。根据叶栅设计的参数体系，依据不同优化规模，涉及变量个数从敏感性分析的一个到完全优化的近百个，每个变量都有其对应的约束条件或取值范围，因此在大规模优化问题中通常需要采用试验设计（DOE）筛选关键设计参数。

（2）环节多。需要在集成优化平台上批处理执行优化循环流程，其中包括叶栅系统循环圆设计与叶片设计的三维几何参数化建模、网格划分处理、流场分析及其前后处理等。

（3）耗时长。叶栅内流场具有高度非线性特征，为得到可用的性能曲线作分析之用，需要进行多速比全工况的流场分析。作为基于试验设计技术的优化设计，需要在多个设计样本计算以及近似模型的迭代优化与更新过程中对耗时的 CFD 环节多次调用，计算资源消耗较大，计算硬件配置要求较高，需要构建计算机集群进行分布式并行计算以尽量缩短计算时间。

针对传统总体设计方法的缺点，采用多学科设计优化（Multidisciplinary Design Optimization，MDO）是一条可行的解决方案。其主要思想是在复杂系统设计的整个过程中集成各个学科的知识，并充分考虑各门学科之间的相互影响和耦合作用。应用有效的设计优化策略和分布式计算机网络系统，来组织和管理整个系统的设计过程。通过充分利用各个学科之间的相互作用所产生的协同效应，获得系统的整体最优解。

MDO 技术在国外广泛应用于飞行器设计等航空航天领域，国内一些高校也开展了 MDO 的理论和研究工作，并开始将其运用于液力元件设计领域。MDO 技术通过综合考虑各学科来提高设计产品的可靠性，并且由于实现了各学科模块化并行设计，缩短了设计周期，降低了研制费用。基于这些优点，虽然目前国内 MDO 技术在液力元件设计领域应用还较少，但其必将成为未来液力元件设计及优化的发展方向。

5.1　三维流动设计优化关键技术

5.1.1　试验设计与响应曲面近似模型

在三维优化流程中，涉及对复杂程度很高的真实物理现象进行模拟时，往往含有计算代价高昂的分析环节。因此通常在保证一定精度的情况下利用近似模型替代实际问题的精确求解，利用大规模并行计算替代单台计算机进行数值模拟，以减少仿真软件的调用次数，缩短求解时间的数量级，实现工程上可以接受的优化设计。这一过程是由分析仿真软件在有限组的不同输入参数配置下，运行必要次数所得到的输出参数构建的，而在大规模优化时这些输入参数常常需要通过试验设计的方法筛选得出，同时在运行过程中不断更新，从而在求解收敛过程中持续改进近似模型以增加其预测准确性。其中试验设计、近似模型和集群构建是支撑集成优化的关键技术，下面分别对其原理作简要介绍。

1. 试验设计

液力变矩器叶栅系统的优化设计参量众多，在设计之初无法判定其权重系数。因此，对于大规模优化设计问题有必要由试验设计先进行筛选试验，剔除权重系数低的参数[3]，而后构建响应曲面，获取近似最优解。

试验设计是以概率论与数理统计为理论基础，合理安排试验的一种方法论。它主要研究如何高效且经济地获取数据信息、科学地分析处理并得出正确的结论，包括确定目标，选择响应、因子和水平，计划与实施试验等几项工作。其中，目标与响应对于有明确工程应用背景的液力变矩器优化设计有清晰的物理意义，而试验设计要处理的核心问题就是因子（输入参量）和水平（参量取值）的选择，在遵循重复、随机化和分区组三大原则的前提下，应合理地确定因子个数及其取值范围和所取水平，考察因子在不同水平的变化趋势以达到期望结果。因而，试验因子和水平的选择应当力求简明，水平间的差距需适当，使处理间的效应差异能显示出来。

叶栅系统设计涉及大量参数，需要进行多因子试验以考察各因子及其之间的交互效应，在多因子试验中，将所有的因子都投入的试验叫作全因子试验。由于条件的限制，一般只能有规律地选取部分因子进行试验，这种情况叫作部分实施试验。具体实施方法包括析因设计、正交设计、均匀设计、中心组合设计、随机化区组设计、二向或多向分类设计、拉丁方设计、希腊拉丁方设计以及平衡不完全区组设计等。

2. 响应曲面近似模型

常用的近似模型有响应面（RSM）模型、泰勒级数模型、多重复杂度模型、Kriging 模型等。对一个系统的研究通常集中于对输入和输出参数之间关系的研究上，本书采用的响应面近似模型对于输入参数不多的情况非常有效。它可以通过较少的试验获得设计变量与性能之间足够准确的相互关系，并且可以用简单的代数表达式展现出来，从而节约时间、降低计算成本，给设计者带来了极大的方便，同时还可以平滑设计空间的噪声，防止数值优化方法陷入局部极小点。

响应面模型要分析的是包含响应 y 的系统，该响应依赖输入变量 x_1, x_2, $\cdots$, x_k，它们的关系可用下列模型表示：

$$y = f(x_1, x_2, \cdots, x_k) + \varepsilon \qquad (5-1)$$

式中，真实的响应函数 f 形式未知；ε 为误差项，它表示不能由 f 涵盖的变异部分。由于响应 y 和 x_1, x_2, $\cdots$, x_k 之间的关系可以用图形的形式描述为 x_1, x_2, $\cdots$, x_k 空间上的一个曲面，故称为响应曲面。

根据输入因子水平是接近还是远离响应曲面的最优位置，响应曲面有两种不同的构建形式。当远离时宜采用曲面的一阶逼近，此时采用一阶模型：

$$y = b_0 + \sum_{i=1}^{k} b_i x_i + \varepsilon \qquad (5-2)$$

式中，b_i 为编码变量 x_i 的斜率或线性效应。

当接近或位于最优区域中时，为获取对影响曲面在最优值附近的小范围内的精确逼近，加入对曲度效应的考虑，采用二阶或更高阶次的模型：

$$y = b_0 + \sum_{i=1}^{k} b_i x_i + \sum_{i<j} b_{ij} x_i x_j + \sum_{i=1}^{k} b_{ii} x_i^2 + \varepsilon \qquad (5-3)$$

式中，b_i 为编码变量 x_i 的斜率或线性效应；b_{ij} 为 x_i 与 x_j 之间的线性交互效应；b_{ii} 为 x_i 的二次效应。通过对这些回归系数进行分析可以了解各因子设计的重要性以及它们之间的相互关系。本书分别采用二阶及二阶以上模型构建响应曲面，对目前已有型号液力变矩器性能进行优化。

上述模型通过最小二乘法估计模型中的参数 b，可转化为线性回归模型

$$\hat{y} = \hat{b}_0 + \sum_{i=1}^{k} \hat{b}_i x_i + \sum_{i<j}^{k} \hat{b}_{ij} x_i x_j + \sum_{i=1}^{k} \hat{b}_{ii} x_i^2 \qquad (5-4)$$

由矩阵的形式表示为

$$\hat{y} = \hat{b}_0 + \boldsymbol{b}^{\mathrm{T}} \boldsymbol{x} + \boldsymbol{x}^{\mathrm{T}} \boldsymbol{B} \boldsymbol{x} \qquad (5-5)$$

式中，$\boldsymbol{x} = [x_1, x_2, \cdots, x_k]^{\mathrm{T}}$，$\boldsymbol{b} = [\hat{b}_1, \hat{b}_2, \cdots, \hat{b}_k]^{\mathrm{T}}$，$\boldsymbol{B}$ 为 $k \times k$ 阶对称矩阵

$$\boldsymbol{B} = \begin{bmatrix} b_{11} & b_{12} & \cdots & b_{1k} \\ b_{21} & b_{22} & \cdots & b_{2k} \\ \vdots & \vdots & \ddots & \vdots \\ b_{k1} & b_{k2} & \cdots & b_{kk} \end{bmatrix}$$

系数向量 $\boldsymbol{B}$ 的无偏估计可由最小二乘法得到

$$\bar{\boldsymbol{B}} = (\boldsymbol{x}^{\mathrm{T}} \boldsymbol{x})^{-1} \boldsymbol{x}^{\mathrm{T}} \boldsymbol{y} \qquad (5-6)$$

生成响应面方程后，需要对其预测能力进行评估，根据已知响应的数据点，计算模型预测值和已知值之差以确定近似带来的误差，响应模型存在误差通常是由样本不足或数据存在偏差造成的，一般使用均方根差（σ_a）、相关系数（R^2）进行准确性评估，意义分别如下：

$$\sigma_a = \sqrt{\sum_{i=1}^{n} \frac{e_i^2}{n-k}} \qquad (5-7)$$

式中，e_i 为误差；n 为样本数；k 为系数数目，比较小的值意味着响应面对样本拟合较好。

$$R^2 = \frac{SS_R}{SS_T} = 1 - \frac{SS_E}{SS_T} \qquad (5-8)$$

式中，SS_E 为残差平方和；SS_R 为回归平方和；SS_T 为方法总平均和；R^2 为完全拟合的度量值，反映响应面符合给定数据的程度。有时为更全面评估模型的预测性能，引入另一相关系数 R_a^2 评价准确性。

$$R_a^2 = 1 - \frac{n-1}{n-k}(1 - R^2) \qquad (5-9)$$

如果响应面预测能力未满足要求，可以考虑应用更高阶响应方程或更多次的模拟更新响应面以提高近似程度，如图 5.1 所示。而响应面一经构建，就作为整个精确求解方法的代理表达式。

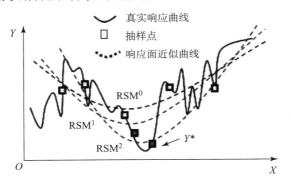

图 5.1　RSM 曲线更新示意图

新的设计变量组合的解的获取不需要实际运算整个分析，而是被插入响应面模型，以快速估算模型的响应。同时在进行大规模科学计算时，响应面方法对下面提及的分布式并行计算也有良好的适应性[4]。

5.1.2　优化流程控制

在优化过程中，首先构造试验设计表，从全面试验的样本中挑选部分有代表性的样本进行分析，样本间通常应具有正交性，即在统计学上每两个因素的水平互不相关[5,6]，具体体现在均匀分散性（每列各因素水平出现机会均等）和整体可比性（每行各因素水平间配对机会均等）两个方面。这样，对多设计变量问题只用相对较少的试验次数就可以找出各因素水平间的最优配置，或根据结果构建近似模型得到优化结果。

而后根据试验设计表，由优化平台所在的调度服务器向计算节点发送试验设计给定的各样本的设计参数，由计算节点实现各样本的参数化建模和流场分析，并将计算结果反馈回调度服务器。当进行变量数目很多的大规模优化设计时，还要在试验设计后进行显著性分析，剔除对目标函数影响相对微弱的设计变量，降低优化设计的规模。

得到全部试验设计样本的计算结果后，由优化平台构建响应曲面近似模型，并由优化算法在曲面上寻优，由三维流场分析对优化结果进行验算，如果不满足收敛条件，则加入该次 CFD 结果重新构建 RSM，更新该响应曲面，直到满足条件为止。一个典型的三维流动设计优化流程如图 5.2 所示。

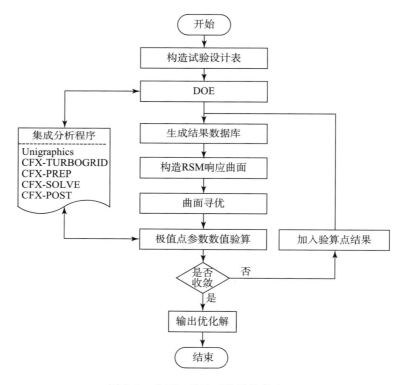

图 5.2　典型三维流动设计优化流程

本书提出的设计方法不仅可以实现液力变矩器在三维设计层面上的全叶轮多工况下的多目标优化设计，也可以实现相对简单的单目标和单叶轮内叶片的优化设计。

其中优化设计中所调用的优化算法，既可以是以遗传算法和模拟退火算法等为代表的全局类优化算法，也可以是以牛顿迭代法和序列二次规划等为代表的梯度类优化算法。由于液力元件三维流动设计优化多为面向全局的多目标设计优化，因此下面以多目标全局优化算法为例进行简要介绍。

5.1.3 多目标全局优化算法

1. 多目标优化 Pareto 解

随着 CFD 及计算机技术的发展，液力元件的三维黏性流场分析也越来越成熟，但是由于三维流动设计优化中需要对多个子目标同时进行优化，而这些被同时优化的子目标之间往往又是相互冲突的，照顾了一个子目标，同时必然导致其他子目标的损失[7]。因此，对于多目标优化来说，没有绝对的或者说唯一的最好解，多目标优化解是一个解集，通常被称为"非劣解""非支配解"或者"Pareto 解"。

对于一个典型的最大化多目标问题，假设有 n 个设计变量：

$$X = [x_1, x_2, \cdots, x_n] \tag{5-10}$$

有 r 个优化目标：

$$f(X) = \max(f_1(X_1), f_2(X), \cdots, f_r(X)) \tag{5-11}$$

则有两个可行解 α 和 β，对于"支配"定义如下：

（1）对于所有目标函数，$f^\alpha \geq f^\beta$；

（2）至少存在一个目标函数 i，使 $f_i^\alpha \geq f_i^\beta$。

如果满足以上两个条件，则称 α 解支配 β 解，或者 β 解被 α 解支配。多目标优化的最终目标是尽可能多地找出不被其他任何解支配的"非支配解"，虽然该解在单一目标上可能不是最优，但是在可行域中也找不到比它更好的能够支配它的解，这些解的集合称为 Pareto 解集（非支配解集），解集构成 Pareto 前沿。

图 5.3 所示为两目标 (f_1, f_2) 最大化问题的 Pareto 解示意图，曲线所包围的区域为可行域。解 $A \sim K$ 均为位于可行域内满足约束的可行解；解 L 和 M 在可行域外，为不可行解。解 $A \sim E$ 不被任何解支配，为 Pareto 解，解 $F \sim K$ 为支配解，其中曲线 AE 即 Pareto 前沿。对于 A 点，其目标函数 f_2 达到最大，但同时对目标函数

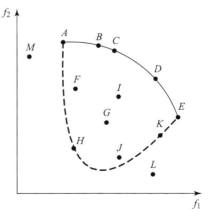

图 5.3 两目标优化 Pareto 解示意图

f_1 也有较大牺牲；对于 E 点，其目标函数 f_1 达到最大，但对 f_2 有较大牺牲；对于 $B \sim D$ 点，其两个目标函数均不是最大，但对 f_1、f_2 做了折中。在实际决策过程中，决策者应通过实际需求，在这些 Pareto 前沿解中选取合适的解。

2. 多目标优化算法

在多目标优化算法中，进化计算方法是其中应用非常广泛也很有效的寻优方法，而其中遗传算法是最早提出且发展最成熟的进化算法之一[8]。遗传算法模拟自然界"优胜劣汰，适者生存"的法则，利用种群进行随机搜索，在"繁衍"下一代种群时保留上一代中父代的优秀基因，从而使得整个"繁衍"方向（搜索方向）向着更优的方向发展。由于遗传算法是以种群搜索为基础，而非针对单一的个体（解）进行操作，这种特性使其特别适合于多目标优化，因为多目标优化的最终目标也是找出一系列非劣解集，这与优化种群可以很好地对应起来。遗传算法的一般流程如图 5.4 所示。

遗传算法的一般流程如下：首先生成一个初始种群，一般采用随机均匀采样的方式在整个设计空间进行采样，生成初始种群，初始种群中含有一系列解，称每个解为个体；随后对各个个体进行评价，即计算每个解的目标函数值，并利用目标函数值对每个个体分配合理的适应值，适应值高即表明该解更优秀；之后进入遗传算法的核心——遗传算子。总的来说，遗传算子包括三个方面：选

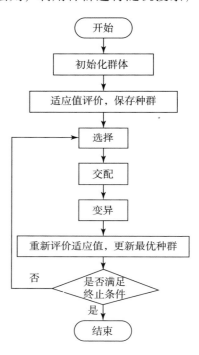

图 5.4 遗传算法流程

择算子、交配算子和变异算子。选择算子即在上一代（父代）种群中选择适应值高的个体进入下面的计算中；被选择的父代种群进入交配池，在交配池中每两个个体按照交配准则交换各自基因，形成新的子代，随后对其中一些个体进行变异操作，即随机改变其中个别个体的基因。选择、交配和变异操作均完成后，生成一个新的子代种群，对这个子代种群进行评价，按照目标函数值来分配适应值，并形成循环。在整个遗传算法中，选择算子淘汰适应值低的个体，以保证整个种群朝优化的方向发展；交配算子交换各个体基因，

保证将父代优秀的基因传达到子代；而引入变异算子则可以随机改变搜索方向，让整个优化过程有能力跳出局部优化陷阱，使遗传算法成为全局优化算法。

遗传算法一经提出，就由于其强大的全局寻优能力、内在的并行性及良好的自组织、自适应和自学习性被广泛应用于各领域[9]。在实际优化中多采用目前应用最广泛的三种第二代遗传优化算法——改进非支配序列遗传算法（NSGA Ⅱ）、近邻交配遗传算法（NCGA）[10]和基于存档的小种群遗传算法（AMGA）[11]进行液力元件三维流动设计优化。

5.1.4　多学科集成优化设计框架

本章提出一种集成设计平台将液力元件参数化设计、叶片及流道构型、网格划分、仿真分析、优化设计集成到一起，通过三维流动设计优化并预测液力元件性能，其总体软件框架如图 5.5 所示。

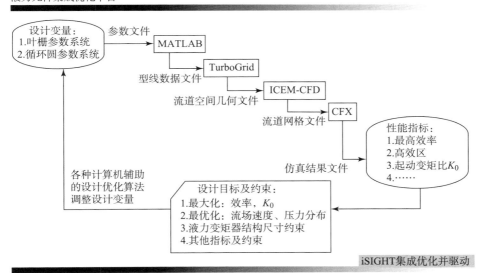

图 5.5　液力元件集成优化平台总体软件框架

目前，常用的液力元件流场分析软件有 FLUENT、STAR – CD、FLOTRAN、CFX 等，本书中采用 CFX 进行计算。CFX 中有 turbomachinery 模块，专门用于对涡轮机械进行仿真分析，给定各轮转速，通过 CFX 可以计算出其内部流场分布，从而提取出其叶轮转矩、流体压力、速度分布等参数。

与通用的仿真软件处理流程相似，利用 CFX 进行流场分析的步骤为前处理、解算和后处理。其中，前处理主要是进行网格检查，设置边界条件及材料

属性，施加约束，选择合适的解法并给定相应的求解条件。解算即运行 CFX -
Solver 进行求解，这一过程不需要过多的设置，但耗时较长。求解完成后，即
进入后处理阶段，主要是进行结果可视化及提取相应参数并输出。由于一次
流场仿真只能对一个工况点进行计算，要获得液力变矩器原始特性，需要对
从 $i=0$ 到 $i=1$ 之间的多个工况点进行计算，如果每次计算都人为重复性地去
进行前处理、解算和后处理操作，需要耗费设计者大量的时间和精力。在本
节中，先将液力变矩器三维流场分析循环计算集成到 iSIGHT 平台中，只需要
对个别参数进行设置，即可利用 iSIGHT 平台自动调用 CFX 相关组件去循环计
算，得到液力变矩器的完整原始特性。iSIGHT 集成液力变矩器三维流场分析
循环计算流程如图 5.6 所示。

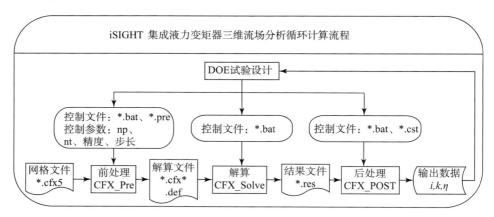

图 5.6　液力变矩器三维流场分析循环计算流程

　　液力元件集成设计平台中，需要实现液力元件的叶栅系统参数化设计，
完成给定参数下叶片成型、流道提取、网格划分、网格评估及优化等过程，
为后续的三维流场分析提供高质量网格。如图 5.7 所示的平台中，首先基于
空间尺寸投影原理，利用 MATLAB 实现液力变矩器叶栅的参数化设计，输出
循环圆及叶片曲线；随后将曲线导入 TurboGrid，生成流道空间几何文件；将
流道空间几何文件导入 ICEM - CFD 中进行自动化的非结构体网格划分；网格
划分完毕后即可导入 CFX 软件中进行前处理、解算和后处理；将三维仿真结
果进行数据提取，获得液力变矩器相关性能指标，并输入 iSIGHT 进行处理，
iSIGHT 可以根据给定的约束及设计目标自动驱动设计变量，并将设计变量重
新输入 MATLAB 进行设计，从而形成一个完整的循环。该集成平台共包含两
个循环，在如前所述的大循环中，嵌套了一个液力变矩器三维流场分析循环
计算流程，这是由于计算液力变矩器的原始特性曲线需要计算从起动到高速

比多个工况，每个工况都需要进行前处理、解算和后处理工作。

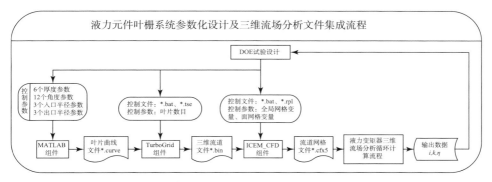

图 5.7 叶栅参数化设计及三维流场分析文件集成流程

与三维流场循环计算流程相似，整个集成平台分为三层：顶层、控制层和执行层。

顶层主要包括试验设计和优化算法等，负责设计变量表的生成及仿真数据的处理等；控制层主要由二次开发程序、命令脚本文件及批处理文件组成，负责自动调度所有组件实现自动化处理，并将液力元件参数解析后传至顶层；最底层为执行层，其由各个执行组件及各组件间的接口文件组成。

较为复杂的叶栅参数化设计流程中主要包含的组件有 MATLAB、TurboGrid 和 ICEM – CFD。其中，MATLAB 组件是利用编制的参数化程序生成叶片曲线及循环圆曲线（图 5.8），生成的曲线导入 TurboGrid 中进行流道的提取并输出（图 5.9），最后流道在 ICEM – CFD 中自动进行网格划分、评估和优化（图 5.10），为三维流场计算提供高质量网格。

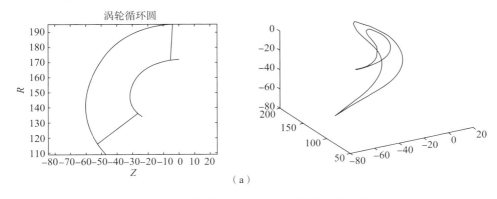

图 5.8 参数设计生成各轮循环圆及叶片曲线

（a）涡轮

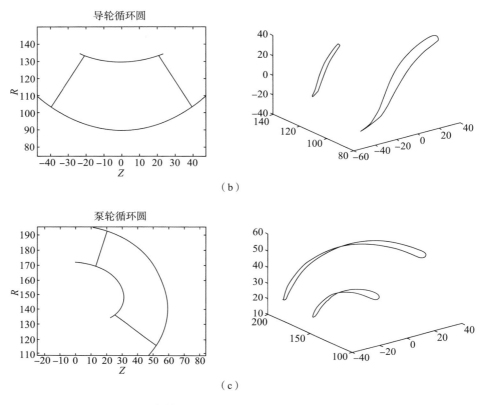

图 5.8 参数设计生成各轮循环圆及叶片曲线（续）

（b）导轮；（c）泵轮

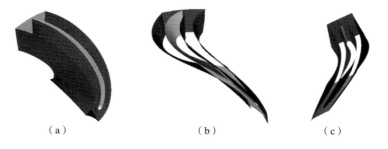

图 5.9 TurboGrid 中生成的叶片及流道

（a）泵轮；（b）涡轮；（c）导轮

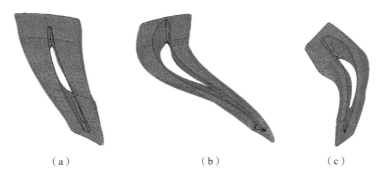

（a） （b） （c）

图 5.10 ICEM – CFD 中生成的流道网格

（a）泵轮；（b）涡轮；（c）导轮

5.2 叶栅参数敏感性研究

为探索液力元件设计参数与性能参数之间的关系，需要进行参数敏感性研究。在以往利用一维束流理论进行液力计算时，往往由于严格的约束及过多假设，预测精度不准确，且不能较好地反映模型特性。在液力元件集成设计系统的基础上，结合试验设计、统计分析方法对叶轮半径、循环圆宽度、叶片数目和叶片角度等参数对性能的影响进行分析，建立这些参数与性能特性之间的数学模型，探讨设计参数对性能的影响，并为后续的优化设计提供依据。本章以循环圆宽度和各叶轮叶片数为例，进行参数敏感性分析。

5.2.1 循环圆宽度敏感性研究

在液力元件集成设计平台的基础上，利用三维流场仿真对不同扁平率循环圆的液力变矩器进行性能预测，以探索扁平比对液力元件性能的影响[12]。扁平比r_W（循环圆宽度与最大直径之比）分别取 0.19、0.21、0.23、0.25 进行建模并计算，利用集成设计平台的叶栅系统构型方法自动生成叶片曲线、流道几何并划分网格后如图 5.11 所示。

图 5.12 所示为不同扁平比下的效率、变矩比、转矩系数对比。由图 5.12可以看出，在低速比工况下，效率随着扁平比的减小而减小，最高效率点随扁平比的减小而向高速比工况移动，且高效区随着扁平比的减小而缩小；对于变矩比来说，扁平比对低速比下变矩比影响较大，且起动变矩比随着扁平比的减小而减小；对泵轮转矩系数来说，在低速比工况下，其随着扁平比的

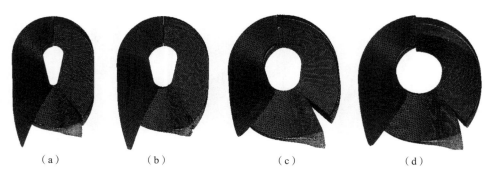

（a） （b） （c） （d）

图 5.11 不同扁平比下液力变矩器网格

（a）$r_{\mathrm{W}}=0.19$；（b）$r_{\mathrm{W}}=0.21$；（c）$r_{\mathrm{W}}=0.23$；（d）$r_{\mathrm{W}}=0.25$

减小而增大，且透穿性也由正透穿变成了混合透穿，且总体来说，扁平比在低速比范围下对效率、变矩比、转矩系数等性能参数的影响很大，而在高速比下影响相对较小。

图 5.13 所示为扁平比与最高效率、起动变矩比、最大转矩系数的关系。由图 5.13 可以看出，最高效率与起动转矩比均是随着扁平比的减小而减小的，且当扁平比小于 0.2 时，最高效率只有 76.5%，性能恶化严重，而最大转矩系数随着扁平比的减小而升高。

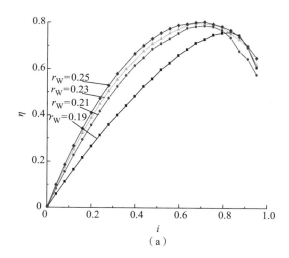

（a）

图 5.12 不同扁平比下液力变矩器性能对比

（a）不同扁平比下效率对比图

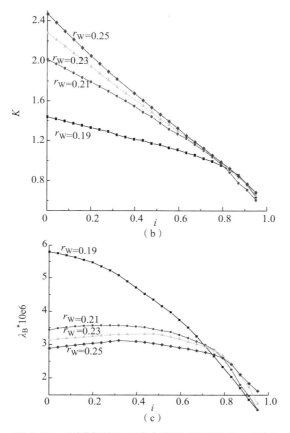

图 5.12 不同扁平比下液力变矩器性能对比（续）

（b）不同扁平比下转矩对比图；（c）不同扁平比下转矩系数对比图

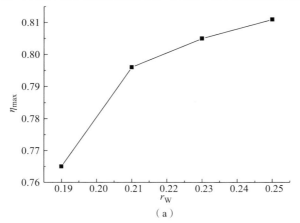

图 5.13 扁平比与液力变矩器最高效率、起动变矩比和最大转矩系数指标关系曲线

（a）扁平比与最高效率关系曲线

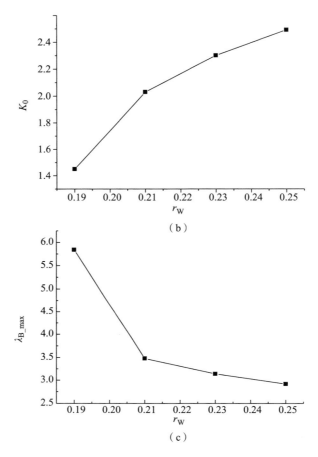

图 5.13 扁平比与液力变矩器最高效率、起动变矩比和最大转矩系数指标关系曲线（续）

（b）扁平比与变矩比关系曲线；（c）扁平比与最大转矩系数关系曲线

可见扁平比对液力变矩器低速比下的变矩比、效率、泵轮转矩系数影响较大，而对高速比下液力变矩器性能影响则较小。效率、变矩比随着扁平比的减小而减小，而泵轮转矩系数随着扁平比的减小而增大，也就是说扁平液力变矩器能容高，泵轮能吸收更多的功率。当扁平比太低（低于 0.2）时，性能恶化严重。

5.2.2 叶轮叶片数目敏感性研究

由于一维束流理论假设液力变矩器叶片无限薄、叶片数无限多，故难以有效地对液力变矩器叶栅系统叶片数这一重要参数进行设计及优化，往往需通过大量试验或经验公式进行选择[13]。为了研究叶片数对液力元件性能的影响，利用液力元件集成设计平台，取泵轮叶片数、涡轮叶片数、导轮叶片数为自变量，取值范围均为 10～30。采用拉丁方法进行试验设计，取 105 个样本点，使各水平数均有较好的重复性，以获得更可靠的试验结论。

利用搭建的三维流动设计分析平台，提取三个叶轮的叶片数作为自变量，分别为泵轮叶片数（B）、涡轮叶片数（T）、导轮叶片数（D），以液力变矩器最高效率（η_{max}）、起动变矩比（K_0）、起动泵轮转矩系数（λ_{B0}）为因变量，进行试验设计，经过试验设计计算后获得的自变量对因变量的影响帕里托图和主效应图如图 5.14 和图 5.15

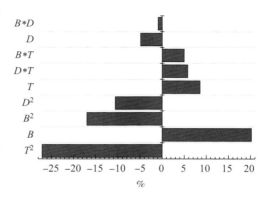

图 5.14 叶片数对最高效率帕里托图

所示。帕里托图表征自变量对因变量的影响程度，主要有线性相关程度、平方相关程度、自变量交互影响程度；主效应图表征因变量随自变量的变化关系。

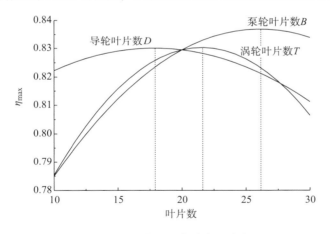

图 5.15 叶片数对最高效率主效应图

由图 5.15 可以看出，泵轮叶片及涡轮叶片对最高效率影响较大，且涡轮叶片数与最高效率呈较明显二次相关关系，这可以由图 5.15 中涡轮叶片数对最高效率的主效应图中看出，涡轮叶片数与最高效率的关系近似为开口向下的抛物线。泵轮叶片数对最高效率也有较大影响，由帕里托图及主效应图可以看出，在叶片数少时，最高效率随着泵轮叶片数的升高而单调上升；在叶片数大于 22 以后，最高效率上升趋势不明显；在叶片数较高时，有下降的趋势。

由图 5.16 和图 5.17 可以看出，泵轮叶片数、涡轮叶片数对起动变矩比影响较大。起动转矩比与涡轮叶片数呈较明显的二次相关关系，而与泵轮叶片数呈明显的负线性相关关系，起动变矩比随着泵轮叶片数的增多而线性递减。导轮叶片数对起动变矩比也近似呈二次相关关系，不过对其影响并不大。

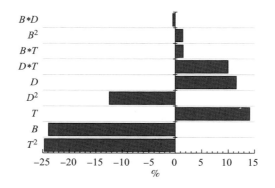

图 5.16　叶片数对起动变矩比帕里托图

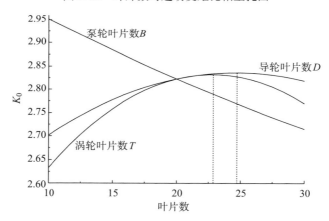

图 5.17　叶片数对起动变矩比主效应图

由图 5.18 和图 5.19 可知，泵轮叶片数与泵轮转矩系数呈准线性相关关系，且泵轮叶片数对泵轮起动转矩系数影响最大。泵轮转矩系数即泵轮吸收功率的能力，叶片数越多，叶片作用面积加大，从而导致其吸收功率的能力升高。但是叶片数过多时，会导致流道过窄，从而使流动恶化，降低其吸收功率的能力，故在泵轮叶片数过高时，对泵轮起动转矩系数的提高程度有所下降。导轮叶片数与泵轮转矩系数呈近似线性相关，泵轮起动转矩系数随着导轮叶片数的升高而降低，这是因为导轮叶片数会改变泵轮入口处液流，从而对泵轮转矩系数造成影响。

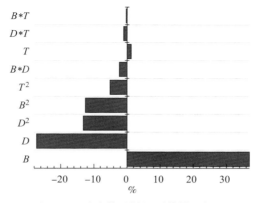

图 5.18 叶片数对转矩系数帕里托图

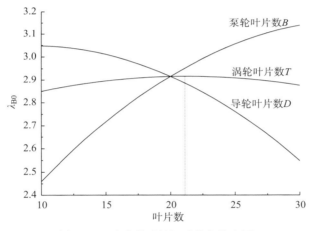

图 5.19 叶片数对转矩系数主效应图

5.3 液力元件叶栅系统设计优化算例

5.3.1 液力变矩器叶片数目优化

由于液力变矩器设计参数众多，采用三维流场仿真作为解算其性能的工具之后，计算时间较长，如果直接进行寻优，势必需要大量的资源及时间以获得可行优化结果。为了缩短寻优过程，可先进行试验设计，采用有限个样本点进行计算，再利用响应曲面法构造自变量与因变量的响应面，在响应面上进行寻优。由于响应面的构造有一定误差，响应面寻优后，代入原模型中进行计算，以获得实际最优解，这样可以大大简化优化过程，缩短优化时间。

为了获得较好的拟合效果，提高寻优精度，针对给定优化算例，采用三元三次回归方程来构造响应曲面，其构造方程如下：

$$y_m = b_0 + \sum_{i=1}^{k} b_i^1 x_i + \sum_{i<j}^{k} b_{ij}^2 x_i x_j + \sum_{i=1}^{k} b_i^2 x_i^2 + \sum_{i=1}^{k} b_i^3 x_i^3 + \varepsilon \qquad (5-12)$$

式中，$m=1$，2，3，分别代表最高效率、起动转矩比和泵轮起动转矩系数；$k=1$，2，3，分别代表泵轮叶片数、导轮叶片数和涡轮叶片数；b_0 为常数项；b_i^1 为一次项系数；b_i^2 为自变量二次效应系数；b_{ij}^2 为各变量间交互效应系数；b_i^3 为三次项系数；ε 为拟合误差。

对所拟合响应面进行误差分析，获得相关系数如表 5.1 所示。

表 5.1　RSM 曲面拟合误差分析

参数	平均误差	最大误差	误差均方根	拟合度
$\eta_{\max}$	0.056	0.196	0.074	0.924
K_0	0.037	0.175	0.055	0.955
λ_{B0}	0.027	0.160	0.042	0.974
许用值	≤0.2	≤0.3	≤0.2	≥0.9

由表 5.1 可知，利用三元三次曲面进行响应面拟合具有较高精度，其均方根误差在 0.042 ~ 0.074 以内，远远小于许用值。拟合度是拟合中用于表征拟合模型与实际数据吻合程度的量，其值为 0 ~ 1，越高表明吻合程度越好，一般要求拟合度在 0.9 以上。

响应曲面构造完成后，选取对因变量影响较大的两个参数分别作出曲面图，如图 5.20 ~ 图 5.22 所示。

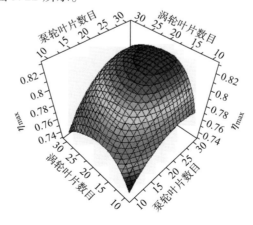

图 5.20　泵轮、涡轮叶片数与最高效率曲面

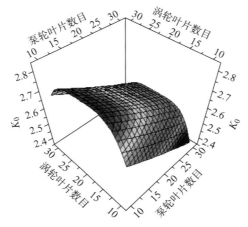

图 5.21 泵轮、涡轮叶片数与起动转矩比曲面

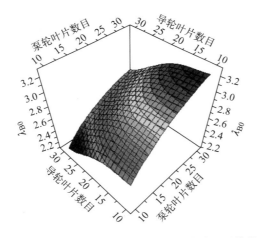

图 5.22 泵轮、导轮叶片数与泵轮起动转矩系数曲面

在响应曲面上,本算例利用自适应模拟退火算法（Adaptive Simulated Annealing）进行寻优,模拟退火算法是一种通用的随机搜索算法,引入随机过程,以概率的形式接受劣解,从而可以跳出局部极值点达到全局优化。

由于液力变矩器性能有多个性能指标,如最高效率、起动变矩比、泵轮起动转矩系数,所以液力变矩器性能的优化为多目标优化。目前多目标优化主要有两种处理方式:一种是利用不同的权重系数将各个性能归一后加权,形成新的单一综合指标,并对该指标进行优化,形成非劣解集;另一种是将指标转化成约束,对更关心的指标进行优化。这里将起动变矩比、泵轮起动转矩系数作为约束,对最高效率进行优化,其中 $K_0 \geqslant 2.6$,$\lambda_{B0} \geqslant 3.1 \times 10^{-6}$。优化结果如表 5.2 及图 5.23 和图 5.24 所示。

表 5.2　RSM 优化结果对比

参数	B	T	D	η_{max}	K_0	$\lambda_{B0}/(\min^2 \cdot r^{-2} \cdot m^{-1})$
原型	22	24	20	0.794	2.46	3.12×10^6
RSM 优化结果	26	20	17	0.838	2.725	3.158×10^6

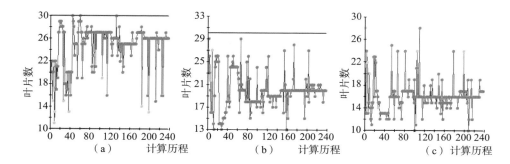

图 5.23　优化过程设计变量迭代

（a）泵轮叶片数；（b）涡轮叶片数；（c）导轮叶片数

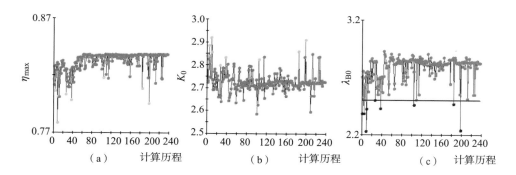

图 5.24　优化过程目标函数迭代

（a）最高效率；（b）起动转矩比；（c）泵轮起动转矩系数

　　由于 RSM 优化结果是针对拟合曲面的优化，存在一定的误差，故需要将优化结果代回原始模型进行验算。以 26、20、17 为基准点，构造邻域 25 ~ 27、19 ~ 21、16 ~ 18，进行 3 因子 3 水平共 $3^3 = 27$ 次完全区组试验，最终确定模型最优解，如表 5.3 所示。

表 5.3　模型优化结果对比

参数	B	T	D	η_{max}	K_0	$\lambda_{B0}/(\min^2 \cdot r^{-2} \cdot m^{-1})$
原型	22	24	20	0.794	2.46	3.12×10^6
优化结果	26	21	17	0.837	2.733	3.16×10^6

由表 5.2 与表 5.3 对比表明，RSM 优化结果与实际模型优化结果差别不大，只是涡轮叶片数差 1，而优化性能参数误差在 0.2% 以内，说明响应面具有较高精度，适合于对模型进行优化。利用响应面优化后，在保证能容不降低的情况下，液力变矩器最高效率和起动变矩比得到较大的提升。

5.3.2　液力变矩器叶片角度优化

泵轮叶片角度的设置对能量转化程度和传动性能有着决定性的影响，在对泵轮叶片内外环角度的优化研究中，一般以测绘得到的叶栅系统参数作为设计初值，优化目标为最大起动变矩比 K_0，以内、外环的入、出口角度 4 个参数作为设计变量进行正交试验设计构建响应曲面，并在曲面上利用序列二次规划法（SQP）寻优，在 iSIGHT 平台上开展叶片倾角设计优化。

在优化过程中，首先构造其 4 因子 4 水平的 L_{16}（4^4）正交设计表，进行试验设计后，利用得到的结果数据库建立二次 RSM 响应面近似模型，而后利用序列二次规划法在 RSM 上寻优，这是一种解决小规模非线性规划问题的有效算法，它将目标近似为二次函数寻优，在最优点附近具有超线性的收敛速度，能快速有效地解决复杂系统的优化问题。得到优化结果后对其作 CFD 数值验证，如果不满足收敛条件则加入该次 CFD 结果重新构建 RSM，更新二次多项式系数，直到满足收敛条件为止。

对某型液力变矩器泵轮叶片角度进行优化计算，泵轮曲面及其流道模型如图 5.25 所示，网格数目为 20 000，并在上、下游有一定的延伸，叶片数为 22。定义 bin00、bin01、bout00、bout01 分别为内环入、出口角和外环入、出口角。

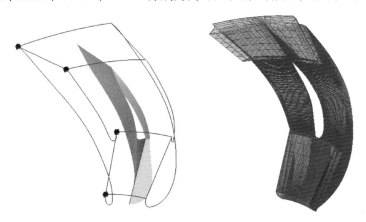

图 5.25　泵轮叶片直纹曲面与流道网格模型

在起动工况下泵轮输入转速为 1 800 r/min，涡轮转速为 0，由于传动流体处于闭环循环流动状态，因此不需要设定入、出口速度分布。传动介质为 8# 液力传动油，工作温度为 90 ℃。优化问题可描述为：

$$\max \quad K_0(\text{bin00}, \text{bin01}, \text{bout00}, \text{bout01}) \tag{5-13}$$

$$\text{s. t.} \quad \begin{aligned} 15 &\leqslant \text{bin00} \leqslant 165 \\ 15 &\leqslant \text{bin01} \leqslant 165 \\ 15 &\leqslant \text{bout00} \leqslant 165 \\ 15 &\leqslant \text{bout01} \leqslant 165 \end{aligned} \tag{5-14}$$

首先构造正交试验表（表 5.4），试验次数为 16，由于泵轮叶片角度相对平直，流道网格调整范围较大，取 DOE 中各参数取值分别与其初始值相差 -25%、-8.33%、8.33%、25%。

表 5.4　4 因子 4 水平正交试验表

序号	bin00	bout00	bin01	bout01
1	96.75	89.25	71.25	67.50
2	96.75	109.08	87.08	82.50
3	96.75	128.92	102.92	97.50
4	96.75	148.75	118.75	112.50
5	118.25	89.25	87.08	97.50
6	118.25	109.08	71.25	112.50
7	118.25	128.92	118.75	67.50
8	118.25	148.75	102.92	82.50
9	139.75	89.25	102.92	112.50
10	139.75	109.08	118.75	97.50
11	139.75	128.92	71.25	82.50
12	139.75	148.75	87.08	67.50
13	161.25	89.25	118.75	82.50
14	161.25	109.08	102.92	67.50
15	161.25	128.92	87.08	112.50
16	161.25	148.75	71.25	97.50

由帕里托分析图（见图 5.26）可见，泵轮内环出口角对 K_0 影响最为显著，而后超过 10% 的项依次是外环出口角与内环入口角和外环入口角的交叉项、内环入口角的平方项以及外环入口角与内环出口角的交叉项。在主效应

分析图中也可以看到，K_0 随外环入、出口角和内环入口角的变化平缓，而与内环出口角则有明显的单调递增关系。

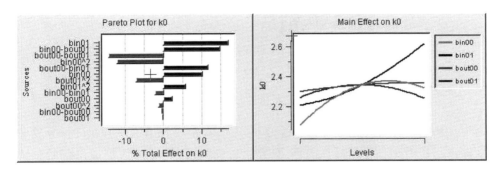

图 5.26　泵轮叶片角度参数对 K_0 影响的帕里托分析图和主效应分析图

经序列二次优化（SQP）得到收敛解后，4 变量 2 次 RSM 曲面的拟合效果如图 5.27 所示。对于目标值 K_0，泵轮内环入口角的二次效应在 RSM 上体现很明显，初始的角度设置几乎位于极值的位置，其他三个角度均呈线性变化趋势。其中，内环出口角度与 K_0 间斜率最大，这与帕里托分析图中泵轮外环入口角 bin01 对 K_0 贡献最大的结论一致，而 K_0 对外环的入、出口角度的调整并不敏感。因此，提高 K_0 的措施是保证内环入口角处于原有合理位置，加大内环出口角。

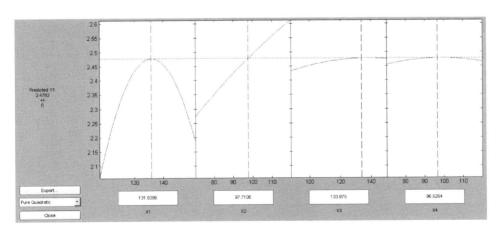

图 5.27　多维二次 RSM 响应曲面

参考优化设计结果并结合铸造工艺性能的考虑，优化叶片内环出口角度取 135°，与初始叶片的形状对比如图 5.28 所示。

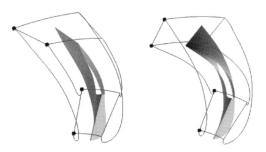

图 5.28　泵轮初始叶片与优化叶片的比较

从初始叶片与优化叶片的流线分布图 5.29 中（流道次序为涡轮—导轮—泵轮）可以看出，泵轮叶片内环出口角度的变化改善了多级流道内部的整体流动状况：首先降低了泵轮流道内液流的入口冲击和出口的扩散程度，减小了能量损失，使得流线形状基本平行于叶片形状；在涡轮流道内减小了涡轮非工作面中部的旋涡，使得流动更加顺畅，增强了涡轮将流体动能转化为机械能的水平。

（a）　　　　　　　　　　　　　　　　（b）

图 5.29　初始叶片与优化叶片流线分布图对比

（a）初始叶片；（b）优化叶片

内环出口角度的变化对流场参量的影响同样可以在叶片载荷图中加以考察，在泵轮设计流线上周向平均的总压、流速和涡黏度分布图（图 5.30 ~ 图 5.32）中，各参量在工作面和非工作面上的分布从入口到接近出口段处基本一致，且在工作面上的分布基本未发生变化，但在非工作面出口段则有了较大的变化。总压分布图中，优化叶片非工作面总压甚至大于工作面，这是由于新的叶片形状减小了流道间的收缩损失，降低了流速，反映在泵轮流道出口处工作面与非工作面流速分布差异较初始叶片大，而涡黏性的振荡则大为减轻，流动更顺畅。

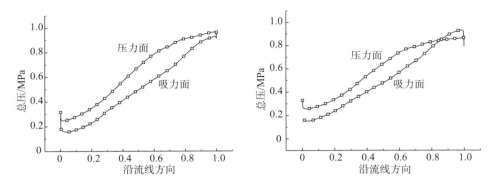

图 5.30 初始叶片与优化叶片设计流线总压分布对比

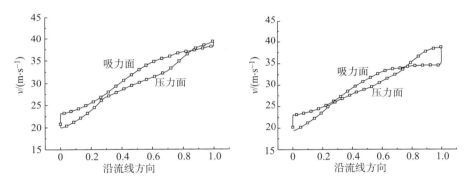

图 5.31 初始叶片与优化叶片设计流线速度分布对比

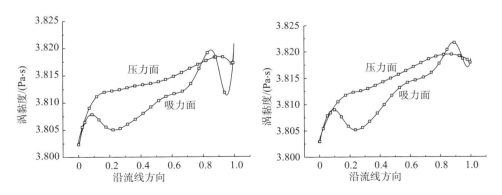

图 5.32 初始叶片与优化叶片设计流线涡黏度分布对比

试验设计用时约 18 h，优化用时约 10 h，角度调整后起动转矩比数值解由 2.54 增加到图 5.33 的 2.76，提高了 8.66%，而最高效率则由原始数值解拟合的 0.80 下降到 0.79。可见在上述优化过程中，变矩性能的提高是以经济性能的略为下降为代价的。由于装有优化叶片的变矩器样机整体设计制造周期很长，这里的性能比较取具有初始泵轮叶片的变矩器外特性试验结果。

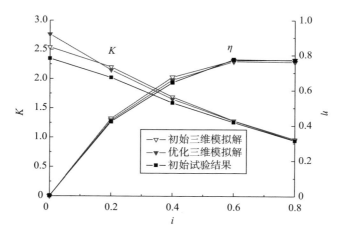

图 5.33　优化前后原始特性对比

5.3.3　液力缓速器叶片倾角优化

1. 直叶片倾角优化

液力缓速器叶片倾角是影响液力缓速器减速制动性能的主要因素之一，对于直叶片或弯叶片型式液力缓速器，合理的叶片倾角能够在较小的尺寸空间内实现较高的制动效能，能够显著提升功率密度。本算例基于某型大功率重型车用液力缓速器样机，以动轮转速 800 r/min 工况为例进行分析研究，该型液力缓速器样机循环圆外径为 380 mm，动、定轮前倾角均为 30°。定义优化变量及优化目标为

$$\begin{cases} \boldsymbol{X} = \boldsymbol{\alpha} = \begin{bmatrix} \alpha_{\mathrm{R}} & \alpha_{\mathrm{S}} \end{bmatrix}^{\mathrm{T}} \\ \max(T_{\mathrm{R}}(\boldsymbol{X})) \end{cases} \qquad (5-15)$$

式中，α_{R} 为动轮前倾角；α_{S} 为定轮前倾角；T_{R} 为制动转矩。

首先利用试验设计建立响应曲面，然后再在响应面上进行寻优，试验设计采用拉丁方试验方法构造 2 因子 20 水平设计表（表5.5），动、定轮倾角取值范围为 $[0°，70°]$。

表 5.5 叶片倾角参数试验表

序号	$\alpha_R/(°)$	$\alpha_S/(°)$	序号	$\alpha_R/(°)$	$\alpha_S/(°)$
1	1	70	11	37.32	48.21
2	4.63	51.84	12	40.95	8.26
3	8.26	66.37	13	44.58	59.11
4	11.89	15.53	14	48.21	4.63
5	15.53	44.58	15	51.84	11.89
6	19.16	33.68	16	55.47	19.16
7	22.79	22.79	17	59.11	37.32
8	26.42	30.05	18	62.74	55.47
9	30.05	1	19	66.37	26.42
10	33.68	62.74	20	70	40.95

在仿真中，通过优化平台对集成程序的反复迭代和对模型的不断更新，实现了叶栅系统的三维参数优化计算。20 个样本点总共耗时约 40 h。图 5.34 所示为根据不同叶片倾角参数自动生成的单周期流道网格模型。

图 5.34 不同倾角的单周期流道网格模型

利用 1~4 阶多项式对试验设计结果进行拟合并进行误差分析，发现三阶多项式拟合度最高（$R^2 = 0.901$），故采用二元三次函数方程来构造优化目标（制动转矩）的响应曲面，其结果如下：

$$T_R = 273.363 - 29.6\alpha_R + 17.047\alpha_S + 2.452\alpha_R^2 + 1.196\alpha_S^2 + 0.823\alpha_R\alpha_S -$$
$$0.036\alpha_R^3 - 0.026\alpha_S^3$$

图 5.35 所示为根据试验样本计算结果构建的 2 变量 3 次 RSM 响应面近似模型三维瀑布图，横坐标分别为动、定轮叶片前倾角，纵坐标为制动转矩。可见在动、定轮前倾角两个设计变量构造的三维曲面上，目标值制动转矩存在一个明显的波峰。

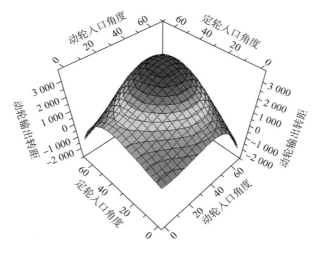

图 5.35 二维三次 RSM 响应曲面

基于 RSM 模型，以制动转矩为优化目标，动、定轮叶片前倾角度为设计变量，采用 iSIGHT 内置的简约下降梯度法在 RSM 曲面上进行寻优。图 5.36 所示为叶片前倾角和制动转矩循环迭代历程图，其中横坐标为迭代次数，纵坐标为变量值。可见经过循环迭代，得到初始最优解为

$$\boldsymbol{\alpha}_0 = \begin{bmatrix} \alpha_R & \alpha_S \end{bmatrix}^T = \begin{bmatrix} 47.39 & 48.56 \end{bmatrix}^T$$

由于 RSM 优化结果是针对拟合曲面的优化，存在一定的误差，故需要将优化结果代回原始模型进行验算。以 $\boldsymbol{\alpha}$ 为基准点，构造上下限 15% 的邻域进行 DOE 试验，最终确定出最优解：

$$\boldsymbol{\alpha} = \begin{bmatrix} \alpha_R & \alpha_S \end{bmatrix}^T = \begin{bmatrix} 48.93 & 48.28 \end{bmatrix}^T$$

可见 RSM 优化结果与实际模型优化结果差别不大。为了进一步对优化结果及流动机理进行验证，选取三组典型试验样本重新进行流场计算并进行对

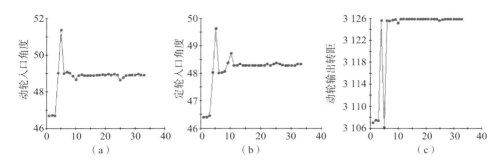

图 5.36　循环迭代优化历程图

（a）动轮迭代；（b）定轮迭代；（c）制动转矩迭代

比分析。三组样本分别为：

原型样机方案 1：$\alpha_R = 30°$，$\alpha_S = 30°$。

优化方案 2：$\alpha_R = 48.93°$，$\alpha_S = 48.28°$。

对比方案 3：$\alpha_R = 55°$，$\alpha_S = 55°$。

图 5.37 所示为不同典型叶片倾角方案的周期面速度分布云图，从整体上看三种方案速度分布规律基本相同，均是低速区出现在循环圆中心的 A 处，高速区出现在循环圆外环靠近动轮出口 B 和定轮出口 C 处。从原型方案 1 到优化方案 2，随着叶片倾角的增大，腔内流动速度明显增大，而从图 5.37（c）上看出，随着前倾角度继续增大到对比方案 3，腔内流动速度减小。

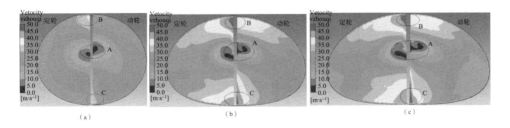

图 5.37　速度分布云图

（a）原型方案 1；（b）优化方案 2；（c）对比方案 3

液流对叶片的冲击作用产生压力分布和制动转矩，图 5.38 所示为不同典型叶片倾角方案的定轮冲击面压力分布云图，从图中可看出，随着叶片前倾角的增加，叶片形状相应改变，面积明显增大。从原型方案 1 到优化方案 2，叶片上分布的压力值增大，从而对旋转轴产生更大的制动转矩。而从图 5.38（c）上看出，随着叶片倾角进一步增大，叶片低压区从循环圆中心向外环扩散，压力分布数值从整体上减小。

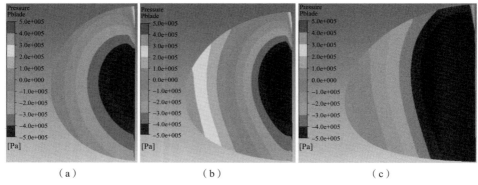

图 5.38　定轮冲击面压力分布云图

（a）原型方案 1；（b）优化方案 2；（c）对比方案 3

　　湍流动能耗散率在一定程度上表征了内流场将能量耗散为内能的能力，图 5.39 所示为不同典型叶片倾角方案的定轮冲击面湍流动能耗散率分布云图，结合图 5.37 和图 5.38 可以看出，循环圆外环和入、出口处流速较高，由此造成冲击损失也较大，因此湍流动能耗散率的极大值出现在入口靠近外环的 A 处和出口靠近外环的 B 处。从原型方案 1 到优化方案 2，湍流动能耗散率分布值明显增大。这是由于随着叶片前倾角度的增大，流动速度增加，液流对叶片冲击和摩擦产生作用更加剧烈，因此能量损失更大。而当叶片前倾角继续增大时，内流场流动速度减小，虽然叶片与液流摩擦面积一定程度上增大，但液流内流动摩擦以及液流与叶片之间总的冲击和摩擦作用减小，因此由图 5.39（c）可以发现，从优化方案 2 到对比方案 3，叶片上湍流动能耗散率分布开始有明显减小趋势。

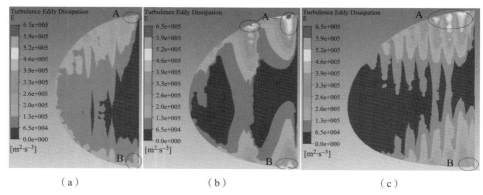

图 5.39　湍流动能耗散率分布云图

（a）原型方案 1；（b）优化方案 2；（c）对比方案 3

图 5.40 所示为优化前后液力缓速器制动外特性对比。从图 5.40 中可见，当转速 $n = 1\,200$ r/min 时，优化前的液力缓速器制动转矩为 5 089.3 N·m，而优化后的制动转矩达到 8 590.5 N·m。可见，叶片倾角优化后的液力缓速器制动性能与优化前相比得到显著提高。

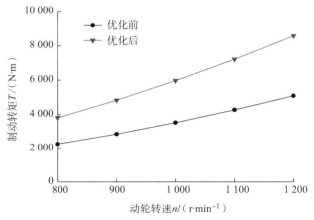

图 5.40　优化前后液力缓速器制动外特性对比

2. 弯叶片倾角优化

某双循环圆液力缓速器循环圆外径为 355 mm，动轮、定轮叶片顶弧倒角直径均为 5 mm，动轮与定轮叶片数目分别为 47 和 51。当叶片工作面与叶轮交互面垂直时，定义为零倾角液力缓速器，图 5.41 即某零倾角双循环圆液力缓速器的三维几何模型及其布置图[14]，箭头指示动轮转向。图 5.42 所示为对应零倾角液力缓速器叶片的二维结构简图，可见叶片压力面与吸力面在叶轮交互面内的投影由三段相切圆弧组成（内弧、中弧、外弧）[15]。

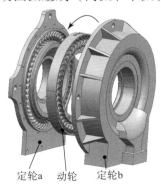

图 5.41　某液力缓速器动轮和定轮几何模型

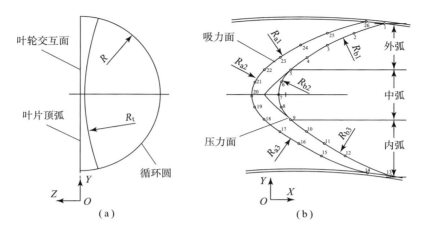

图 5.42　液力缓速器弯曲叶片结构简图

（a）叶轮循环圆面上简图；（b）叶轮交互面上简图

　　轴的方向可由它与坐标轴的夹角确定，如图 5.43 所示，即轴的方向可以由 θ、γ 确定。θ 为轴线在 XOY 平面内的投影与 X 轴的夹角，正负规定如图 5.43 所示。γ 为叶片特征轴与 Z 轴的夹角，正负规定如图 5.43 所示。叶片建模过程中，坐标系 Z 轴与叶轮旋转轴线重合，Y 轴过压力面与吸力面中弧顶点连线的中点，X 轴方向符合右手定则，坐标原点 O 位于叶轮交互面上。设置定轮与动轮叶片具有相同的倾斜方位。

　　保持叶片在叶轮交互面上的简图形状尺寸方位不变，将其沿着图 5.43 中轴线方向按一定尺寸拉伸可得到叶轮叶片。轴的方向决定叶片的倾斜方位，定义其为叶片特征轴；θ 表示根部叶形不动而顶部叶形平移时叶片总体偏离 X 轴的程度，称为方位角；γ 表示根部叶形不动而顶部叶形平移时叶片的俯仰程度，称为倾角。

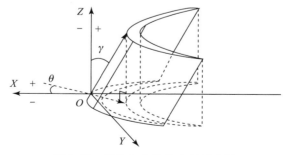

图 5.43　倾角和方位角定义示意图

　　当 $\gamma = 0°$ 时，叶片特征轴与 Z 轴重合，其方位与 θ 无关，得到的叶片为零倾角叶片；当 $\gamma \neq 0°$ 时，叶片特征轴方位随 θ、γ 的不同而不同。文献［16、17］中从流场以及制动转矩两方面分析了叶片前倾时的制动性能优于后倾，因此本书针对前倾的叶片进行建模分析，此时 $\gamma \geq 0°$。为进一步优化体系的建立，以制动转矩为优化目标，以倾角 γ 和方位角 θ 为优化变量，变量约束取 $0° \leq \gamma \leq 40°$，$-20° \leq \theta \leq 30°$。

在优化过程中，首先构造试验设计表。DOE（Design of Experiments）是一种以概率论和数量统计为理论基础，能够确定最佳参数组合的统计方法之一。影响液力缓速器制动性能的因素有循环圆形状、有效直径、叶片数目、叶片前缘倒角、叶片倾斜方位等，寻求不同叶片倾斜方位下最优，仅仅是在其他条件一定下的最优。根据 γ、θ 的取值范围，采用部分因子设计方法构造出试验设计表，如表 5.6 所示。

表 5.6　2 因子 20 水平试验设计表

序号	$\gamma/(°)$	$\theta/(°)$	序号	$\gamma/(°)$	$\theta/(°)$
1	0	−20	16	25	0
2	5	−20	17	30	0
3	10	−20	18	40	0
4	15	−20	19	0	10
5	20	−20	20	10	10
6	25	−20	21	20	10
7	0	−10	22	25	10
8	10	−10	23	30	10
9	20	−10	24	0	20
10	30	−10	25	5	20
11	0	0	26	20	20
12	5	0	27	25	20
13	10	0	28	0	30
14	15	0	29	15	30
15	20	0	30	20	30

由试验设计表中的数据建立对应的几何模型，经流场仿真得到对应的制动转矩，可以定量分析制动转矩对叶片倾角 γ、叶片方位角 θ 的敏感性。图 5.44（a）和（b）分别为 γ、θ 对制动转矩的主效应分析图。

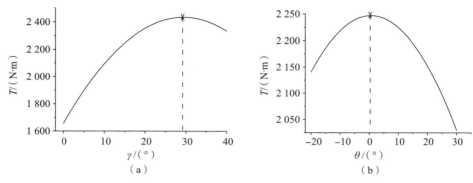

图 5.44　倾角与方位角的主效应分析图

（a）制动转矩随倾角 γ 的变化趋势；（b）制动转矩随方位角 θ 的变化趋势

从图 5.44 中可以看出，当 γ、θ 分别增加时，制动转矩均出现先增加后减小的现象：当单一变量 $\gamma = 29.22°$ 或 $\theta = 0°$ 时，制动转矩达到极大值。制动转矩随 γ 变化的幅值较其随 θ 变化幅值大，即制动转矩对 γ 的变化更为敏感。

图 5.45 所示为根据制动转矩计算结果构建的制动转矩随 γ、θ 的两因子四次响应面近似模型（RSM）图。从图中可见，制动转矩在 γ、θ 的变化范围内均存在明显的单峰值。

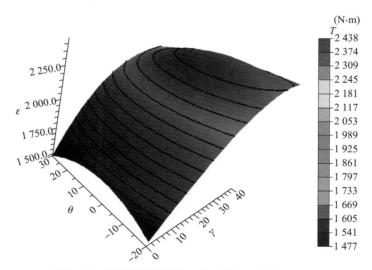

图 5.45　制动转矩随倾角 γ 和方位角 θ 的响应曲面

采用 iSIGHT 内置的 NLPQL 梯度优化算法在相应面上进行迭代寻优，求解最优组合。图 5.46 所示为寻优历程，结果显示当 $\gamma = 30.63°$，$\theta = -0.06°$ 时，叶片倾角和方位角组合最优，此时制动转矩达到极大值。该角度组合与敏感性分析得到的角度 $\gamma = 29.22°$ 和 $\theta = 0.31°$ 不同，这是由于后者考察的是单一变量时对液力缓速器制动性能的影响。

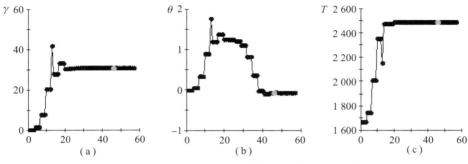

图 5.46   倾角、方位角与制动转矩的优化时间历程曲线

为对优化结果进行验证，将原方案（$\theta = 0°$，$\gamma = 0°$）与优化方案（$\theta = -0.06°$，$\gamma = 30.63°$）的内部流场特性进行对比分析。图 5.47 所示为优化前、后绘制网格形状对比图，图 5.48 所示为优化前、后定轮周期面上速度的对比分析图。

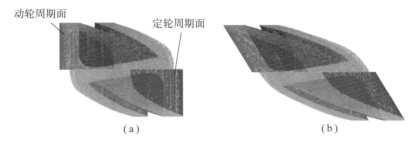

图 5.47   优化前后流道网格对比图

（a）零倾角方案；（b）优化方案

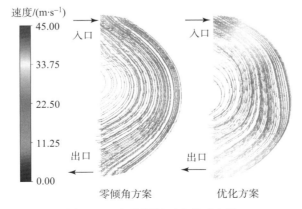

图 5.48   定轮周期面速度对比图

从图 5.48 中可以看出，循环圆流道中油液呈明显循环流动的趋势，在循环圆的外环靠近定轮入口与出口处出现高速区，在循环圆的中心处出现低速区；优化后在定轮入口与出口处循环流动的速度幅值比零倾角方案高。

通过速度流线图与矢量图仅可以定性地观察出循环流动的状况，为进一步量化分析缓速器制动能力的强弱，引入涡量分析与湍流耗散能。

涡量能够表征流体质点自身旋转的速度，流体质点涡量值越大，说明其自身旋转的速度越高[18]。涡量出现的原因一方面在于流体具有黏性，从运动学上来讲是流线弯曲和速度切变梯度，其大小在一定程度上能够表征流场旋涡的强烈程度以及流体质点由于黏性而造成的能量损失大小[19]。图 5.49 所示为优化前、后定轮周期面上的涡量云图。

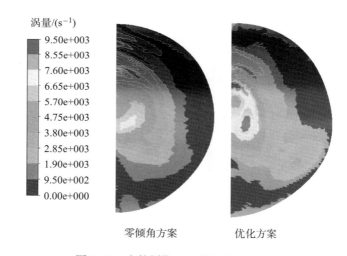

涡量/(s⁻¹)

零倾角方案　　　优化方案

图 5.49　定轮周期面上的涡量对比云图

对比优化前后涡量可见，两者涡量较大值均分布在循环圆的中心附近；优化后涡量值较大的区域分布变广，且涡量的值变大。这说明优化流体质点自身旋转速度变大，由于油液黏性造成的能量损失变大，同时在一定程度上说明了优化方案中油液循环流动的速度较高，液力缓速器制动性能较优。

湍流耗散率指在分子黏性的作用下由湍流动能转化为分子热运动动能的速度，可以通过单位质量流体在单位时间内耗散的湍流动能来衡量[20]。图 5.50 所示为优化前、后定轮周期面上湍流耗散率的分布云图。

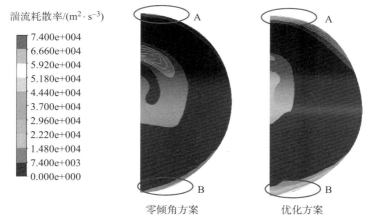

图 5.50 湍流耗散率对比图

从图中可见，优化后湍流耗散率在定轮循环圆外环入口 A 处以及出口 B 处变大。这是由于优化后，油液在入、出口处流速加快，冲击外环后造成的冲击损失变大。为进一步量化分析优化后的效果，求湍流耗散率在周期面上的积分。结果显示，优化前积分值为 5 960 m^2/s^3，优化后积分值为 6 793 m^2/s^3，增幅为 13.9%。

为进一步验证优化后液力缓速器的制动性能，对全充液工况其他转速下的制动转矩进行仿真计算。图 5.51 所示为零倾角方案与优化方案的液力缓速器在转速分别为 500 r/min、600 r/min、700 r/min、800 r/min、900 r/min 和 1 000 r/min 时制动转矩的对比图。

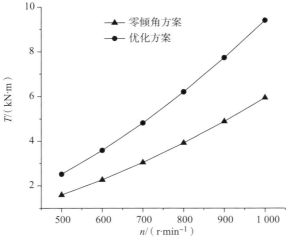

图 5.51 优化前后制动性能对比曲线

从图 5.51 中可见，倾角优化后制动转矩明显增加，平均增幅在 58% 以上。由此可见，在其他叶轮参数不变的情况下，通过调整叶片的倾角能够得到相对更优的制动性能。

5.3.4　液力缓速器弯曲叶片叶形优化

叶形参数也是影响液力缓速器制动性能的主要因素之一。以某型弯叶片双循环圆液力缓速器为例，对其叶形参数进行优化设计，其叶片结构简图如图 5.52 所示，在图中可见弯叶片的工作面与非工作面在轴面（$x-y$ 面）的投影曲线。

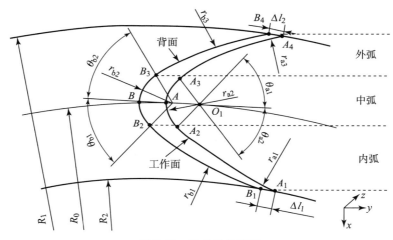

图 5.52　叶片结构简图

叶片工作面投影曲线由内弧 $\widehat{A_1A_2}$、中弧 $\widehat{A_2AA_3}$、外弧 $\widehat{A_3A_4}$ 相切构成。中弧弧度为包角 θ_{a1} 与 θ_{a2} 之和，表征了工作面的弯曲程度。

工作面与循环圆内壁相交线离散点集为 $\{C_n\}$，其中 $n=1$，2，3。

$$
\begin{cases}
\{C_1\} = \begin{cases} (x_1 - x_{OA_1})^2 + (y_1 - y_{OA_1})^2 = r_{a1}^2 \\ z_1 = \sqrt{R^2 - x_1^2 - y_1^2}, \ y_{A_1} \leqslant y_1 < y_{A_2} \end{cases} \\[2ex]
\{C_2\} = \begin{cases} (x_2 - x_{O_1})^2 + (y_2 - y_{O_1})^2 = r_{a2}^2 \\ z_2 = \sqrt{R^2 - x_2^2 - y_2^2}, \ y_{A_2} \leqslant y_2 \leqslant y_{A_3} \end{cases} \\[2ex]
\{C_3\} = \begin{cases} (x_3 - x_{OA_2})^2 + (y_3 - y_{OA_2})^2 = r_{a3}^2 \\ z_3 = \sqrt{R^2 - x_3^2 - y_3^2}, \ y_{A_3} < y_3 \leqslant y_{A_4} \end{cases}
\end{cases}
\tag{5-16}
$$

式中，R 为循环圆半径；r_{a1}，r_{a2}，r_{a3} 分别为 $\widehat{A_1A_2}$、$\widehat{A_2AA_3}$、$\widehat{A_3A_4}$ 半径，对应的

圆心分别为 O_{A_1}、O_1、O_{A_2}。

在求解 A_2、A_4 坐标时，若 r_{a1} 与 r_{a3} 取值过小，容易产生空解，导致建模失败，故需增加约束条件。假设 $\widehat{A_1A_2}$、$\widehat{A_3A_4}$ 分别与内环、外环仅存在唯一交点，此时 r_{a1}、r_{a3} 取到有效范围内的最小值 r_{a1m}、r_{a3m}，记为

$$
\begin{cases}
-R_1 + \sqrt{\left[x_{O_1} + (r_{a1m} - r_{a2})\cos\theta_{a1}\right]^2 + y_{O_1} + \left[(r_{a1m} - r_{a2})\sin\theta_{a1}\right]^2} = r_{a1m}^2 \\
R_2 - \sqrt{\left[x_{O_1} + (r_{a3m} - r_{a2})\cos\theta_{a2}\right]^2 + y_{O_1} + \left[(r_{a3m} - r_{a2})\sin\theta_{a2}\right]^2} = r_{a3m}^2
\end{cases}
$$

得到 $r_{am} - \theta_a$ 关系图，如图 5.53 所示。当设计参数取值 $r_{a1} \geqslant r_{a1m}$，$r_{a3} \geqslant r_{a3m}$ 时，求解才具有意义。

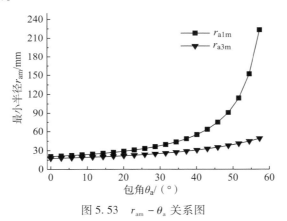

图 5.53　$r_{am} - \theta_a$ 关系图

可见，叶形参数间并不相互独立，r_{a1} 与 θ_{a1}、r_{a3} 与 θ_{a2} 间存在几何约束关系。叶片背面受到工作面几何约束以及叶片入、出口厚度限制，其参数可由工作面几何参数推导出。

综上提出弯叶片叶形设计参数：工作面内外弧半径（r_{a1}、r_{a3}）与叶形包角（θ_{a1}、θ_{a2}），记为

$$X = \begin{bmatrix} \theta_{a1} & \theta_{a2} & r_{a1} & r_{a3} \end{bmatrix}^T \tag{5-17}$$

图 5.54 所示为只改变 θ_{a1} 和 θ_{a2}，其余参数保持不变的周期流道参数化模型。

将弯叶片叶形参数 θ_{a1}、θ_{a2}、r_{a1}、r_{a3} 作为设计变量，以提高制动转矩为优化目标，对叶形参数进行优化设计，设计流程如图 5.55 所示。

为了缩短寻优过程，采用优化拉丁方设计方法进行试验设计（DOE），基于试验结果构建响应曲面近似模型（RSM），以制动转矩 T 为单目标，利用多岛遗传算法（MIGA）在近似曲面上寻取最优解，并用三维流场计算方法对优化结果进行验算。

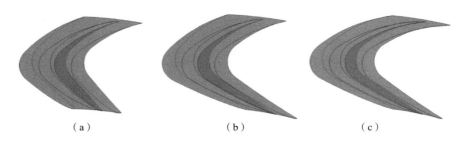

图 5.54　单流道周期模型

（a）$\theta_{a1}=40°$，$\theta_{a2}=48°$；（b）$\theta_{a1}=48°$，$\theta_{a2}=55°$；

（c）$\theta_{a1}=55°$，$\theta_{a2}=55°$

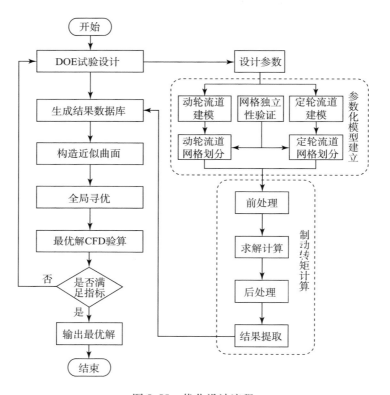

图 5.55　优化设计流程

基于 DOE 试验样本计算结果，根据设计参数 θ_{a1}、θ_{a2}、r_{a1}、r_{a3} 对缓速制动性能敏感性进行分析。图 5.56 所示为取动轮转速为 1 000 r/min 时，θ_{a1}、θ_{a2}、r_{a1}、r_{a3} 对制动转矩 T 的主效应分析图。

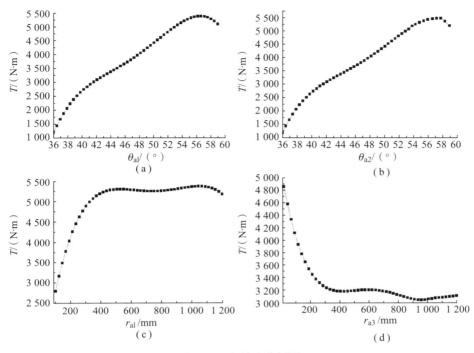

图 5.56 主效应分析图

由图 5.56（a）和（b）可见，随着包角的增大，制动转矩均先增大后减小，且均在 56°附近制动转矩取得最大值。由图 5.56（c）可以看出：当 $r_{a1} <$ 400 mm 时，制动转矩随 r_{a1} 的增加明显增加；当 400 mm $< r_{a1} <$ 1 000 mm 时，制动转矩基本保持不变，仅有微小的波动；而当 $r_{a1} >$ 1 000 mm 时，制动转矩则随 r_{a1} 的增加呈下降趋势。而图 5.56（d）制动转矩的变化趋势与图 5.56（c）相反，随着 r_{a3} 的增大，制动转矩减小，并在 400 ~ 800 mm 区间保持稳定，而后转矩略有上扬，但变化梯度并不明显。

为了获得较好的拟合效果，提高寻优精度，采用四元四次回归方程来构造响应曲面，其构造方程为

$$y(x) = a_0 + \sum_{i=1}^{N} b_i x_i + \sum_{ij(i<j)}^{N} c_{ij} x_i y_i + \sum_{i=1}^{N} d_i x_i^2 + \sum_{i=1}^{N} e_i x_i^3 + \sum_{i=1}^{N} g_i x_i^4 + \varepsilon$$

$$(5-18)$$

式中，$y(x)$ 为制动转矩 T 响应系数；$N = 4$，分别代表设计参数 θ_{a1}、θ_{a2}、r_{a1}、r_{a3}；a_0 为常数项；b_i 为一次项系数；d_i 为自变量二次效应系数；c_{ij} 为各变量间交互效应系数；e_i 为三次项系数；g_i 为四次项系数；ε 为拟合误差。由参数

敏感性分析结果可知，θ_{a1}、θ_{a2}、r_{a1}、r_{a3} 对液力缓速器制动性能指标都有明显影响，故在此将 4 个参数均考虑在内。

拟合度是用于表征拟合模型与实际数据吻合程度的量值，利用四元四次曲面构造的响应面拟合度为 0.934，大于许用值 0.9，证明此响应曲面具有较高的精度。

根据构造的响应曲面，建立制动转矩关于 θ_{a1} 与 r_{a1}、θ_{a2} 与 r_{a3} 的二维等值线图，如图 5.57 所示。

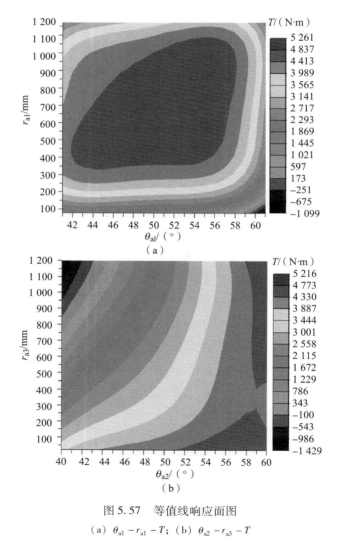

图 5.57　等值线响应面图

（a）$\theta_{a1} - r_{a1} - T$；（b）$\theta_{a2} - r_{a3} - T$

由图 5.57（a）可见，在以设计参数 θ_{a1} 为横坐标、r_{a1} 为纵坐标构造的等值线图中，目标值制动转矩存在一个明显的峰值；而以 θ_{a2} 为横坐标、r_{a3} 为纵坐标构造的等值线图中，如图 5.57（b）所示，制动转矩在自变量范围内存在两个峰值，即当 θ_{a2} 处于 58°附近，r_{a3} 取得较大值或较小值时都会出现制动转矩的极大值点。

在弯叶片叶形优化设计中，其目标函数具有多峰性与非连续性，设计参数间存在约束关系。多岛遗传算法作为一种伪并行遗传算法可以更好地解决此类优化问题[21]。在传统遗传算法基础上发展而来的多岛遗传算法，将整个进化群体划分为若干子群体，称为"岛屿"，在每个岛屿上对子群体独立地进行传统遗传算法的选择、交叉、变异等遗传操作，并定期随机选择一些个体进行迁移操作，借此可以维持群体的多样性，抑制早熟现象的发生。

采用 MIGA 方法在 RSM 曲面上进行寻优，通过 3 000 步的迭代计算，得到最优解为

$$\boldsymbol{X}_z = \begin{bmatrix} \theta_{a1} & \theta_{a2} & r_{a1} & r_{a3} \end{bmatrix}^{\mathrm{T}} = \begin{bmatrix} 54.07 & 55.42 & 497.5 & 50.4 \end{bmatrix}^{\mathrm{T}}$$

$$\boldsymbol{Y}_z = \begin{bmatrix} T \end{bmatrix} = \begin{bmatrix} 5\ 231.7 \end{bmatrix}$$

将最优解 $\boldsymbol{X}_z$ 代回原模型，进行 CFD 验算后的制动转矩 $T_y = 5\ 160\ \mathrm{N \cdot m}$。由此可见，基于 RSM 与 MIGA 优化方法获得的最优制动转矩较为精确，相对误差仅为 1.39%。

原样机叶片叶形设计参数为

$$\boldsymbol{X}_y = \begin{bmatrix} \theta_{a1} & \theta_{a2} & r_{a1} & r_{a3} \end{bmatrix}^{\mathrm{T}} = \begin{bmatrix} 50 & 50 & 128 & 52 \end{bmatrix}^{\mathrm{T}}$$

将原样机方案流场计算结果与最优解进行对比分析，图 5.58 所示为原方案与最优方案定轮周期面速度矢量分布图。

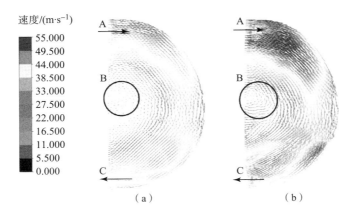

图 5.58　速度矢量分布图

（a）原样机；（b）最优

从整体上看，两方案油液呈明显的循环流动，低速区均出现在循环圆中心 B 处，高速区出现在循环圆外环靠近定轮入口 A 和出口 C 处。而从原方案到最优方案，腔内流动速度明显增加，油液从动轮吸收了更多的能量，从而产生的冲击作用更为强烈，且循环流道从外到内的油液流速变化梯度亦增大，因此最优方案形成的涡旋区更为明显。

液力缓速器作为将车辆机械能转换为油液热能的辅助装置，内腔湍流动能分布在一定程度上表征了内部流场涡旋强度与消耗能量的大小[22]。图 5.59 所示为原方案与最优方案定轮叶片背面中间流线处的湍流动能分布曲线。

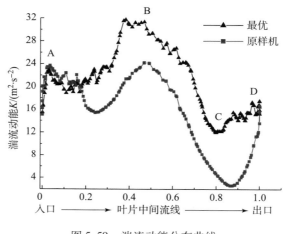

图 5.59   湍流动能分布曲线

可见，从叶片入口到出口，两方案中间流线上的湍流动能分布趋势基本一致。湍流动能极大区域均分布在叶片中部 B 处，极小区域分布则在叶片下部 C 处。流动的油液在叶片入、出口 A、D 处产生收缩与扩散损失，因而湍流动能较高，但由于入口处油液流速更高，所以 A 处湍流动能分布值更大。

从原方案到最优方案，湍流动能分布值明显增大，这是由于油液整体流速增加，涡旋流动加剧，油液质点碰撞与混合所产生的湍应力增加，因而能量损失更大。

将最优方案制动特性计算结果与原样机计算结果进行对比，如图 5.60 所示。结果表明，最优方案制动转矩远高于原样机计算结果。在分析转速区间内，优化后制动转矩增幅均在 40% 以上，平均增幅高达 42.3%。由此可见，在缓速器循环圆尺寸保持不变的情况下，通过改变叶形设计参数 θ_{a1}、θ_{a2}、r_{a1}、r_{a3} 可以有效增加缓速器的制动性能，提高制动功率密度。

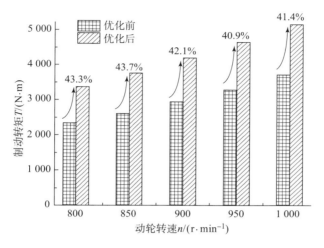

图 5.60　优化前后制动特性对比图

参考文献

[1]　Colwill. Impeller performance prediction using 3 – D flow analysis ［R］. Performance prediction of centrifugal pumps and compressor，1980.

[2]　赖喜德. 混流式转轮叶片优化设计的理论探讨［J］，四川工业学院学报，1996，15（2），64 – 70.

[3]　廖馨. 涡轮单级叶片设计优化［C］∥赛特达软件技术年会论文，2004.

[4]　魏巍，闫清东. 液力变矩器叶型设计的遗传算法多目标优化［C］∥赛特达科技有限公司技术大会论文集，2006.

[5]　吴建福，哈曼蒂. 试验设计与分析及参数优化［M］. 张润楚，等，译. 北京：中国统计出版社，2003.

[6]　刘文卿. 实验设计［M］. 北京：清华大学出版社，2005.

[7]　公茂果，焦李成，杨咚咚，等. 进化多目标优化算法研究［J］. 软件学报，2009，20（2）：271 – 289.

[8]　Deb K，Pratap A，Agarwal S，et al. A fast and elitist multiobjective genetic algorithm：NSGA – II ［J］. IEEE Transactions on Evolutionary Computation，2002，6（2）：182 – 197.

［9］ Papila N. , Shyy, W. et al. Preliminary design optimization for a supersonic turbine for rocket propulsion ［C］, 36th AIAA/ASME/SAE/ASEE Joint Propulsion Conference and Exhibit, Paper No. 2000 – 3242, Huntsville, AL, 2000.

［10］ Watanabe. S, Hiroyasu. T, Miki. M. NCGA：Neighborhood Cultivation Genetic Algorithm for Multi – Objective Optimization Problems ［C］// In GECCO late breaking papers, July, 2002：458 – 465.

［11］ Tiwari S, Koch P, Fadel G, et al. AMGA：an archive – based micro genetic algorithm for multi – objective optimization ［C］// Conference on Genetic and Evolutionary Computation. ACM, 2008：729 – 736.

［12］ Yan Qingdong, Liu Cheng, Wei Wei. Numerical simulation of the flow field of a flat torque converter ［J］. Journal of Beijing Institute of Technology, 2012, 21（3）：309 – 314.

［13］ 刘城, 潘鑫, 闫清东, 魏巍. 基于 DOE 及 RSM 的液力变矩器叶片数对性能的影响及优化 ［J］. 北京理工大学学报, 2012, 32（7）：689 – 693.

［14］ 魏巍, 韩雪永, 穆洪斌, 闫清东. 叶片方位对双循环圆液力缓速器制动性能影响 ［J］. 华中科技大学学报（自然科学版）, 2016, 44（9）：94 – 98.

［15］ 闫清东, 穆洪斌, 魏巍, 等. 双循环圆液力缓速器叶形参数优化设计 ［J］. 兵工学报, 2015, 36（3）：385 – 390.

［16］ 何仁, 严军, 鲁明. 不同倾斜方式对液力缓速器缓速性能的影响分析 ［J］. 机械科学与技术, 2009, 28（8）：1056 – 1059.

［17］ 严军, 何仁. 液力缓速器叶片变角度的缓速性能分析 ［J］. 农业机械学报, 2009, 40（4）：206 – 209, 226.

［18］ Hunt J C R, Wray A, Moin P. Eddies, stream, and convergence zones in turbulent flows ［J］. Center for Turbulence Research Report CTR – S88, 1988：193 – 208.

［19］ 童秉纲, 尹协远, 朱克勤. 涡运动理论 ［M］. 合肥：中国科技大学出版社, 2009.

［20］ 韩占忠, 王国玉. 工程流体力学基础 ［M］. 北京：北京理工大学出版社, 2012.

［21］ Chen H, Ooka R, Kato S. Study on optimum design method for pleasant outdoor thermal environment using genetic algorithms and coupled simulation of convection, radiation and conduction [J]. Building and Environment, 2008, 43 (1): 18 – 31.

[22] Lang P R, Lombargo F S. Atmospheric Turbulence, Meteorological Modeling and Aerodynamics [M] // Atmospheric turbulence, meteorological modeling and aerodynamics. Nova Science Publishers, 2010.

6 液力元件内部流场试验

随着液力变矩器功率密度的提高，其内部流场的流动情况变得更加复杂，有必要采用试验的手段获取液力变矩器内部流场分布，用以指导液力变矩器设计与性能优化，验证液力元件三维流动设计理论与方法。本章主要通过激光多普勒测速（LDA）技术，利用非接触试验手段对变矩器内部流场的流动特性进行观测，构建内流场观测模型，并基于此观测模型建立液力变矩器性能预测体系。本章首先介绍 LDA 应用于液力变矩器的流场测试系统，并分析测试流场内粒子的跟随性，分别采用低转速"全透明"与高转速"开窗"的方案进行相关液力元件内流场测试，获得在真实工况条件下液力元件内流道流体运动趋势的变化。试验结果为进一步加强对变矩器内流场的试验研究提供了基础，也为改进与完善液力变矩器设计和提高其性能提供了可靠的依据。

6.1 LDA 三维流场测试系统介绍

6.1.1 激光多普勒测速技术基本原理

激光多普勒测速技术入射光学单元的有关光学参数如图 6.1 所示，其中，D_{e-2} 是激光光束的 $1/e^2$ 光强直径，d 为聚焦前的光束间距，f 为聚焦透镜焦距，κ 为光束交角的一半。激光束是以高斯光强分布传播的。双光束经透镜聚焦形成的相交区是一个椭球体，它的三个主轴的长度可由下式确定，即

控制体高度：$d_{e-2} = \dfrac{4}{\pi} \cdot \dfrac{\lambda f}{D_{e-2}}$；控制体宽度：$d_m = \dfrac{d_{e-2}}{\cos\kappa}$；控制体长度：

$l_m = \dfrac{d_{e-2}}{\sin\kappa}$。

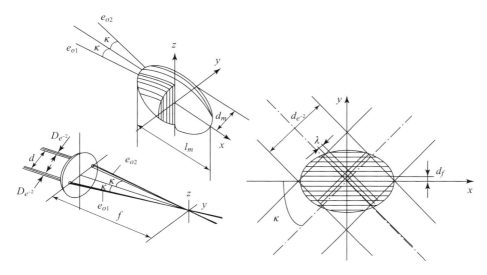

图 6.1 双光束光路 LDA 控制体

根据控制体中干涉条纹的几何关系，很容易得到条纹间距为

$$d_f = \lambda / (2\sin\kappa) \qquad (6-1)$$

由 d_m 和 d_f 可得控制体中的条纹数为

$$N_{fr} = \frac{d_m}{d_f} = \frac{1.27d}{D_{e^{-2}}} \qquad (6-2)$$

控制体体积可由下式计算：

$$V_{fr} = \frac{\pi d_{e^{-2}}^{3}}{6\cos\kappa\sin\kappa} \qquad (6-3)$$

当粒子以速度 U_y 穿过控制体中的干涉条纹区时，就会向四周散射出明暗相间的光信号，它的光强变化频率为

$$f_D = \frac{|U_y|}{d_f} = \frac{2\sin\kappa}{\lambda}|U_y| \qquad (6-4)$$

测量体的几何参数是双光束系统最基本的参数，它决定了激光多普勒测速仪的灵敏系数和空间分辨率。把两束入射光相交区称为控制体积，把接收到散射光的区域叫测量体积。对于选定的 LDA 系统，可以利用上述公式确定对应测量体的参数，利用计算结果能够进行 LDA 光路布置的调整，使试验 LDA 系统具有合适的测量体参数。

6.1.2 LDA 系统组件

如图 6.2 所示，其系统各部件的作用如下：

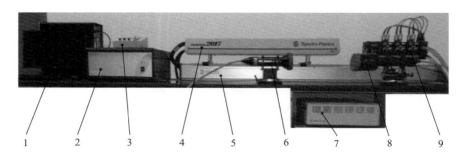

图 6.2　LDA 测试系统组件

1—计算机；2—信号处理器；3—光强控制器；4—激光器；5—激光器支架；

6——一维测试探头；7—冷却器；8—二维测试探头；9—分光器

（1）计算机：作为激光系统参数及坐标架系统的控制调节单元，并作为测试信号的显示单元。

（2）信号处理器：用于对激光探头接收到的激光散射信号进行放大处理等。

（3）光强控制器：调节和控制激光激发功率和电压，以及控制激光器发射光光强。

（4）激光器：作为流场测试系统的激光激发装置，是整个激光系统的核心。

（5）激光器支架：固定激光器及分光器系统，内含冷却水管路。

（6）一维测试探头：作为一维紫光光束的发射及接收装置，包含固定底座。

（7）冷却器：与冷却水管路相连，保证激光系统在工作过程中处于安全温度。

（8）二维测试探头：作为二维绿光与蓝光光束的发射和接收装置，包含可旋转固定底座。

（9）分光器：将激光器发射的单束光分离出绿光、蓝光和紫光，并可以对各路光束进行调节与校准。

6.1.3　测速转换基本原理

采用大功率的氩离子激光器作为光源，并利用光谱中波长为 476.5 nm（紫）、488 nm（蓝）、514.5 nm（绿）的三色光。系统装置一般采用双探头，将二者呈一定的立体角布置，如图 6.3 所示。其中探头 A 是蓝绿两色的二维光路，与前述二维双色四光束的原理相同，它的光轴与直角坐标系的 z 轴夹角

为 α ；探头 B 是紫色的一维光路，其光轴与 z 轴的夹角为 β 。该光路系统所测得的三维速度分量分别记为 v_1 、v_2 和 v_3 ，其方向分别设定为：v_1 由绿色光测得，垂直于纸面向里为正；v_2 由蓝色光测得，垂直于 A 光轴向左为正；v_3 由紫色光测得，垂直于 B 光轴向左为正。可见，这三个速度分量并不是直接代表直角坐标系的三维速度，将其进行分解，可以得出

$$\begin{cases} v_1 = u \\ v_2 = -v \cdot \cos\alpha - w \cdot \sin\alpha \\ v_3 = -v \cdot \cos\beta + w \cdot \sin\beta \end{cases} \quad (6-5)$$

式中，u ，v ，w 分别为沿 x 、y 、z 方向的速度分量。

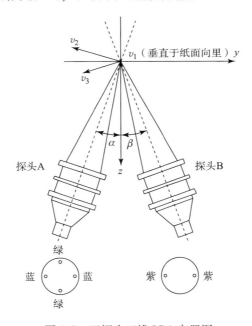

图 6.3　双探头三维 LDA 布置图

为了表示方便，上式可以转换为

$$\begin{bmatrix} v_1 \\ v_2 \\ v_3 \end{bmatrix} = \begin{bmatrix} 1 & 0 & 0 \\ 0 & -\cos\alpha & -\sin\alpha \end{bmatrix} \cdot \begin{bmatrix} u \\ v \\ w \end{bmatrix} = \boldsymbol{E} \cdot \begin{bmatrix} u \\ v \\ w \end{bmatrix} \quad (6-6)$$

式中，$\boldsymbol{E}$ 称为转换矩阵，由此可以根据测得的 v_1 、v_2 、v_3 给出直角坐标系的三维速度分量 u 、v 和 w 。利用双探头 LDA 系统进行流场试验时，按照上述方法进行速度变换，可以获得流场的三维速度。

　　LDA 激光发射系统对精度及平台稳定性有较高要求，将其放置于试验控制室内，将测试探头引出固定于高精度的三维联动坐标架上，并放置于被试液力变矩器包箱系统旁，将激光探头固定于横梁底座上。激光发射系统及固定激光探头的三维坐标架与供油系统、轴编码器、压力和温度传感器、液力变矩器试验包箱系统及变矩器转速转矩控制系统一起，共同组成了液力变矩器泵轮内流场 LDA 测试试验系统。其中供油系统作为变矩器的循环油控制装置，用于调节工作油液的油温及油压，并作为示踪粒子的添加及混合端；轴编码器分别装在泵轮轴上和涡轮轴上，用以测量泵轮及涡轮旋转的相位信息并对所测流场位置的角度信息进行精确定位，使得试验信号划分精度最高可达 0.3°；液力变矩器包箱系统与控制电动机共轴连接，由两端控制电动机分别控制泵轮及涡轮转速以模拟不同速比下的工况变化。液力变矩器泵轮内流场 LDA 测试试验系统原理如图 6.4 所示。试验系统主要包括动力端、加载端、传感器（包括转速转矩传感器、轴编码器、温度和压力传感器）、被试液力变矩器试验包箱系统、液压供油系统、LDA 测试系统和数据采集处理系统。液力变矩器 LDA 试验台如图 6.5 所示。

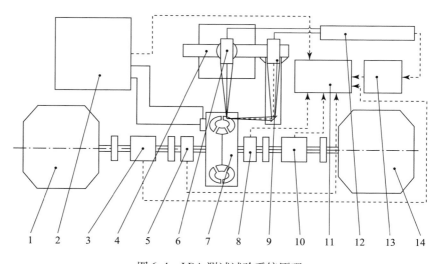

图 6.4　LDA 测试试验系统原理

1，14—驱动电动机；2—泵站；3，10—转速转矩传感器；4—三维坐标架；

5，8—轴编码器；6—LDA 侧面探头；7—试验包箱系统；9—LDA 正面探头；

11—控制柜；12—LDA 激光器；13—LDA 信号处理器

图 6.5 液力变矩器 LDA 试验台

6.1.4 Dantec LDA 系统参数

本章试验所采用的装置为丹麦 Dantec LDA 测试系统，其系统参数主要有以下几个。

1. 激光发射功率

在应用激光多普勒测速系统时，第一步就是激光发射功率的设定。激光发射功率高低直接影响激光光束的强度大小，同时测量体的强度会随激光光束强度的增大而增大，使得光检测器可以接收的信号强度增加，所以势必会对流场试验结果产生一定的影响。因此，为了研究激光发射功率对 LDA 系统流场测试的影响，利用循环水槽，设计激光发射功率对比试验。

2. 数据采集模式

数据采集模式分为三种，分别是脉冲采集模式（Burst Mode）、持续采集模式（Continuous Mode）和等时间间隔采集模式（Dead-time Mode）。

（1）脉冲采集模式，即每个多普勒脉冲得到单一的流速数据，一个颗粒在控制体内无论多长时间，只会产生一个信号。脉冲采样模式适用于测试旋转机械的内部流场，因此在液力元件内部流场测试中应优先选用脉冲采集模式。

（2）持续采集模式，即每个多普勒脉冲可获得多个流速数据。当测量的对象是固体表面速度时，应选用脉冲持续采样模式。

（3）等时间间隔采集模式是将时间轴划分成各个间隔，在固定的周期内只采样一次数据，对时间尺度有固定限定。与其他模式相比，等时间间隔采样模式的优点是可以消减数据文件的大小。

综上，由于液力元件是旋转机械，在进行液力元件内流场测试时，应优先选用脉冲采集模式，当需要对数据文件进行限制时，可以考虑等时间间隔采样模式。

3. 信号处理参数

如 Dantec LDA 系统的信号转化参数所示，其中中心速度（Center Velocity）和速度范围（Velocity span）可以在流场测试时进行预估，然后通过测试获取速度结果逐步修正其数值。软件中对 LDA 系统测量有重要影响的参数分别为光电转换电压（Sensitivity）、前置放大器增益（Signal Gain）、脉冲检测器信噪比（Burst Detector SNR Level）以及有效率比例尺度（Level Validation Ratio）。

1）光电转换电压

光电转换电压简称 PMT 电压，其作用是将光信号转换为电信号。Dantec LDA 系统采用的光电转换装置是光电倍增管。粒子在通过测量控制体时发生散射，散射出含流体信息的光信号，经过光电倍增管将光信号转换为电信号。

光电倍增管电压作为转换电压将直接影响到获得信号的好坏和多少。对于光电倍增管电压，理论上应该越高越好，但实际因为信号来源复杂，微弱噪声多样，所以增加光电倍增管电压会使一些小信号的振幅值增加，同时强信号的振幅值进一步增大，有效信号增加的同时又导致大量外界噪声加入，会对测量产生较大影响。如果光电倍增管电压过小，那么流体中部分需要测量的颗粒信号又将丢失。所以，光电倍增管电压既不能太高，也不能太低。

2）前置放大器增益

如果获取的信号不能达到信号处理的要求，可以通过调节前置放大器的增益值对信号进行放大。前置放大器增益的大小对获取准确的信号以及试验的顺利开展有着重要的意义。试验必须选取合适的前置放大器增益，以保证获得较好的测速结果。

3）脉冲检测器信噪比

软件中通过设置脉冲检测器的信噪比来确定脉冲检测器的门限值。理论上较高的门限值会阻止更多的噪声信号，使测量获得高的数据率和有效率。因此，在进行试验时必须确定合理的脉冲检测器信噪比门限值，以使试验获得准确的结果。

4）有效率比例尺度

有效率比例尺度，即脉冲信号的频谱中两个最高峰值的幅值比，该参数将直接影响到 LDA 系统所获得的数据率。如果测试信号的有效率尺度高于该门限值，则认为脉冲是有效脉冲，否则判定脉冲是无效的。因此，在试验中必须适当设置有效率比例尺度，使测试获得足够的数据率进行数据处理。

如果设定非常低的有效率比例尺度，就意味着噪声信号也将作为有效的流体数据和尺寸，这样会造成结果不够精确。有效率比例尺度的设定对信号处理器的脉冲检测并没有影响，只会影响信号处理的有效问题。因此，若选择较高的有效率比例尺度，将会导致有效的数据降低，最终使测试结果只有较少的有用数据可以被分析利用。

4. 光学参数

Dantec LDA 配套 BSA Flow 软件中，可以设置的光学参数为各束激光的波长、透镜焦距、扩速比以及光束的移频。对于 LDA 系统的光学参数设置，可以依据试验 LDA 系统的实际情况直接进行设定。

6.2　液力元件内流场粒子跟随性模型

应用 LDA 技术进行液力变矩器内流场测试，为保证测试精度和表征获取有效数据比例的数据率，需要在试验流场中放置合适的散射粒子。激光多普勒测速技术是非直接测量技术，利用流体中运动粒子散射光的多普勒频移获得速度信息，测试场中散射粒子的运动速度直接反映了所测流场的速度。散射粒子相对于被测流体的跟随性会直接影响流场的测量精度。

6.2.1　散射粒子概述

1. 散射粒子分类

散射粒子的种类有多种，一般是固体粉末粒子和液滴粒子。在流场试验中，根据流场的不同，需要选取不同的散射粒子。一般将散射粒子按照其适合的流场进行分类：气体流场条件下，通常使用喷雾液滴作为散射粒子，在液体流场中采用的是固体粉末作为散射粒子。

进行液体流场测量时，一般常用的粒子材料有二氧化钛、碳化硅和铝等。这类材料具有很高的折射效率，有效地增加了散射效率。粉末状的固体粒子的使用方法是，首先在少量流体里预先做好悬浮粒子，然后添加到流场之中，为了使粒子充分悬浮，有时还需要使用超声波处理以破碎凝聚块。

2. 散射粒子选取要求

对粒子进行选择时，主要考虑的影响因素包括被测流体的性质、预期的速度脉动、所使用的测速技术（参考光或差动多普勒）、散射角和（在差动多普勒系统中的）条纹间距等[1]。此外可能还有些特殊因素，如高温、化学反应及污染。一般来说，不同的 LDA 的光路结构对粒子的撒播浓度也有着不同的要求。散射粒子的选取应该能够满足以下几个条件：对于流体具有良好的跟随性；具有较高的散射效率；能够方便而廉价地产生；具有良好的物理性质和化学性质。

6.2.2　粒子跟随性分析与求解

对于粒子的跟随性研究，最关心两个问题：一是对于特定的流场，即特定的时间和空间尺度下，如何选取不影响流速测量的散射粒子的参数；二是对于选取的特定的散射粒子，对于不同的流场，分析它们跟随流体质点的程度以及跟随流场结构或者尺度变化的定量关系[2]。

1. 液力元件内流场粒子的受力分析

粒子在液力元件内部流场受力的最大的特点是：除了一般的流场力之外，由于叶轮的旋转，粒子还受到离心力和科氏力，与一般湍流场受力情况有很大的区别。为了便于进行粒子的受力分析，利用一元束流理论[3]建立粒子叶轮中流体的运动模型。结合两相流体力学的相关理论，对液力元件内流场叶轮中粒子进行受力分析，粒子所受外部势力作用的情况如图 6.6 所示。

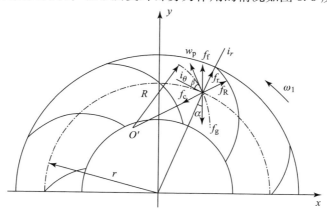

图 6.6　粒子受力示意图

1）黏性阻力

黏性阻力是颗粒运动过程中所受到的最主要的力，由于实际的两相流中颗粒运动阻力的大小受到很多因素的影响，其不但和颗粒的特征雷诺数有关，而且还和液流的湍流运动、流体的不可压缩性、流体的温度和颗粒的温度不同、颗粒的浓度和壁面的存在与否等因素有关，因此颗粒运动很难用统一的形式表达[4~8]。

一般引进阻力系数概念定义颗粒的阻力，阻力系数的定义为

$$C_D = \frac{f_D}{\pi r_p^2 \left[\frac{1}{2}\rho(u_f - u_p)^2 \right]} \qquad (6-7)$$

由上式可得颗粒阻力为

$$f_D = \frac{\pi d_p^2}{8} C_D \rho_f |u_f - u_p|(u_f - u_p) \qquad (6-8)$$

C_D 的选择可以按下式进行：

$$C_D \approx \begin{cases} \dfrac{24}{Re_p} & Re_p < 1 \\[2mm] \dfrac{24}{Re_p}\left(1 + \dfrac{1}{6}Re_p^{2/3}\right) & Re_p < 600 \\[2mm] 0.42 & Re_p > 600 \end{cases} \qquad (6-9)$$

式中，Re_p 为相对雷诺数，相对雷诺数的定义为

$$Re_p = |u_f - u_p| d_p / v \qquad (6-10)$$

利用 LDA 系统研究的液力元件叶轮流场中相对流速为 10^1 量级，当粒子速度达到主流速度的 0.99 时，可以认为粒子已经完全跟随流体前进而无相对滞后，即相对速度差为 10^{-1} 量级，而油液的运动黏性系数为 10^{-6} 数量级，选取的散射粒子直径 d_p 为 $10^{-5} \sim 10^{-6}$ 量级，根据这个实际情况，估算粒子在液力元件内流场中的相对雷诺数在 1 附近。因此可以认为液力元件内流场散射粒子受到的黏性阻力为 Stokes 阻力，阻力系数为

$$C_D = 24 / Re_p \qquad (6-11)$$

2）压力梯度力

粒子在有压力梯度的流场中运动时，还会受到由压力梯度引起的作用力，其表达式为

$$f_p = - V_p \frac{\partial P}{\partial x} \tag{6-12}$$

式中，V_p 表示颗粒的体积；负号表示压力梯度力的方向和流场中压力梯度的方向相反。

3）虚拟质量力

当粒子相对于流体做加速运动时，不但粒子的速度增大，在粒子周围流体的速度也会增大。推动粒子运动的力不但增加了颗粒本身的动能，而且也增加了流体的动能。加速增加流体动能的那部分力就叫作虚拟质量力[4~8]。

虚拟质量力的表达式为

$$f_{vm} = \frac{1}{2} \rho_f V_p \left(\frac{du_f}{dt} - \frac{du_p}{dt} \right) \tag{6-13}$$

由式可见，虚拟质量力在数值上等于与粒子同体积的流体附在粒子上做加速运动的质量的一半。当 $\rho_f \ll \rho_p$ 时，虚拟质量力与粒子的惯性力之比是很小的，特别是相对运动速度不大时，虚拟质量力就可不予考虑。但是做液力元件流场试验时，选取的散射粒子一般与流体的密度相当，并且液力元件内的流场是旋转流场，存在相对加速度，因此虚拟质量力不应忽略。

4）Basset 力

当粒子在静止黏性流体中做任意速度的直线运动时，粒子不但受虚拟质量力的作用，而且还受到一个瞬时流动阻力，这个力与不断调整的流线有关，取决于运动的历程[4~8]。其表达式为

$$f_B = \frac{3}{2} d_p^2 \sqrt{\pi \rho_f \mu} \int_{-\infty}^{t} \frac{\dfrac{du_f}{d\tau} - \dfrac{du_p}{d\tau}}{\sqrt{t - \tau}} d\tau \tag{6-14}$$

Basset 力只发生在黏性流体中，并且与流动的不稳定性有关。粒子在非定常流动中的运动，Basset 力表现出相当重要的地位。当 $\rho_f \ll \rho_p$ 时，Basset 力与粒子的惯性力之比是很小的，可以忽略不计。

5）Magnus 升力

根据升力原理，由于粒子的旋转将产生升力，若粒子在静止的流体中旋转，则 Magnus 升力为

$$f_l = \frac{1}{3} \pi d_p^3 \rho_f v \omega_p \tag{6-15}$$

当颗粒在流体中边运动边旋转时，则 Magnus 升力为

$$f_1 = \frac{1}{8}\pi d_p^3 \rho_f \omega_p (u_f - u_p) \qquad (6-16)$$

式中，ω_p 为粒子自旋转角速度。查阅文献表明，在大部分流场区域中，粒子受流体黏度的制约并不旋转，因此 Magnus 升力并不重要[4]。

6）Saffman 升力

粒子在有速度的流场中运动，若颗粒上部的速度比下部的速度高，则上部的压力就比下部的低，此时粒子受到一个升力的作用，这个力就是 Saffman 升力。

当 $Re_p < 1$ 时，Saffman 升力表达式为

$$f_s = 1.61 (\mu \rho_f)^{\frac{1}{2}} d_p^2 (u_f - u_p) \left| \frac{\mathrm{d}v}{\mathrm{d}y} \right|^{1/2} \qquad (6-17)$$

在主流区，速度的梯度通常很小，此时可以忽略 Saffman 升力，只有在速度边界层中，Saffman 升力的作用才会变得很明显。

7）重力和浮力

粒子本身的重力：

$$f_g = \frac{1}{6}\pi d_p^3 \rho_p g \qquad (6-18)$$

流体作用在粒子上的浮力：

$$f_f = \frac{1}{6}\pi d_p^3 \rho_f g \qquad (6-19)$$

8）离心力和科氏力

由叶轮旋转引起的圆周运动离心力[9]为

$$f_r = \frac{1}{6}\pi d_p^3 \rho_p r \omega_1^2 \qquad (6-20)$$

由流道弯曲影响的弯曲运动离心力为

$$f_R = \frac{1}{6}\pi d_p^3 \rho_p \frac{W_p^2}{R} \qquad (6-21)$$

液力元件旋转叶轮内粒子还会受到科氏力，科氏力是由科氏加速度产生的，本质上是一种惯性力。其表达式如下：

$$f_c = \frac{1}{3}\pi d_p^3 \rho_p \omega_1 \times W_p \qquad (6-22)$$

式中，ω_1 为叶轮的旋转角速度；W_p 为粒子在叶轮内的相对速度。

2. 液力元件内流场粒子的受力模型简化

粒子在液力元件内流场的受力比较复杂，除了受到上述一些力外，还受

到粒子与粒子之间的碰撞力、粒子与固体壁面之间的作用力，等等，因此建立受力模型时需要对液力元件内粒子的受力进行简化。

粒子在液力元件内部运动时，为了不使粒子影响流体的运动，所加的浓度比较低，因而可以忽略粒子间的相互作用力。液力元件内流场测试，由于测试部位在叶轮流道内部，故可以不考虑粒子与叶轮碰撞后的反弹力。又因为在液力元件内部的主流区，速度梯度通常很小，故 Magnus 和 Saffman 升力的作用很小，也可忽略。

因此，在液力元件内流场中粒子所受的力有黏性阻力、压力梯度力、虚拟质量力、Basset 力、浮力、重力、离心力以及科氏力[4~9]。由液力元件内流场粒子受力分析可见，粒子在液力元件流场内的受力与一般湍流场有些不同。通过建立液力元件内粒子跟随性模型，进而可以开展粒子跟随性在液力元件内部的具体流场的分析。

由上述粒子的受力分析，可以建立液力元件内流场粒子的 Lagrange 模型：

$$m_p \frac{\mathrm{d}\boldsymbol{u}_p}{\mathrm{d}t} = \boldsymbol{f}_D + \boldsymbol{f}_p + \boldsymbol{f}_{vm} + \boldsymbol{f}_B + \boldsymbol{f}_g + \boldsymbol{f}_f + \boldsymbol{f}_r + \boldsymbol{f}_R + \boldsymbol{f}_c \qquad (6-23)$$

式中，重力 $\boldsymbol{f}_g$、浮力 $\boldsymbol{f}_f$、科氏力 $\boldsymbol{f}_c$、离心力 $\boldsymbol{f}_r$ 和 $\boldsymbol{f}_R$ 统称为外部势力 $\boldsymbol{f}$，即

$$\boldsymbol{f} = \boldsymbol{f}_g + \boldsymbol{f}_f + \boldsymbol{f}_c + \boldsymbol{f}_r + \boldsymbol{f}_R \qquad (6-24)$$

将上述各力的表达式代入 Lagrange 模型，可以得到：

$$\frac{\pi}{6}d_p^3 \rho_p \frac{\mathrm{d}u_p}{\mathrm{d}t} = 3\pi\rho\mu_f d_p(u_p - u_f) + \frac{\pi}{6}d_p^3 \rho_f \frac{\mathrm{d}\mu_f}{\mathrm{d}t} + \frac{1}{2}\frac{\pi}{6}d_p^3 \rho_f \frac{\mathrm{d}(u_p - u_f)}{\mathrm{d}t} +$$

$$\frac{3}{2}d_p^2 \sqrt{\pi\mu_f \rho_f} \int_{t_0}^{t} \frac{\mathrm{d}(u_p - u_f)}{\mathrm{d}\xi} \frac{\mathrm{d}\xi}{\sqrt{t-\xi}} + f \qquad (6-25)$$

可以看出，上式就是经典的 BBO 方程在液力元件内流场的一个推广，其中外部势力 f 是液力元件内流场和粒子相互作用的结果。

3. 液力元件内粒子跟随性问题的解

利用与水力旋流器、离心泵同样的分析方法[9~13]，将 BBO 方程运用到液力元件叶轮粒子受力模型中，沿着不同的运动方向，除了外部势力之外，其他各项的形式是一致的。外部势力在轴向（垂直于 $x-y$ 平面方向）上的分量为 0，因此外部势力对粒子跟随性的影响体现在轴向和径向跟随性上。对于液力元件跟随性问题，本书从三个流动方向——周向、径向和轴向求解液力元件粒子运动方程，用于探讨不同方向跟随性与粒子特性和流场条件的关系。

首先，将外部势力沿周向和径向分解，外部势力的表达式为

在周向上，$f_{i\theta}$ 的表达式为

$$f_{i\theta} = f_c \sin\beta + f_f \sin\alpha - f_R \sin\beta - f_g \sin\alpha$$

$$= 2 \frac{\pi d_p^3}{6} \rho_p \omega w_p \sin\beta + \frac{\pi d_p^3}{6} \rho_f g \sin\alpha - \frac{\pi d_p^3}{6} \rho_p \frac{w_p^2}{R} \sin\beta - \frac{\pi d_p^3}{6} \rho_p g \sin\alpha \quad (6-26)$$

在径向上，f_{ir} 的表达式为

$$f_{ir} = f_r + f_R \cos\beta + f_f \cos\alpha - f_g \cos\alpha - f_c \cos\beta$$

$$= \frac{\pi d_p^3}{6} \rho_p r \omega^2 + \frac{\pi d_p^3}{6} \rho_p \frac{w_p^2}{R} \cos\beta + \frac{\pi d_p^3}{6} \rho_f g \cos\alpha - 2 \frac{\pi d_p^3}{6} \rho_p \omega w_p \cos\beta -$$

$$\frac{\pi d_p^3}{6} \rho_p g \cos\alpha \quad (6-27)$$

将上述两个方程代入液力元件 BBO 方程，整理可得不同流动方向上的粒子的跟随性方程。

（1）沿周向，粒子的跟随性方程如下：

$$\frac{du_{p\theta}}{dt} = a(u_{f\theta} - u_{p\theta}) + b \frac{du_{f\theta}}{dt} + c \int_{t_0}^{t} \frac{d(u_{f\theta} - u_{p\theta})}{d\xi} \frac{d\xi}{\sqrt{t - \xi}} +$$

$$e\left(2\omega w_p \sin\beta - \frac{w_p^2}{R} \sin\beta - g \sin\alpha\right) + \frac{2}{3} bg \sin\alpha \quad (6-28)$$

（2）沿径向，粒子的跟随性方程如下：

$$\frac{du_{pr}}{dt} = a(u_{fr} - u_{pr}) + b \frac{du_{fr}}{dt} + + c \int_{t_0}^{t} \frac{d(u_{fr} - v_{pr})}{d\xi} \frac{d\xi}{\sqrt{t - \xi}} +$$

$$e\left(r\omega^2 - 2\omega w_p \cos\beta + \frac{w_p^2}{R} \cos\beta - g \cos\alpha\right) + \frac{2}{3} bg \sin\alpha \quad (6-29)$$

（3）沿轴向，粒子的跟随性方程如下：

$$\frac{du_{pz}}{dt} = a(u_{fz} - u_{pz}) + b \frac{du_{fz}}{dt} + c \int_{t_0}^{t} \frac{d(u_{fz} - u_{pz})}{d\xi} \frac{d\xi}{\sqrt{t - \xi}} \quad (6-30)$$

其中

$$\begin{cases} a = \dfrac{36\mu}{(2\rho_p + \rho_f) d_p^2} \\[2mm] b = \dfrac{3\rho_f}{2\rho_p + \rho_f} \\[2mm] c = \dfrac{18}{(2\rho_p + \rho_f) d_p} \sqrt{\dfrac{\rho_f \mu}{\pi}} \\[2mm] e = \dfrac{2\rho_p}{2\rho_p + \rho_f} \end{cases}$$

将速度展开为傅里叶积分形式，这里以周向为例：

$$\begin{cases} u_{f\theta} = \displaystyle\int_0^\infty A_\theta e^{-i\omega t} d\omega \\ u_{p\theta} = \displaystyle\int_0^\infty \eta A_\theta e^{-i(\omega t + \varphi)} d\omega \end{cases}$$

代入沿周向粒子的跟随性方程，整理后可得

$$\int_{-\infty}^{+\infty} \left[(E - M - iG) \eta_\theta e^{-i(\omega t + \varphi_\theta)} - (E - iF) e^{-i\omega t} \right] A_\theta d\omega = 0$$

其中

$$\begin{cases} E = a + c\sqrt{\dfrac{\pi\omega}{2}} \\[2mm] F = b\omega + c\sqrt{\dfrac{\pi\omega}{2}} \\[2mm] G = \omega + c\sqrt{\dfrac{\pi\omega}{2}} \\[2mm] M = \left[e\left(2\omega_1 w_p \sin\beta - \dfrac{w_p^2}{R}\sin\beta - g\sin\alpha \right) + \dfrac{2}{3} bg\sin\alpha \right] \Big/ u_{p\theta} \end{cases}$$

由于式中 A_θ 为任意的 ω 的函数，若使方程成立，必须满足下式：

$$(E - M - iG) \eta_\theta e^{-i\varphi_\theta} - (E - iF) = 0$$

将欧拉公式 $e^{-i\varphi_\theta} = \cos\varphi_\theta - i\sin\varphi_\theta$ 代入上式，令方程的实部和虚部分别为零，可得

$$\eta_\theta \left[(E - M)\cos\varphi_\theta - G\sin\varphi_\theta \right] = E$$
$$\eta_\theta \left[(E - M)\sin\varphi_\theta + G\cos\varphi_\theta \right] = F$$

联立可得

$$\eta_\theta = \frac{E}{(E - M)\cos\varphi_\theta - G\sin\varphi_\theta}$$

$$\varphi_\theta = \tan^{-1} \frac{F(E - M) - EG}{E(E - M) + FG}$$

同理可以求出径向和轴向的幅值比和相位差：

$$\eta_r = \frac{E}{(E - N)\cos\varphi_r - G\sin\varphi_r}$$

$$\varphi_r = \tan^{-1} \frac{F(E - N) - EG}{E(E - N) + FG}$$

其中

$$N = \left[e\left(r\omega^2 - 2\omega w_p\cos\beta + \frac{w_p^2}{R}\cos\beta - g\cos\alpha \right) + \frac{2}{3} bg\cos\alpha \right] \Big/ v_{pr}$$

$$\eta_z = \frac{E}{E\cos\varphi_z - G\sin\varphi_z}$$

$$\varphi_z = \tan^{-1}\frac{FE - EG}{E^2 + FG}$$

由推导得到的液力元件内流场粒子跟随性计算公式可以看出，液力元件内粒子的跟随性在周向、径向和轴向上具有不同特点，即跟随性与流动方向有一定的关系。同时，粒子的跟随性与粒子性质、流体性质、空间位置、叶轮转速、湍流频率等参数有关。因此对于同一种粒子，不同的流场形态下也会有不同的跟随性。当流体和粒子的参数、叶轮转速和空间位置给定时，利用 LDA 可以获得测点的速度分布，如果能够确定测量点处流场的湍流频率，便可对粒子的跟随程度进行估算。

4. 液力元件内粒子跟随性影响因素分析

由于粒子轴向跟随性不存在外部势力和空间位置的影响，为便于计算和分析，以粒子轴向跟随性为例，进行液力元件内粒子跟随性的影响因素研究。通过不同粒径、密度、湍流频率粒子跟随性的对比分析，为液力元件 LDA 测试粒子选取标准提供理论依据。为了方便分析，将密度化为量纲为 1 的形式，定义密度比 $\sigma = \rho_p / \rho_f$。

计算模型选取五种不同密度比的典型粒子，具体如表 6.1 所示。序号 1 ~ 4 的固体粒子是通过撒播的方法添加至液力元件传动油液中的，选取序号 5 空气泡作为计算对象，因为在进行液力元件 LDA 试验时，发现叶轮流场中混有粒径不同的空气泡，势必会在流场测试时对流速的测量产生影响，因此进行跟随性分析时，有必要将空气泡的跟随性考虑在内。

表 6.1　计算所选粒子

序号	粒子类型	密度比 σ
1	铜珠	10.6
2	铝粉	3.2
3	PSP 粒子	1.23
4	空心玻璃珠	0.31
5	空气泡	0.003

利用跟随性计算公式，对于每一种粒子分别计算了四种不同直径（d_p = 10，20，50，100 μm）粒子跟随性的幅值比，以 $0.95 < \eta_z < 1.05$ 作为粒子能很好地跟随流体运动的判断依据。通过跟随性幅值比的计算，可以确定不同

密度、不同粒径的粒子可跟随流体湍流频率的范围，从而得到湍流频率对粒子跟随性的影响程度。

轴向跟随性计算选用的液力传动油液参数如下：密度 $\rho_f = 839.1\ \mathrm{kg/m^3}$，黏度系数 $\mu = 1.92 \times 10^{-2}\ \mathrm{kg/(m \cdot s)}$，跟随性计算时选取湍流脉动频率 $f = \omega/(2\pi)$ 的范围为 1 000 ~ 10 000 Hz。

5. 粒子密度对跟随性的影响

如图 6.7 所示，反映了液力元件内流场粒子轴向跟随性与粒子参数（直径和密度）的关系[14]。

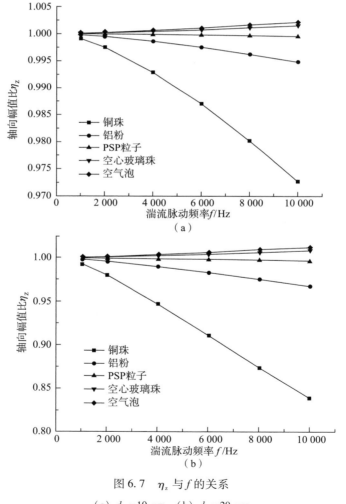

图 6.7　η_z 与 f 的关系

（a）$d_p = 10\ \mu\mathrm{m}$；（b）$d_p = 20\ \mu\mathrm{m}$

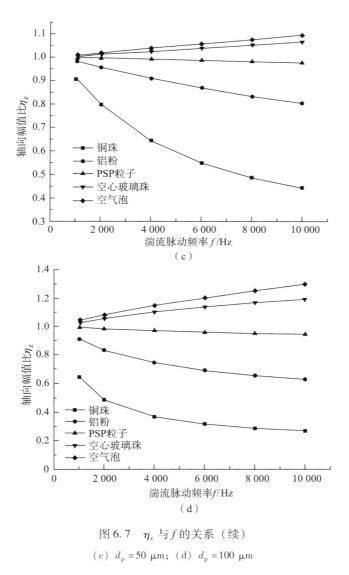

图 6.7　η_z 与 f 的关系（续）

（c）$d_p = 50 \ \mu\text{m}$；（d）$d_p = 100 \ \mu\text{m}$

以图 6.7（b）为例可以看出，对于同一直径的粒子 $d_p = 20 \ \mu\text{m}$，密度比 σ 较大的铜珠能够跟随湍流的最大频率仅为 4 000 Hz，可得对于密度比远大于 1 的粒子，其跟随湍流频率的能力较差。而密度比 σ 较小的铝粉、空心玻璃珠、PSP 粒子以及空气泡在湍流频率为 10 000 Hz 以内都能够很好地跟随流体运动，满足粒子跟随性 $0.95 < \eta < 1.05$ 的要求。当粒子的密度比 $\sigma > 1$ 时，粒子轴向跟随性 $\eta_z < 1$，即粒子的运动滞后于流体的运动。当粒子的密度比 $\sigma < 1$ 时，粒子轴向跟随性 $\eta_z > 1$，即粒子的运动是超前于流体的。

此外，由图 6.8 可以得出，对于密度比 $\sigma = 1.23$ 的 PSP 粒子，所有直径 ($d_p = 10$，20，50，100 μm) 下，PSP 粒子的轴向跟随性幅值比在 $0.95 < \eta_z < 1$ 范围内，说明该密度比下粒子的跟随性好。由此可见，当粒子的密度比 σ 接近于 1 时，直径对粒子跟随性的影响较小，起主导作用的是粒子的密度比。同时，还可以看出，密度比 σ 越接近于 1，粒子所能跟随的湍流频率范围就越宽。

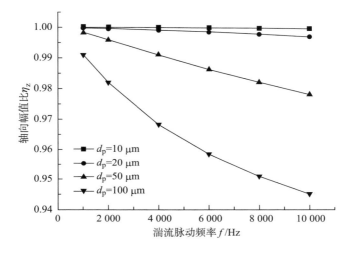

图 6.8　PSP 粒子 η_z 与 f 的关系

6. 粒子直径对跟随性的影响

由图 6.8 可以看出，无论密度比 σ 为多大的粒子，对于同一密度比，粒子的直径越大，其轴向跟随性幅值比 η_z 就越偏离 1，即粒子的跟随性越差。对于密度比 $\sigma = 10.6$ 的铜珠，只有在其直径 d_p 为 10 μm 以下时，粒子的轴向跟随性幅值比 $\eta_z > 0.95$，满足试验粒子跟随性的要求。随着铜珠粒子直径 d_p 的不断增大，铜珠跟随湍流频率能力逐渐降低，当 $d_p = 50$ μm 和 $d_p = 100$ μm 时，粒子跟随湍流频率在 1 000 Hz 以下。可见对于密度比 σ 较大的粒子，试验选取时，应尽可能地选择小的粒子直径，当粒子直径足够小时，能够在一定的湍流频率范围内跟随流体运动。

同样，对比分析其他几种粒子可以发现，粒子的直径 d_p 超过 20 μm 之后，粒子跟随湍流频率的能力明显降低。综上，在选取粒子时，粒子的直径是需要重点考虑的因素之一。

值得注意的是，通过对比不同粒径下密度比 $\sigma = 0.003$ 的空气泡，可以看

出空气泡直径 $d_p = 100~\mu\text{m}$，其轴向跟随性幅值比 η_z 只有在湍流频率 f 不超过 1 000 Hz 时满足要求。在试验时，观察到液力元件中出现空气泡的直径一般较大，最高可以达到毫米级别，因此若 LDA 采集到空气泡的信号，由于大粒径下空气泡的跟随性较差，会给液力元件内流场 LDA 测试的速度结果带来较大的误差。因此，在液力元件流场 LDA 测试中，应该保证叶轮中油液充足，并且要求油液具有较好的抗泡性能。

7. 湍流频率对跟随性的影响

流场的湍流频率对粒子的跟随性有着较大的影响。对于同一直径粒子，随着湍流频率的增加，轴向幅值比 η_z 偏离 1 越远，粒子的跟随性越差。同时，还可以看到，湍流频率越高，幅值比的偏差越大。

湍流频率对粒子跟随性的影响主要有两种趋势，一是对于密度比 σ 小于 1 的粒子，随着湍流频率的增高，粒子轴向幅值比向 $\eta_z = 1$ 上侧偏移，即粒子的速度超过液流的速度；二是对于密度比 σ 大于 1 的粒子，随着湍流频率的增高，粒子轴向幅值比向 $\eta_z = 1$ 下侧偏移，即粒子的速度滞后于液流的速度，呈与密度比小于 1 相反的规律。

6.3　全透明液力变矩减速装置泵轮流场测试试验

通过对液力元件内流场 LDA 测试技术的分析和研究，本节搭建液力元件流场测试试验台，以 460 型液力变矩器减速装置为研究对象，利用 Dantec LDA 系统进行液力元件内流场 LDA 试验[15]。

6.3.1　液力变矩减速装置

液力变矩减速装置集液力变矩器和液力缓速器功能于一体，牵引工况时具有液力变矩器的性能，制动工况时具有减速制动的性能。牵引工况时，动力由泵轮输入，从涡轮输出，制动器处于分离状态，制动轮跟泵轮保持基本相同的转速，这时相当于普通的液力变矩器，可以实现变矩工况。若闭锁离合器分离，装置处于解锁牵引状态，随着装置传动比的升高，闭锁离合器闭锁，实现闭锁工况下传动比为 1 的直接传动。制动工况时，通过电液控制系统结合制动器，制动轮通过制动器固定，制动轮停止转动成为定轮，这时简化为一个充满油的液力缓速器。流场试验液力变矩减速装置的结构如图 6.9 所示。

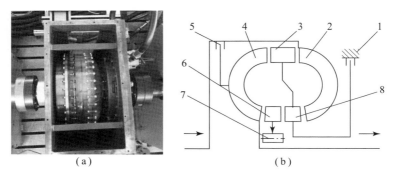

图 6.9　流场试验装置及原理

1—制动器；2—泵轮；3—大制动轮；4—涡轮；5—闭锁离合器；

6—导轮；7—单向联轴器；8—小制动轮

　　上述试验装置采用透明材料铸造而成，透明材料的成分为 PX521HT，此种材料拥有较高的强度。试验采用全透明叶轮的试验装置方案，从而保证了 LDA 测量体能够进行液力变矩减速装置泵轮的全流道测量，使流场测试更加方便，并且使可测试区域能够最大化。

　　利用实验室现有的设备，进行液力变矩减速装置流场试验台的布置，具体方案如图 6.10 所示。考虑到激光折射的影响和试验包箱测量窗口的限制，本试验采用二维探头进行速度的测量，利用二维双色双光束系统和后向接收法，即由探头位于两个垂直平面内的两束蓝光和绿光，探头后向接收粒子的散射信号。

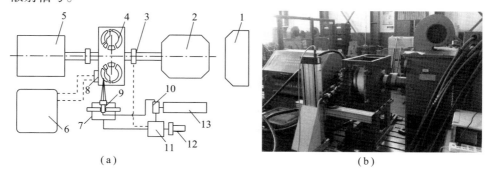

图 6.10　460 型液力元件二维 LDA 测试布置

1—控制台；2—输入电动机；3—轴编码器；4—被测变矩器；5—惯量；

6—泵车和油箱；7—三维坐标架；8—控制阀体；9—激光探头；

10—分光器；11—信号处理器；12—计算机；13—激光器

6.3.2　油液和散射粒子的选取

在液力元件的流场试验中，选取合适的液力传动油至关重要，合适的油液不仅能够保证试验的顺利进行，同时也可以提高液力元件流场 LDA 试验的数据率。通过对几种液力传动油进行试验，最终确定选用110#无荧光白油作为 LDA 试验油液，该油液的参数如所表6.2 所示。

表 6.2　试验所用液力传动油的参数

参数名称	数值
赛氏颜色，号	+30
运动黏度/($mm^2 \cdot s^{-1}$)	109
密度/($kg \cdot m^{-3}$)	898
闪点/℃	200
折射率	1.488 3
黏重常数	0.832 6

本试验选取 PSP 粒子作为液力元件内流场 LDA 测试的散射粒子，PSP 粒子的参数如表6.3 所示。

表 6.3　PSP 粒子的参数

参数名称	数值
密度/($g \cdot cm^{-3}$)	1.03
直径/μm	25
熔点/℃	240

6.3.3　流场测试系统与结果分析

1. 试验测量点布置

在进行液力变矩减速装置泵轮流场试验时，采用二维 LDA 进行测量。探头布置如图6.11 所示：探头的光轴布置在叶轮水平轴面 $x - y$ 内，即绿光平面在水平轴面上，蓝光平面在 $y - z$ 平面上，并且光轴与叶轮轴线垂直，即探头的转角为 0°。由于液力元件流场是旋转流场，因此测量点的划分方法与非旋转流场有不同点。此外，测量点的定位存在折射的影响，因此必须进行测量体坐标的修正。

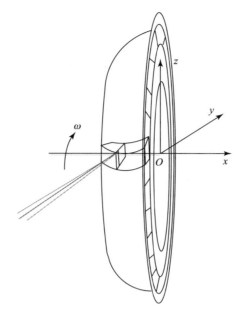

图 6.11 液力变矩器减速
装置泵轮测量示意图

如图 6.12 所示，定义位于叶轮流道中垂直于中间流线的平面为 LDA 试验测量平面，对中间流线进行等分，定义入口面为 0 测量平面，出口面为 1 测量平面。

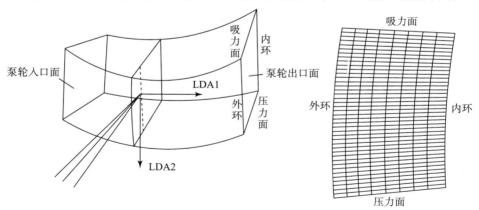

图 6.12 测量网格示意图

在进行 LDA 试验时，对于测量平面上测量点的划分是按以下方式实现的：

（1）外环至内环：在测量平面上，叶轮外环至内环测量点的网格划分是通过三维坐标架带动激光探头在液力元件轴面内移动实现的，将 LDA 测量体在液力元件水平轴面与测量平面相交的直线上移动，即三维坐标架沿 x 和 y 方向移动，便可进行外环至内环方向的网格划分。

（2）在周向上：对于一个流道而言，即在测量平面的压力面至吸力面方向上，测量网格的划分是由空心轴编码器实现的，与流道的个数和轴编码器的分辨率有关，以液力变矩减速装置泵轮流道为例，泵轮流道个数为 28，采用的轴编码器的分辨率为 1 200P/R，故压力面至吸力面划分的测量点数为 1 200/28≈43，从压力面至吸力面在周向上流道内可以测得 41 个点。

因此，在进行液力元件泵轮测试具体的布置方案如图 6.13 所示，利用折射影响分析，经过测量点的坐标修正，确定了 5/8 平面为待 LDA 试验测试的测量平面，坐标点情况如表 6.4 所示。

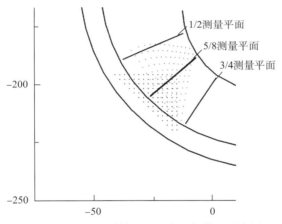

图 6.13　泵轮流道轴面测量点坐标修正示意图

表 6.4　5/8 平面测量点坐标表

外环至内环	折射前		折射后				折射后蓝、绿光焦点偏移量	
	初始焦点		绿光焦点		蓝光焦点			
	x	y	x	y	x	y	dx	dy
18%	−27	−209.6	−23.2	−202.9	−24	−206.1	0.8	3.2
25%	−25	−207.6	−20.2	−199.3	−21	−202.7	0.8	3.4
35%	−25	−209.6	−20.9	−202.4	−21.6	−205.4	0.7	3
40%	−23	−205.6	−17.4	−196.3	−18.1	−199.3	0.7	3
50%	−23	−207.6	−18	−199.1	−18.7	−202	0.7	2.9
55%	−21	−205.6	−15.4	−196.2	−16	−198.7	0.6	2.5

外环至内环	折射前		折射后				折射后蓝、绿光焦点偏移量	
	初始焦点		绿光焦点		蓝光焦点			
	x	y	x	y	x	y	dx	dy
67%	−19	−203.6	−13	−193.6	−13.3	−195.5	0.3	1.9
79%	−17	−201.6	−10.6	−191.3	−10.8	−192.3	0.2	1
90%	−15	−199.6	−8.4	−189.2	−8.5	−189.2	0.1	0

考虑到试验装置的实际情况，进行液力变矩减速装置的初步流场试验，主要用于探索液力元件内流场 LDA 试验方法，重点在于开展 LDA 技术的应用研究，因此初步选取试验工况如表 6.5 所示。

表 6.5　460 型 LDA 测试试验工况　　　　　　　　r/min

参数名称	数值
泵轮转速	143
涡轮转速	140
制动轮转速	5.3

2. 试验数据处理方法

由于液力元件叶轮内部的流场较为复杂，不仅表现在流动的三维结构上，而且表现在流动的非定常特性上。为了对叶轮内部的流动有一个基本的认识，对液力元件内流场进行了简化，这里假设液力元件不同流道内部的流动是均匀的。因此对所有流道内的速度数据进行了平均，获得一个流道内含有周向信息的时均流速数据。

在获得原始速度数据后，需要对大量的原始速度数据进行一定的处理。根据误差理论，大多数测量误差的随机误差都服从正态分布规律，在等精度测量的条件下，测量次数趋于无穷时，全部随机误差的算术平均值趋于零，即

$$\lim_{n \to \infty} \frac{1}{n} \sum_{i=1}^{n} (C_i - \mu) = 0 \qquad (6-31)$$

式中，μ 为测量参数的真值；C_i 为测量值；n 为测量次数。在实际测量中，不可能进行无数次测量，由于测量的次数有限，因此采用平均值来表示测量的真

值，即

$$\overline{C} = \frac{1}{n} \sum_{i=1}^{n} C_i \qquad (6-32)$$

标准差表示为

$$\sigma^2 = \frac{1}{n-1} \sum_{i=1}^{n} (C_i - \overline{C})^2 \qquad (6-33)$$

极限误差为

$$\Delta = 3\sigma \qquad (6-34)$$

利用统计的规律，测量真值落在 $C \pm 3\sigma$ 范围内的概率接近 100%，因此认为落在 $C \pm 3\sigma$ 范围之外的样本必然存在较大的误差，可以舍去。通过上述方法，去掉偶然误差，保留在 $C \pm 3\sigma$ 范围内的速度样本值，然后求取平均值。由于只进行了一次处理，还存在样本范围较宽的情况，为了进一步逼近真值，再一次在 $C \pm \sigma$ 范围内选择样本，然后对新的样本计算平均值，并以此值作为测试的速度真值。

如图 6.14 所示，对某一测量点的 LDA1 和 LDA2 速度样本进行数据统计分析，从图中可以看出，LDA1 和 LDA2 原始速度样本服从正态分布，因此可以应用上述统计方法进行数据处理。

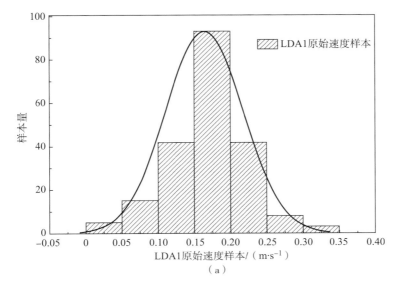

（a）

图 6.14　试验 LDA1 和 LDA2 原始速度样本分布

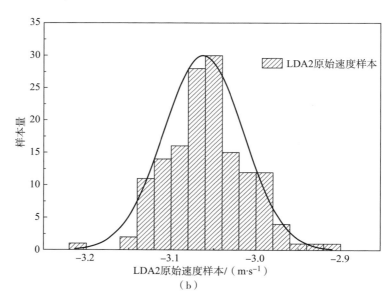

图 6.14　试验 LDA1 和 LDA2 原始速度样本分布（续）

在计算平均值的过程中，有两种方法：一是整体平均法，即对所有的速度样本进行平均[13]：

$$\bar{C} = \frac{1}{n}\sum_{i=1}^{n} C(x,y,z,\theta_i) \qquad (6-35)$$

式中，θ_i 为叶轮处不同的周向位置。整体平均法消除了相位的影响，采用该方法计算得到的平均值无法显示叶轮内部流动在空间上的分布。因此在进行液力元件流场测试时采用另外一种方法，即锁相平均法，其对叶轮固定周向位置的 m 次测量进行平均：

$$\bar{C}(x,y,z,\theta_0) = \frac{1}{m}\sum_{i=1}^{m} C(x,y,z,\theta_0)_i \qquad (6-36)$$

式中，θ_0 为叶轮处于某个周向位置的相角；i 为叶轮位于 θ_0 位置的第 i 个测量值。锁相平均法显示了叶轮内部流场在空间的三维分布。因此，对于液力元件内流场速度数据采用锁相平均法进行处理，其中锁相平均可以通过 BSA Flow 软件来实现。

获得的原始速度样本如图 6.15 所示，利用 BSA Flow 软件获取对应一个流道内的原始速度样本，图中速度样本是在 5/8 测量平面上，外环至内环 90% 处的原始 LDA1 和 LDA2 样本。在上方 0 m/s 以下波动代表 LDA1 原始速度数据，即绿光的原始速度数据；在下方 − 3 m/s 处波动代表 LDA2 的原始数据点，即蓝光的原始速度数据；图中 0°~12.9° 代表的是单个流道从吸力面至压力面的周向角度。

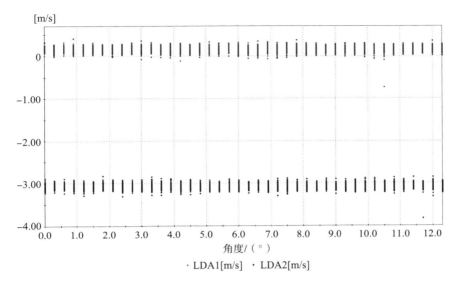

图 6.15 5/8 平面上外环至内环 90% 处 LDA 速度原始样本

由于 LDA2 测得的速度数据为绝对速度，因此若要研究流道内周向相对速度 v_2，需要进行速度的变换。

$$v_2 = \text{LDA2} - \omega \cdot r \qquad (6-37)$$

式中，LDA2 为测得的周向绝对速度；ω 为泵轮的角速度；r 为测量点到液力元件轴线的距离。

3. 试验结果

利用上述方法对 5/8 平面上外环至内环 18%、35%、55%、90% 进行数据处理。其中由于折射改变了 LDA1 的测速方位，故需利用计算程序进行速度方位的修正，如表 6.6 所示。试验利用二维激光探头进行测量，因此获得了 5/8 平面上的二维速度数据。

表 6.6 5/8 平面 LDA1 速度修正角

外环至内环	18%	35%	55%	90%
速度方向修正角 β/(°)	9.86	11.81	13.24	14.0

图 6.16 所示为泵轮 5/8 平面的二维速度分布图，四幅图分别给出外环至内环 18%、35%、55%、90% 处，由流道的吸力面至压力面，LDA1 速度和周

向相对速度 v_2 的大小。从图中可以看出，在上述试验工况下，460 型泵轮 5/8 平面上速度分布较为均匀，其中 LDA1 的速度在 0.15 m/s 附近，在外环至内环 90% 处，LDA1 的速度值较高，即靠近内环 LDA1 速度较大。对于周向相对速度 v_2 的速度绝对值在 $0.20 \sim 0.25$ m/s 之间，在外环至内环 90% 处，周向相对速度 v_2 出现较小的速度值。

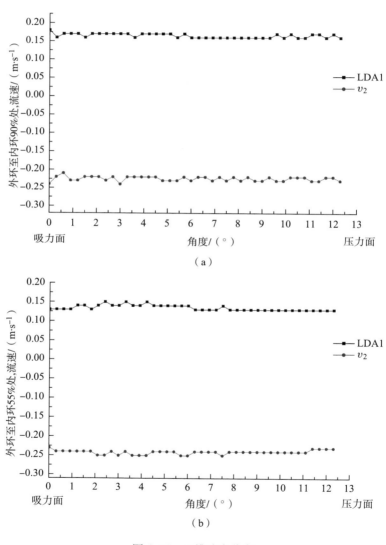

图 6.16　二维速度分布

（a）5/8 平面，外环至内环 90% 处；（b）5/8 平面，外环至内环 55% 处

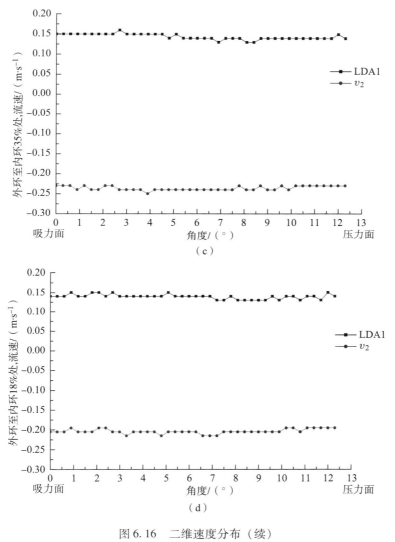

图 6.16　二维速度分布（续）

（c）5/8 平面，外环至内环 35% 处；（d）5/8 平面，外环至内环 18% 处

6.4　液力变矩器内流场测试试验

根据液力变矩器高转速测试的要求，进行激光多普勒内流场测速开窗试验方案设计，包括液力变矩器 LDA 试验包箱的设计、工作油液选取、液压供油系统设计、测试平面划分设计和测试方法设计。内流场试验所要测量的液

力变矩器需要工作在高转速、多速比工况下，与之前全透明变矩器试验相比，对试验方案提出了更高的要求并且测速系统更复杂，如 LDA 测试系统激光光路的设计、LDA 激光焦点在被测流道中的准确定位、激光光路在穿过被测变矩器窗口发生的偏折、测量过程中干扰信号与有效信号的区分、流场速度数据率的提升、测量信号的位置信息及时间信息确定、泵轮内流场各个被测截面位置的准确确定、对应于不同测量截面的测量方案的确定等[16]。为了解决上述问题，研究并制定了液力变矩器泵轮内流场测试试验方案，搭建了液力变矩器 LDA 测量系统，为液力元件内流场测试的进一步研究提供了指导。

6.4.1　液力变矩器开窗试验台的组成及工作油选取

动力端和加载端均为 630 kW 变频调速三相异步电动机，由试验控制室中电动机控制柜进行恒转速操控，转速控制精度为 ±5 r/min。本试验采用的转速转矩传感器、温度传感器和压力传感器信息如表 6.7 所示。其中转速转矩传感器用来检测液力变矩器泵轮与涡轮所受转速和转矩，温度与压力传感器分别检测液力变矩器补偿油入口和出口处的温度与压力。

表 6.7　传感器

类型	数量/个	量程	精度	绝对误差
ZJ2000 型相位差式 转速转矩传感器	2	—	—	2 r/min
		2 000 N · m	±0.2% F. S.	4 N · m
PT100 型温度传感器	2	150 ℃	±0.5% F. S.	0.75 ℃
TJP－1 型压力传感器	2	1 MPa	±1.0% F. S.	0.01 MPa

油液及散射粒子选取。

为使工作油液尽量清澈透明以保证 LDA 测试数据充足有效，并且其物理性质接近液力变矩器实际使用中的液力传动油，采用优质无荧光 110# 工业白油。如图 6.17 所示，左侧为无荧光效应白油，右侧为有荧光效应白油，采用有荧光效应白油会严重影响测试结果，甚至得不到测试数据。为满足 CFD 仿真分析及 LDA 测试折射效应分析，该工作油液温度特性见图 6.18[17]。

同时，试验所使用的示踪粒子为镀银玻璃微珠，平均粒径约为 13 μm，密度为 1 600 kg/m³，反射率约为 2.62。

图 6.17 试验用工业白油

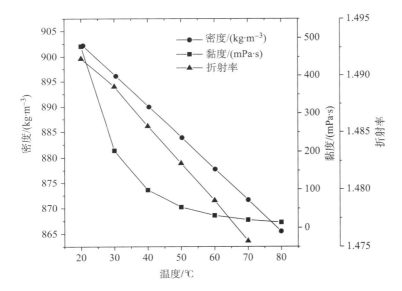

图 6.18 试验用工作油液参数的温度特性

6.4.2 流场测试系统装置与测量点选取

1. 试验包箱与开窗式液力变矩器

采用二维探头，首先从试验包箱正面观测窗垂直入射进行径向速度 v_r 和圆周速度 v_t 的测试，如图 6.19（a）所示，再从试验包箱正面观测窗倾斜入射进行轴向速度 v_a 的测试，如图 6.19（b）所示，或从侧面观测窗进行轴向

速度 v_a 的测试，如图 6.19（c）所示。将径向速度 v_r、圆周速度 v_t 和轴向速度 v_a 所得结果进行合成，即获得变矩器内流场某一测试区域的绝对速度。为了满足 LDA 测试光束可达性要求，试验用液力变矩器采用开设观测窗口方式。图 6.20 所示为变矩器试验包箱正面及侧面视图。

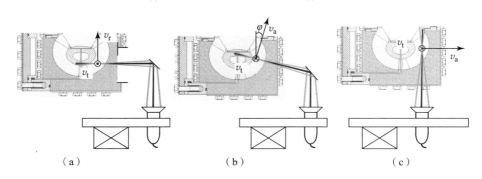

（a）　　　　　　　　　　　（b）　　　　　　　　　　　（c）

图 6.19　LDA 测试探头布置示意图

（a）正面窗口垂直入射；（b）正面窗口斜入射；（c）侧面窗口垂直入射

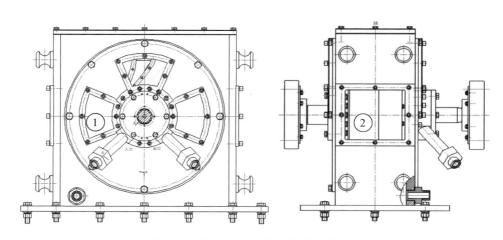

图 6.20　开窗 LDA 液力变矩器试验包箱

结合折射效应研究成果[18]，本试验选用正面窗口①为主要测试窗口，即对应于液力变矩器平板观测窗口，如图 6.19（a）所示；②为辅助测试窗口，即液力变矩器曲面观测窗口，如图 6.19（c）所示。相应泵轮或涡轮窗口实物如图 6.21 和图 6.22 所示。试验叶轮主体材料确定为金属材质，为了使 LDA 测试系统的激光能够顺利照射到内流场中的各个测量位置，并保证液力变矩器在高速旋转下的稳定性，在变矩器的泵轮上间隔180°开设了两个完全相同的、覆盖了叶轮一个完整流道的透明窗口，如图6.21和图6.22所示。叶轮窗口上装有亚克力材质的透明窗口部件，为了减弱由于激光穿过时产生的折射效应对测试结果带来的影响，所用亚克力材料与工作油液的折射率应相近。同时为了确保变矩器内流场的流动稳定状态，亚克力窗口部件内表面形状与泵轮单流道外环面形状完全吻合，使其镶嵌在叶轮窗口上时能够组成完整的单流道腔体。

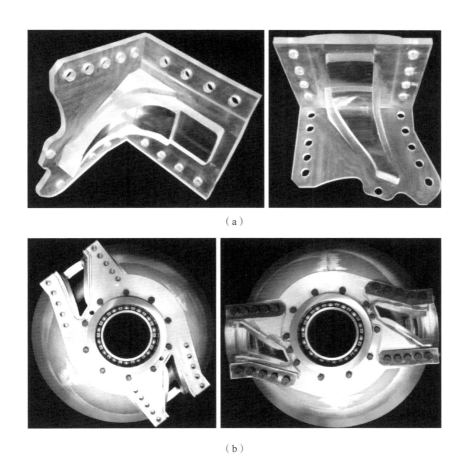

（a）

（b）

图6.21　试验用开窗泵轮

（a）泵轮测试窗口；（b）开窗泵轮

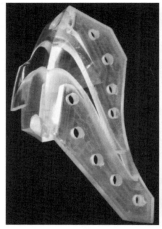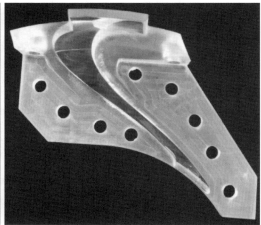

（a）

（b）

图 6.22　试验用开窗涡轮

（a）涡轮测试窗口；（b）开窗涡轮

　　图 6.21（b）和图 6.22（b）所示分别为开窗泵轮和开窗涡轮。图 6.21（a）和图 6.22（a）为测试窗口，材料为亚克力，其性能参数如表 6.8 所示，折射率与工作油液相近。

表 6.8　测试窗口亚克力材料特性参数

密度/$(kg \cdot m^{-3})$	1 190
透光性/%	92
折射率	1.47

续表

弯曲强度/MPa	115
拉伸强度/MPa	80@23℃
弹性模量/MPa	3300
断裂延伸率/%	5.5
抗冲击强度/(kJ·m^{-2})	1.6（Lzod 标准） 15（Charpy 标准）
球痕硬度/MPa	175
热变形温度/℃	115
最高工作温度/℃	80

2. 测量坐标计算

1）测量平面划分

如图 6.23 所示，对泵轮流道进行 3 个平面的测试，分别是入口面、中间面和出口面，其中对应的参数见表 6.9。在子午方向上，该测试面与内外环的交点坐标如表 6.10 所示。

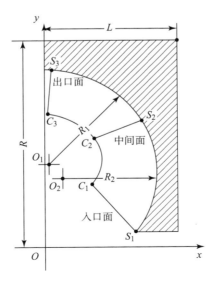

图 6.23　泵轮测量平面示意图

表 6.9　泵轮观测窗口模型参数

R	L	O_1		R_1	O_2		R_2	S	
		x	y		x	y		x	y
圆柱面半径	窗口宽度	第一段圆弧圆心及半径			第二段圆弧圆心及半径			两段圆弧交点	
232.51 mm	82.5 mm	1.5	−142	58 mm	9.66	−145.16	49.25 mm	55.83	−162.29

表 6.10　泵轮测试平面端点子午面坐标

截面序号	C		S		长度/mm
	x	y	x	y	
1	24.6	139.54	51.46	119.13	33.74
2	25.79	163.69	50.6	172.87	26.46
3	2.8	175.98	3.3	199.97	24

由分析可知，绿光和蓝光测量体长度均小于 1 mm，并且各个测量面从内环到外环最小距离为 23.7 mm（见表 6.10），因此每个测量面从内环到外环各取 10 个测量位置，即 C 点到 S 点之间的线段分成 9 份，则所获得各个测试平面上，从内环到外环的测试点在子午面坐标系下的理论坐标（见表 6.11），即未考虑折射效应下的坐标。

表 6.11　测试平面点子午面坐标系理论坐标

测试点	入口面		中间面		出口面	
	x	y	x	y	x	y
1	24.59	139.54	25.78	163.69	2.80	175.98
2	27.58	137.27	28.55	164.71	2.86	178.65
3	30.58	135.00	31.31	165.73	2.91	181.31
4	33.56	132.74	34.06	166.75	2.97	183.98
5	36.55	130.47	36.82	167.77	3.02	186.64
6	39.53	128.20	39.58	168.79	3.08	189.31
7	42.50	125.93	42.32	169.81	3.14	191.97
8	45.49	123.66	45.08	170.83	2.96	198.88
9	48.47	121.39	47.84	171.85	3.24	197.31
10	51.46	119.13	50.61	172.87	3.3	199.97

2）正面窗口垂直入射

应用折射效应计算程序，可以获得子午面系统坐标系下各个测量点折射之前的实际坐标，如表 6.12 所示，所获得的速度为径向速度 v_r 和圆周速度 v_t。

表 6.12　正面窗口垂直入射折射效应计算系统下测量点坐标

测量点	入口面		中间面		出口面	
	x	y	x	y	x	y
1	43.20	139.52	44.03	163.73	28.43	176.10
2	45.23	137.25	45.91	164.75	28.48	178.78
3	47.27	134.98	47.78	165.76	28.54	181.45
4	49.29	132.71	49.65	166.79	28.60	184.13
5	51.32	130.44	51.52	167.80	28.66	186.80
6	53.35	128.18	53.39	168.82	28.73	189.48
7	55.37	125.91	55.24	169.83	28.81	192.15
8	57.39	123.65	57.11	170.84	29.17	199.06
9	59.40	121.38	58.97	171.86	29.10	197.49
10	61.42	119.13	60.84	172.87	28.49	201.56

LDA 系统坐标系原点 O_1（X_1，Y_1）定于测试包箱边缘，如图 6.24 所示，则其与折射效应计算程序原点 O（x，y）的转换关系如下：

$$\begin{cases} X_1 = x - L - 39.8 \\ Y_1 = y - R - 87.5 \end{cases}$$

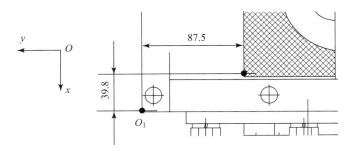

图 6.24　侧面和正面窗口测量原点间距

结合表 6.9 和表 6.12 可以获得测量平面点在 LDA 系统坐标系下的坐标，

如表 6.13 所示。

表 6.13 正面窗口垂直入射 LDA 系统坐标系下测量点坐标

测量点	入口面		中间面		出口面	
	X_1	Y_1	X_1	Y_1	X_1	Y_1
1	− 79.1	− 180.48	− 78.27	− 156.27	− 93.87	− 143.9
2	− 77.07	− 182.75	− 76.39	− 155.25	− 93.82	− 141.22
3	− 75.03	− 185.02	− 74.52	− 154.24	− 93.76	− 138.55
4	− 73.01	− 187.29	− 72.65	− 153.21	− 93.7	− 135.87
5	− 70.98	− 189.56	− 70.78	− 152.2	− 93.64	− 133.2
6	− 68.95	− 191.82	− 68.91	− 151.18	− 93.57	− 130.52
7	− 66.93	− 194.09	− 67.06	− 150.17	− 93.49	− 127.85
8	− 64.91	− 196.35	− 65.19	− 149.16	− 93.13	− 120.94
9	− 62.9	− 198.62	− 63.33	− 148.14	− 93.2	− 122.51
10	− 60.88	− 200.87	− 61.46	− 147.13	− 93.81	− 118.44

3）正面窗口斜入射

同理，可以获得子午面系统坐标系下，各个测量点折射之前的实际坐标及在 LDA 系统坐标系下的坐标（见表 6.14），所获得的速度可以用于求取径向速度 v_a。

表 6.14 正面窗口斜入射 LDA 系统下测量点坐标

测量点	入口面		中间面		出口面	
	x	y	x	y	x	y
1	—	—	− 78.50	− 157.00	− 90	− 143.00
2	—	—	− 76.63	− 155.90	− 90	− 141.22
3	—	—	− 74.87	− 154.92	− 90	− 138.55
4	—	—	− 71.33	− 152.92	− 90	− 135.87
5	—	—	− 69.57	− 151.92	− 90	− 133.20
6	—	—	− 67.81	− 150.92	− 90	− 130.52
7	—	—	− 66.04	− 149.92	− 90	− 127.85
8	—	—	− 64.82	− 148.92	− 90	− 125.00
9	—	—	− 62.52	− 147.92	− 90	− 122.51
10	—	—	− 60.10	− 155.00	− 90	− 121.00

4）侧面窗口垂直入射

同理，可以获得子午面系统坐标系下，各个测量点折射之前的实际坐标及在 LDA 系统坐标系下的坐标（见表 6.15），所获得的速度为径向速度 v_a。

表 6.15　侧面窗口垂直入射 LDA 系统坐标下测量点坐标

测量点	入口面		中间面		出口面	
	x	y	x	y	x	y
1	—	—	−96.46	−134.18	−119.50	−125.85
2	—	—	−93.70	−133.48	−119.44	−124.04
3	—	—	−90.93	−132.79	−119.38	−122.24
4	—	—	−88.18	−132.09	−119.33	−120.43
5	—	—	−85.42	−131.39	−119.27	−118.62
6	—	—	−82.67	−130.69	−119.22	−116.82
7	—	—	−79.92	−130.00	−119.17	−115.01
8	—	—	−77.17	−129.32	−119.11	−113.21
9	—	—	−74.43	−128.65	−119.06	−111.40
10	—	—	−71.70	−128.00	−119.00	−109.60

为了研究不同泵轮转速和速比对液力变矩器内流场的影响，并结合实际变矩器工作工况，确定 LDA 试验加载工况如表 6.16 所示。试验过程中通过液压供油系统对工作油液温度、压力等进行控制，保证变矩器工作油液入口流量为 180 L/min、温度为 70 ℃、压力为 0.7 MPa，出口压力为 0.3 MPa。

表 6.16　试验工况

序号	泵轮转速 r/min	涡轮转速 r/min	速比	泵轮线速度/(m·s⁻¹) 最大	最小	涡轮线速度/(m·s⁻¹) 最大	最小
1	800	160	0.2	16.76	9.72	3.35	1.94
2		320	0.4			6.70	3.89
3		480	0.6			10.05	5.83
4		640	0.8			13.40	7.77

序号	泵轮转速	涡轮转速	速比	泵轮线速度/(m·s⁻¹)		涡轮线速度/(m·s⁻¹)	
	r/min	r/min		最大	最小	最大	最小
5		240	0.2			5.03	2.92
6	1 200	480	0.4	25.13	14.58	10.05	5.83
7		720	0.6			15.08	8.75
8		960	0.8			20.11	11.66

图 6.25 所示为测量平面网格图，受 LDA 系统测量体长度及测试精度限制，从内环到外环方向（Span Direction）选取 10 条环线进行测量，即 D_{span} = 1，2，3，…，9，10。由于 LDA 测量为单点固定位置测量，所以每条测量环线对应 LDA 测试坐标系同一个测量位置。在每条测试环线上，从吸力面到压力面（Blade to Blade Direction）划分 15 个位置，即 D_{b2b} = 1，2，3，…，14，15，形成测量平面网格图。

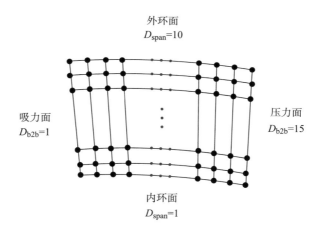

图 6.25　测量平面网格图

考虑应用测量结果进行泵轮与涡轮间交互影响分析，如图 6.25 所示的每个网格节点经历的不同涡轮位置（X_T）的数目为 10 个，即 X_T = 1，2，…，9，10，并且每个涡轮位置下采样数目为 100，则每个网格节点的采样数 N_{Point} = 10 × 100 = 1 000 个，则每条测试环线的采样数 N_{Line} = 15 × N_{Point} = 15 000 个，即每个 LDA 系统测试位置的采样数为 15 000 个。本试验流程如图 6.26 所示，先固定泵轮转速，再固定测试窗口，再固定不同截面，按不同速比进行测试。

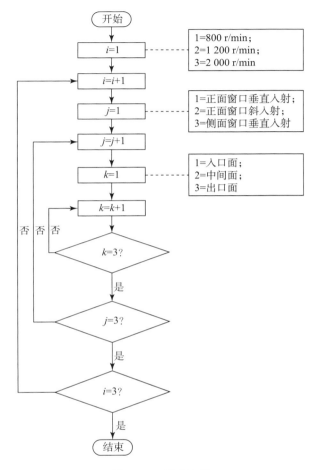

图 6.26 试验流程

6.4.3 试验测试与流场数值模拟对比分析

通过激光多普勒测速（LDA）系统，获得了在泵轮转速 800 r/min 和 1 200 r/min，速比 0.2 和 0.6 下，泵轮入口面、中间面和出口面的速度分布。各个平面位置的速度由切向分速度、径向分速度和轴向分速度合成，提取计算流体力学（CFD）数值模拟计算结果中相对应截面位置的切向分速度、径向分速度和轴向分速度，与 LDA 测试数据进行对比分析，同时将中间平面的 LDA 所测三维速度分布矢量图和云图与 CFD 数值模拟所获结果进行对比分析，用以验证 CFD 模型的准确性，为液力变矩器稳态及瞬态内流场流动特征提供可靠依据。

1. 入口面对比分析

对于入口平面的 LDA 轴向分速度测试，无论采用从试验包箱正面观测窗倾斜入射进行轴向速度 v_a 的测试方法，还是采用从侧面观测窗进行轴向速度 v_a 的测试方法，通过反复调整数据处理器参数，所获得的数据率和有效率均较低，且速度波动范围较大。因此，仅应用入口面切向分速度和径向分速度的 LDA 测试数据与 CFD 的仿真数据进行对比分析。

1）切向分速度

用于进行 CFD 和 LDA 数据分析对比的截面如图 6.27 所示，从左侧到右侧为叶片吸力面到压力面方向，从下方到上方为内环面到外环面方向，截面上的每个节点速度分为切向分速度、径向分速度和轴向分速度。取内环面到外环面，即从 $D_{span}=0.1$ 到 $D_{span}=0.9$ 九个位置进行 CFD 与 LDA 数据切向分速度的对比分析，结果如图 6.28 和图 6.29 所示，即泵轮转速为 800 r/min 和 1 200 r/min 下的入口面切向速度曲线，横坐标为叶片吸力面到压力面，纵坐标为切向分速度（m/s）。点线图为 CFD 结果数据，散点图为对应的 LDA 测试数据，并且由于窗口的部分遮挡，LDA 测试数据未能测全全部吸力面到压力面之间测量点的数据。

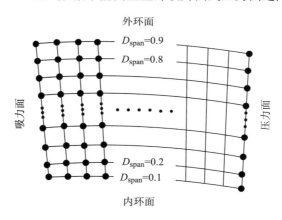

图 6.27　入口面示意图

从图 6.28 中可以看出，对于速比为 0.2 时，除了在 $D_{span}=0.1$ 处的 LDA 数据外，从内环面到外环面各个位置的 CFD 和 LDA 切向速度均比较吻合，并且从吸力面到压力面方向，切向分速度的绝对值逐渐减小，即切向速度高速区位于吸力面一侧；在 $D_{span}=0.2$ 和 0.3 处，即靠近内环处，LDA 所测速度绝对值略大于 CFD 仿真值，当位置继续向外环处移动时，LDA 所测速度绝对值略小于 CFD 仿真值，在 $D_{span}=0.7$，0.8，0.9 处，即靠近外环处，LDA 所测

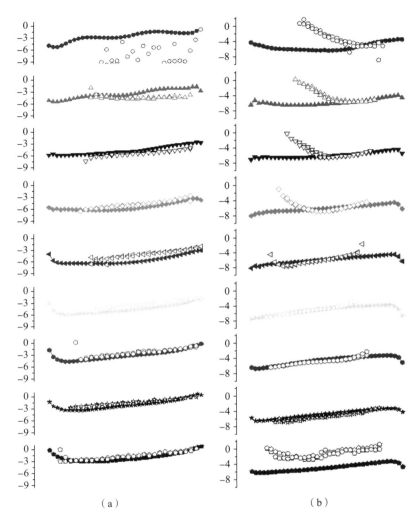

图 6.28　$D_{span} = 0.1 \sim 0.9$ 时入口面切向速度曲线（$n_P = 800$ r/min）

（a）$i = 0.2$；（b）$i = 0.6$

速度和 CFD 仿真值非常吻合。对于速比为 0.6 时，从吸力面到压力面方向，切向分速度的绝对值逐渐减小，即切向速度高速区位于吸力面一侧；在 $D_{span} = 0.1 \sim 0.4$ 处，即靠近内环处，在吸力面一侧，LDA 所测切向分速度远远小于 CFD 仿真值；而在 $D_{span} = 0.5 \sim 0.8$ 处，LDA 所测速度和 CFD 仿真值非常吻合；在 $D_{span} = 0.9$ 处，LDA 所测速度绝对值小于 CFD 仿真值。

　　图 6.29 所示为 $D_{span} = 0.4 \sim 0.8$ 的切向速度分布曲线，其他位置的测试数据数据率较低，数据可靠性不高。从图中可以看出，对于速比为 0.2 时，各

个位置的 CFD 和 LDA 切向速度均比较吻合，并且从吸力面到压力面方向，切向分速度的绝对值同样逐渐减小，切向速度高速区位于吸力面一侧；对于速比为 0.6 时，在靠近内环以及泵轮叶片压力面一侧的 LDA 测试数据绝对值低于 CFD 数值模拟计算值，但在其他位置，LDA 所测速度和 CFD 仿真值非常吻合。

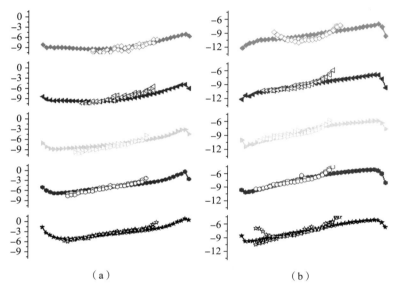

图 6.29　入口面切向速度曲线（$n_P = 1\ 200$ r/min）

（a）$i = 0.2$；（b）$i = 0.6$

2）径向分速度

CFD 数值模拟计算值与 LDA 所测数据径向分速度的对比分析如图 6.30 和图 6.31 所示。从图 6.30 中可以看出，对于速比为 0.2 时，除了在 $D_{span} = 0.1$，0.2，0.8 处靠近吸力面一侧的 LDA 数据外，从内环面到外环面各个位置的 CFD 和 LDA 径向速度均比较吻合；在 $D_{span} = 0.4$，0.5 处，LDA 所测速度绝对值略大于 CFD 仿真值。对于速比为 0.6 时，从吸力面到压力面方向，径向分速度的绝对值逐渐减小，即径向速度高速区位于吸力面一侧。同切向分速度曲线一样，在 $D_{span} = 0.1 \sim 0.4$ 处，即靠近内环处，在吸力面一侧，LDA 所测径向分速度远远小于 CFD 仿真值；而在 $D_{span} = 0.5 \sim 0.8$ 处，LDA 所测速度和 CFD 仿真值非常吻合；在 $D_{span} = 0.9$ 处，LDA 所测速度绝对值略小于 CFD 仿真值。

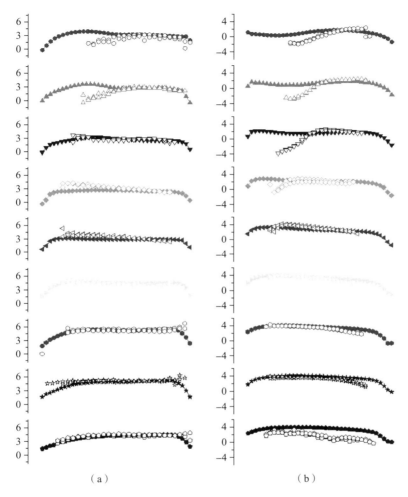

图 6.30　入口面径向速度曲线（$n_P = 800$ r/min）

（a）$i = 0.2$；（b）$i = 0.6$

　　图 6.31 所示为泵轮转速 1 200 r/min 下的从 $D_{span} = 0.4$ 到 $D_{span} = 0.8$ 的泵轮入口面径向速度分布曲线。从图中可以看出，对于速比为 0.2 时，除了在靠近泵轮叶片吸力面和压力面附近外，CFD 数值模拟计算数据和 LDA 所测径向速度均比较吻合，并且速度分布较为均匀，仅靠近泵轮外环附近的径向速度高速区偏向位于吸力面一侧；对于速比为 0.6 时，LDA 测试数据绝对值高于 CFD 数值模拟计算值，但总体数据一致性较好，并且径向速度高速区偏向泵轮叶片吸力面一侧。

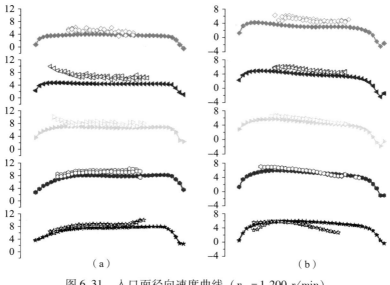

图 6.31　入口面径向速度曲线（$n_P = 1\ 200$ r/min）

（a）$i = 0.2$；（b）$i = 0.6$

2. 中间面对比分析

泵轮中间平面为液力变矩器 LDA 内流场测试试验中所获得的速度数据最为全面和可靠的测试平面，获得了该平面内切向分速度、径向分速度和轴向分速度，并且所获速度数据的数据率和有效率均较高。通过数据处理及可视化技术，得到了其在速比为 0.2 与 0.6 下的三维矢量图和云图，并且同 CFD 仿真预测所获得的三维分布图进行了对比分析。

在泵轮转速为 800 r/min、速比为 0.2 时，从图 6.32 中可以看出，LDA 测

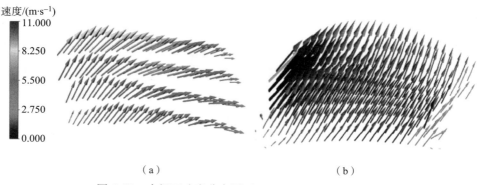

速度/(m·s^{-1})

11.000

8.250

5.500

2.750

0.000

（a）　　　　　　　　　　　　（b）

图 6.32　中间面速度分布图（$n_P = 800$ r/min，$i = 0.2$）

（a）CFD 矢量图；（b）LDA 矢量图

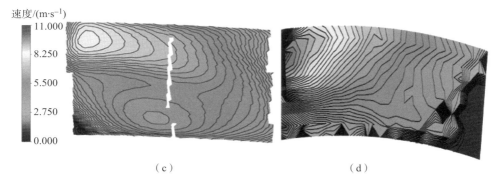

图 6.32 中间面速度分布图（$n_P = 800$ r/min，$i = 0.2$）（续）

（c）CFD 云图；（d）LDA 云图

试值与 CFD 仿真值整体上较为吻合，中间面高速区域均位于吸力面和外环面处，LDA 测试结果的最高速度大于 CFD 仿真值，但 CFD 仿真预测获得的高速区范围较 LDA 所测结果更大，尤其是靠近内环面的高速区。

在泵轮转速为 800 r/min、速比为 0.6 时，从图 6.33 中可以看出，LDA 测

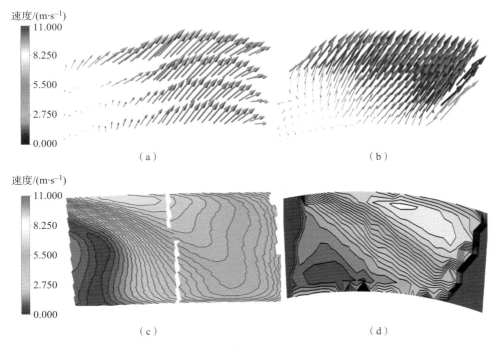

图 6.33 中间面速度分布图（$n_P = 800$ r/min，$i = 0.6$）

（a）CFD 矢量图；（b）LDA 矢量图 （c）CFD 云图；（d）LDA 云图

试值与 CFD 仿真值整体上较为吻合,中间面高速区域均位于压力面和外环面处,并且在吸力面和内环处出现低速二次流现象[19]。同速比 0.2 情况类似,LDA 测试结果的最高速度大于 CFD 仿真值,但 CFD 仿真预测获得的高速区范围较 LDA 所测结果更大,尤其是靠近内环面的高速区。

在泵轮转速为 1 200 r/min、速比为 0.2 时,从图 6.34 中可以看出,LDA 测试值与 CFD 仿真值整体上较为吻合,中间面高速区域均位于吸力面和外环面处,并且没有出现低速二次流现象。同样 LDA 测试结果的最高速度大于 CFD 仿真值,但 CFD 仿真预测获得的高速区范围较 LDA 所测结果更大。

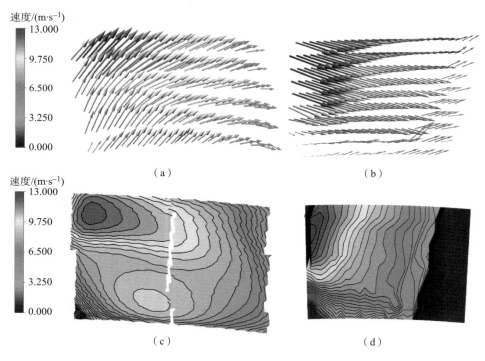

图 6.34　中间面速度分布图（n_P = 1 200 r/min，i = 0.2）

（a）CFD 矢量图；（b）LDA 矢量图；（c）CFD 云图；（d）LDA 云图

在泵轮转速为 1 200 r/min、速比为 0.6 时,从图 6.35 中可以看出,LDA 测试值与 CFD 仿真值整体上较为吻合,中间面高速区域均位于压力面和外环面处,并且在吸力面和内环处出现低速二次流现象[19],CFD 仿真预测获得的高速区范围较 LDA 所测结果更大,尤其是靠近内环面的高速区。

速度/(m·s⁻¹)

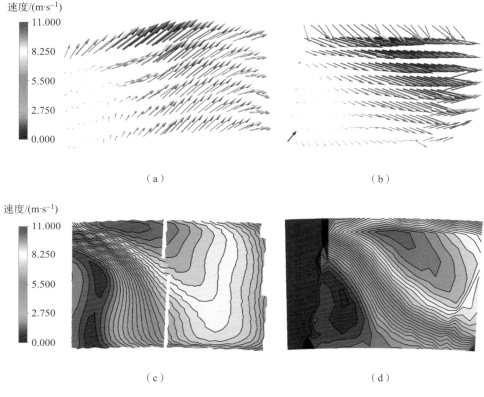

（a）　　　　　　　　　　　　　　　（b）

速度/(m·s⁻¹)

（c）　　　　　　　　　　　　　　　（d）

图 6.35　中间面速度分布图（$n_P = 1\ 200$ r/min，$i = 0.6$）

（a）CFD 矢量图；（b）LDA 矢量图；（c）CFD 云图；（d）LDA 云图

1）切向分速度

CFD 数值模拟计算值与 LDA 所测数据切向分速度的对比分析如图 6.36 和图 6.37 所示。从图 6.36 中可以看出，在泵轮转速为 800 r/min 下，0.6 速比的 LDA 测试数据同 CFD 数值模拟数据一致性好于 0.2 速比，并且随着速比的变化，泵轮中间面切向速度分布变化明显。对于速比为 0.2 时，在 $D_{span} = 0.3 \sim 0.7$ 处，从内环面到外环面各个位置的 CFD 和 LDA 切向速度在靠近压力面一侧均存在明显偏差，LDA 所测切向分速度远远小于 CFD 仿真值；而在靠近内环面与外环面处 LDA 所测速度和 CFD 仿真值比较吻合。对于速比为 0.6 时，从吸力面到压力面方向，切向分速度的绝对值逐渐增大，即切向速度高速区位于压力面一侧，LDA 所测速度和 CFD 仿真值在各个位置均非常吻合。

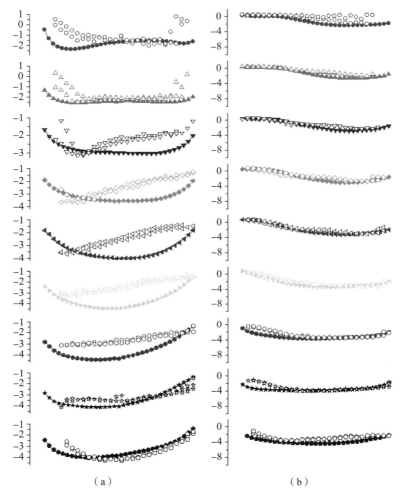

图 6.36　中间面切向速度曲线（$n_P = 800$ r/min）

（a）$i = 0.2$；（b）$i = 0.6$

同泵轮转速在 800 r/min 下的情况一样，从图 6.37 中可以看出，在泵轮转速为 1 200 r/min 下，0.6 速比的 LDA 测试数据同 CFD 数值模拟数据一致性好于 0.2 速比，并且随着速比的变化，泵轮中间面切向速度分布变化明显。对于速比为 0.2 时，在 $D_{span} = 0.3 \sim 0.7$ 处，从内环面到外环面各个位置的 CFD 和 LDA 切向速度在靠近泵轮叶片压力面一侧均存在明显偏差，LDA 所测切向分速度远远小于 CFD 仿真值。对于速比为 0.6 时，从吸力面到压力面方向，切向速度高速区位于压力面一侧，LDA 所测速度和 CFD 仿真值在处理泵轮外环面附近的各个位置均非常吻合。

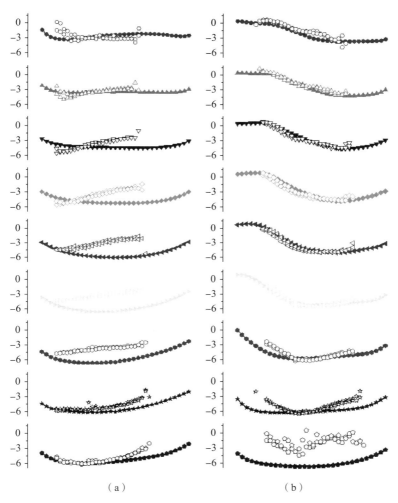

图 6.37 中间面切向速度曲线（$n_P = 1\,200$ r/min）

（a）$i = 0.2$；（b）$i = 0.6$

2）径向分速度

CFD 数值模拟计算值与 LDA 所测数据径向分速度的对比分析如图 6.38 和图 6.39 所示。从图 6.38 中可以看出，对于泵轮转速 800 r/min 下速比为 0.2 和 0.6 的情况，LDA 所测速度和 CFD 仿真值均比较吻合，并且中间面径向速度受速比影响较大，随着速比的增加，泵轮中间面径向分速度出现比较强烈的变化，高速区向压力面附近移动，但外环附近径向分速度受速比影响较小。对于速比 0.2 时，仅在靠近内环及吸力面处，CFD 仿真径向速度高于 LDA 测试数据，径向速度高速区位于泵轮叶片吸力面一侧。而对于速比 0.6 时，仅在靠近内环压力面和外环吸力面处，CFD 仿真值略高于 LDA 测试值，从内环到外环方向径向速度高速区逐渐向泵轮叶片吸力面处移动。

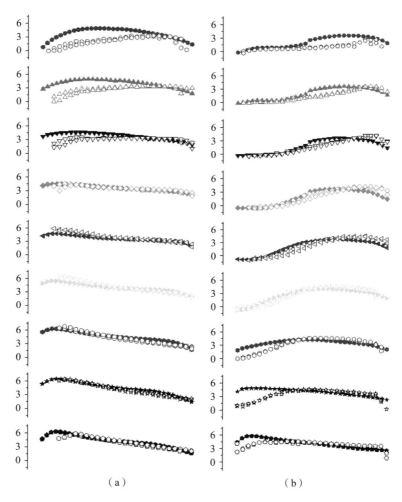

图 6.38　中间面径向速度曲线（$n_P = 800$ r/min）

(a) $i = 0.2$；(b) $i = 0.6$

从图 6.39 中可以看出，对于泵轮转速 1 200 r/min 下速比为 0.2 和 0.6 的情况，LDA 所测速度和 CFD 仿真值均比较吻合，并且同样中间面径向速度受速比影响较大，随着速比的增加，泵轮中间面径向分速度出现比较强烈的变化，高速区向泵轮叶片压力面附近移动，但外环附近径向分速度受速比影响

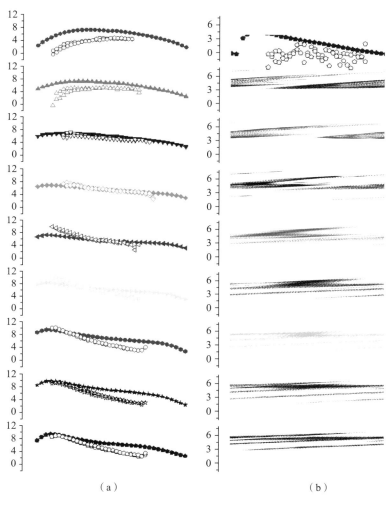

图 6.39　中间面径向速度曲线（$n_\mathrm{p} = 1\ 200\ \mathrm{r/min}$）

（a）$i = 0.2$；（b）$i = 0.6$

较小。对于速比为 0.2 时，仅在靠近内环及压力面处，CFD 仿真径向速度高于 LDA 测试数据，径向速度高速区位于泵轮叶片吸力面一侧。而对于速比为 0.6 时，仅在靠近外环吸力面处，CFD 仿真值略高于 LDA 测试值，并且最外环附近测试数据率较低，数据较为离散。

　　3）轴向分速度

　　CFD 数值模拟计算值与 LDA 所测数据轴向分速度的对比分析如图 6.40 和

图 6.41 所示。泵轮转速 800 r/min 下的 CFD 与 LDA 数据轴向分速度的对比分析如图 6.40 所示。从图中可以看出，中间面轴向速度受速比的影响较小，各个位置处轴向分速度的分布均相对均匀。对于速比为 0.2 时，同切向分速度类似，在靠近外环和吸力面处，CFD 仿真速度值高于 LDA 测试数据。而对于速比为 0.6 时，LDA 所测速度和 CFD 仿真值均比较吻合。

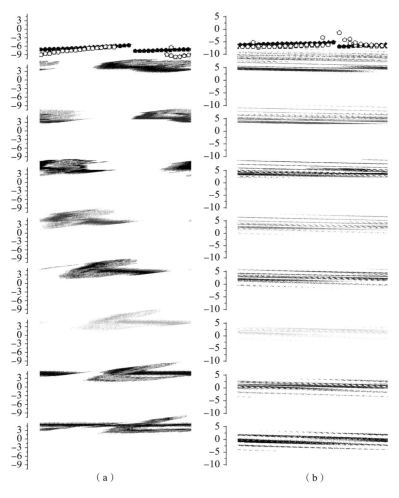

图 6.40　中间面轴向速度曲线（$n_{\mathrm{P}} = 800$ r/min）

（a）$i = 0.2$；（b）$i = 0.6$

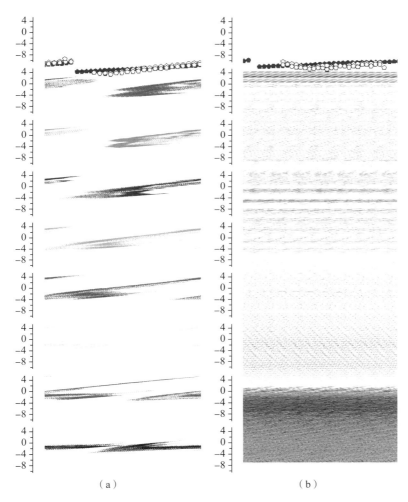

图 6.41　中间面轴向速度曲线（$n_P = 1\ 200\ r/min$）

（a）$i = 0.2$；（b）$i = 0.6$

　　泵轮转速 1 200 r/min 下的 CFD 与 LDA 数据轴向分速度的对比分析如图 6.41 所示。从图中可以看出，同转速 800 r/min 情况类似，中间面轴向速度受速比的影响较小，各个位置处轴向分速度的分布均相对均匀，速比为 0.2 时，在靠近外环和吸力面处 CFD 仿真速度值高于 LDA 测试数据；而对于速比为 0.6 时，LDA 所测速度和 CFD 仿真值均比较吻合。

3. 出口面对比分析

　　泵轮出口面几乎与液力变矩器旋转轴线垂直，如图 6.23 所示，因此对于出口面的流动特征，尤其是二次流动状态，可以通过切向分速度和径向分速度表征。因此，以下 CFD 仿真数据同 LDA 测试数据的对比分析采用切向分速度和径向分速度。

在速比 0.2 下的泵轮出口面的速度矢量图和云图如图 6.42 所示。从图中可以看出，LDA 测试值与 CFD 仿真值整体上较为吻合，泵轮出口面高速区域均位于压力面和外环面处，LDA 测试结果的最高速度略大于 CFD 仿真值，但 CFD 仿真预测获得的高速区范围较 LDA 所测结果更大，尤其是靠近吸力面到内环面的高速区。

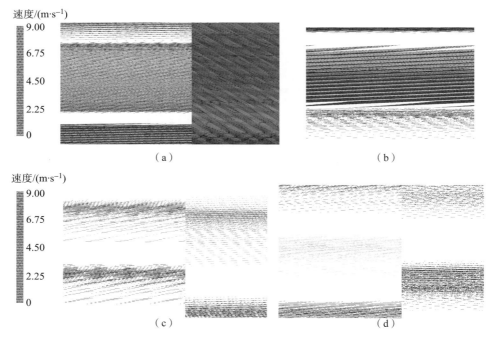

图 6.42　出口面速度分布图（$n_\mathrm{p} = 800$ r/min，$i = 0.2$）

（a）CFD 矢量图；（b）LDA 矢量图；（c）CFD 云图；（d）LDA 云图

1）切向分速度

泵轮转速 800 r/min 下 CFD 与 LDA 数据切向分速度的对比分析如图 6.43 所示。从图中可以看出，对于速比为 0.2 时，切向速度从吸力面到压力面波动比较剧烈，LDA 所测速度和 CFD 仿真值比较吻合，但位于压力面的低速区附近，LDA 所测速度略高于 CFD 仿真值。对于速比为 0.6 时，从吸力面到压力面方向，切向分速度的绝对值逐渐增大，即切向速度高速区位于压力面一侧。除了内环和外环附近，LDA 所测速度和 CFD 仿真值在各个位置均比较吻合，并且高速比下，切向分速度在泵轮出口面处分布趋于均匀。

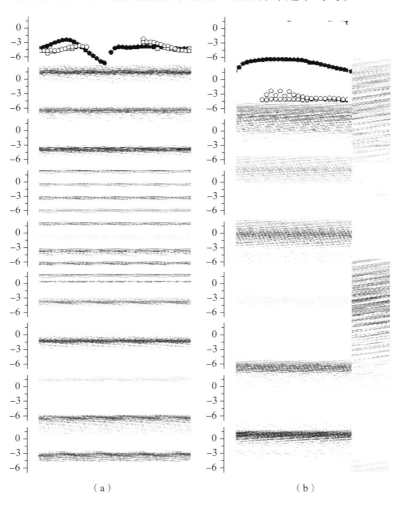

图 6.43　出口面切向速度曲线（$n_\mathrm{p} = 800$ r/min）

（a）$i = 0.2$；（b）$i = 0.6$

2）径向分速度

对于泵轮转速 800 r/min 下的泵轮出口 CFD 与 LDA 数据径向分速度的对比分析如图 6.44 所示。从图中可以看出，随着速比的升高，泵轮出口面径向分速度高速区从吸力面逐渐向压力面移动，并且对于速比 0.2 和 0.6，CFD 仿真值均略高于 LDA 所测速度，尤其是压力面附近的 LDA 测试。对于泵轮出口平面的 LDA 测试数据与 CFD 仿真数据的吻合程度不如中间面和入口面，究其原因是从正面窗口入射所获得的数据，出口面的深度较入口面和中间面的更深。但总体来说，CFD 仿真数据足以反映泵轮转速 800 r/min 下的泵轮出口面的流动状态及二次流分布。

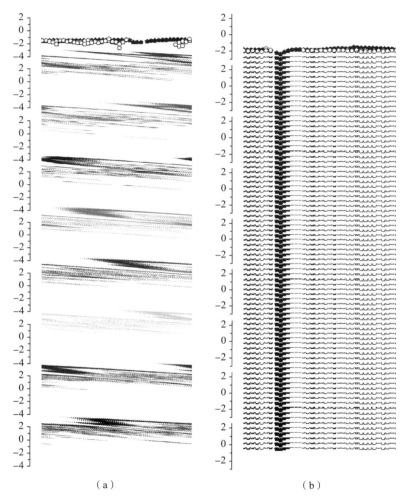

（a）　　　　　　　　　　　（b）

图 6.44　出口面径向速度曲线（$n_\mathrm{p} = 800$ r/min）

（a）$i = 0.2$；（b）$i = 0.6$

本节通过对泵轮转速 800 r/min 和 1 200 r/min 下的 CFD 数值模拟计算结果和 LDA 测试结果进行了对比分析，结果表明：

（1）对于泵轮入口面，受试验条件的限制，未能获取其轴向分速度，进而未能获得其三维速度分布，但结合 CFD 数值模拟结果和部分 LDA 测试数据，对于泵轮入口面未出现回流等强烈二次流现象。

（2）因 LDA 测试精度影响及 CFD 数值模拟壁面条件设置的近似，对于液力变矩器泵轮内环面、外环面、叶片吸力面和压力面这些壁面附近的 CFD 数值模拟和 LDA 测试数据存在一定误差。

（3）在液力变矩器泵轮流道中部 CFD 仿真结果与 LDA 测试数据基本吻合，CFD 仿真模型能够较为准确地预测液力变矩器中的流动特征，并随着速比的升高，CFD 模型的预测数据更接近 LDA 测试值。

参考文献

［1］唐洪武，等. 现代流动测量技术及应用［M］. 北京：科学出版社，2009.

［2］黄社华，魏庆鼎. 激光测速粒子对复杂流动的响应特性研究 – I 颗粒非恒定运动数学模型及其数值方法［J］. 水科学进展，2003（01）：20 – 27.

［3］马文星. 液力传动理论与设计［M］. 北京：化学工业出版社，2004.

［4］刘大有. 两相流体力学［M］. 北京：高等教育出版社，1993.

［5］阮驰，孙传东，白永林. 水流场 PIV 测试系统示踪粒子特性研究［J］. 实验流体力学，2006（02）：72 – 77.

［6］赵万勇，李易松，王振. 旋转泵中颗粒运动方程的探讨［J］. 兰州理工大学学报，2007（06）：47 – 49.

［7］李嘉，罗麟，李克峰. 紊流场中固体颗粒运动轨迹的 Lagrangian 模型［J］. 水动力学研究与进展，1997（01）：96 – 101.

［8］彭维明. 颗粒在泵叶轮中的运动轨迹计算［J］. 排灌机械工程学报，1994，（4）：3 – 9.

［9］李亚林，袁寿其，汤跃，等. 离心泵内流场 PIV 测试中示踪粒子跟随性的计算［J］. 排灌机械工程学报，2012，30（1）：6 – 10.

［10］徐继润，罗茜. 水力旋流器内固液两相间的相对运动（Ⅲ）——湍流频率与固液跟随特性［J］. 中国有色金属学报，1999，（01）：137 – 142.

［11］徐继润，罗茜. 水力旋流器内固液两相间的相对运动（Ⅱ）——颗粒性质与液流特性的影响［J］. 中国有色金属学报，1998，（04）：132 – 135.

［12］徐继润，罗茜. 水力旋流器内固液两相间的相对运动（Ⅰ）——颗粒运动方程及其求解［J］. 中国有色金属学报，1998，（03）：122 – 126.

［13］刘文华. 等宽度离心叶轮及扩压器内部流场的 PDA 与 PIV 实验研究［D］. 上海：上海交通大学，2003.

［14］祝自来，李宏才，闫清东，陈杰翔．液力变矩器内流场 LDV 测试散射粒子的选取［J］．实验技术与管理，2013，30（12）：54－57.

［15］祝自来．液力元件流道液流速度场测速方法研究［D］．北京：北京理工大学，2014.

［16］李晋．液力变矩器内流场测试与分析技术研究［D］．北京：北京理工大学，2015.

［17］闫清东，李晋，魏巍．工作油液温度对液力变矩器性能影响计算流体力学分析及试验研究［J］．机械工程学报，2014，50（12）：118－125.

［18］李晋，闫清东，魏巍，崔骊水．激光多普勒测速中平板窗口对测量体位置及形态的影响［J］．机械工程学报，2015，51（8）：198－203.

［19］李晋，闫清东，王玉岭，李铭扬，魏巍．液力变矩器泵轮内流场非定常流动现象研究［J］．机械工程学报，2016，52，14（7）：188－195.

责任编辑：李炳泉　孟雯雯
封面设计：水晶方装帧设计

Hydrodynamic Components
Three-Dimensional Flow
Design Optimization

ISBN 978-7-5682-3744-4

9 787568 237444 >

定价：59.00元